なるほど物性論

村上 雅人 著

なるほど物性論

海鳴社

はじめに

　物質には、良導体と絶縁体、さらに、その中間の半導体がある。良導体は、われわれの重要なエネルギー源である電気（電流）を送るために必要である。しかし、銅やアルミニウムなどの導線が剥き出しになっていたのでは、感電の危険性がある。したがって、絶縁体であるビニールなどで導線をくるむ必要がある。また、送電時に電線どうしが接触したのでは大変危険であるから、セラミックスからなる碍子と呼ばれる絶縁体を利用して、危険を回避している。したがって、電気をうまく使うためには、良導体と絶縁体の双方が必ず必要となる。

　一方、世の中には半導体もある。良導体と絶縁体の中間的な存在であり、有限の温度では、電気抵抗は高いものの、わずかながら電気は流れる。よって、電流を絶縁する役には立たない。つまり、電気を利用するという観点からは、半導体は中途半端な存在なのである。

　ところが、20 世紀初頭に、真空管に替わって、トランジスターを代表とする固体素子が発明されたことで、半導体は最先端技術の寵児となった。整流、増幅などの操作が半導体素子で可能となり、先端機器の高性能化や小型化が一気に進んだ。真空管でできていた世界最初のコンピュータ ENIAC は、教室くらいの大きさだったが、その何百万倍もの性能を有するスマートフォンが手のひらに載る時代である。いま、われわれのまわりにある電子機器は半導体抜きでは考えられない。主役は半導体なのである。

　ところで、これら物質の電気的性質は、どのようにして決まっているのであろうか。一般に、金属は、良導体となり、多くの非金属元素は絶縁体となる。Ge や Si は半導体となる。

　金属が電気の良導体となる理由として、自由電子の存在が挙げられる。金属元素の最外殻電子は s 電子である。この s 電子は、軌道が原子核から離れているためクーロン相互作用が小さい。このため、ひとつの金属原子の原子核の束縛から解放されて、自由に固体内を動くことができるようになる。これが自由電子であ

り、電気伝導を担うことになる。ちなみに、この自由電子は熱エネルギーも運ぶことができ、金属の熱伝導が高い理由となっている。

　それでは、半導体と絶縁体の違いは何なのであろうか。自由電子のあるなしでは説明できない。さらに、同じ金属でも電気抵抗には大きな差がある。

　実は、電気伝導性も含めた固体の性質を理解するためには、量子力学に基礎を置いた固体物性論の知識が必要となる。そして、その根幹は、電子には粒子性だけでなく、波の性質があるという事実である。

　さらに、電子はフェルミ粒子であり、ひとつのエネルギー準位に1個の電子しか入れないという特異な性質を有する。このため、絶対零度であっても、温度に換算すれば70000Kを超えるような高いエネルギーを持った電子が存在するのである。

　そして、エネルギー空間においてではあるが、格子との相互作用によって、エネルギーギャップが生じる。このギャップの存在こそが、良導体や絶縁体、半導体の電気的性質を決めている要因である。結論からいえば、エネルギーギャップが大きい物質が絶縁体であり、比較的小さいものが半導体である。高温ほど、半導体の電気抵抗が低下するのは、熱励起されてギャップを超えた電子数が増えることに起因している。

　本書では、電子が波であるという量子力学の考えを基礎として固体内の電子の挙動を明らかにしている。その前提なしに物性論を理解することは不可能なのである。そのうえで、電子波と格子系との相互作用を取り入れることで、いろいろな固体物性が理解できることも紹介している。

　ブリルアンゾーンと聞いただけで、先に進むことをあきらめた読者にも、その基本が理解できるような構成にしたつもりである。

　最後に、本書をまとめるにあたり、石神井西中学校の鈴木正人さんと芝浦工業大学の小林忍さんには、大変お世話になった。ここに謝意を表する。

2018年5月　著者

もくじ

はじめに・・・・・・・・・・・・・・・・・・・・・・・・・ 5

第1章　オイラーの公式と波数・・・・・・・・・・・・・・・ 13

1.1.　オイラーの公式　*14*

1.2.　オイラー公式の導出　*15*

1.3.　複素平面と極形式　*17*

1.4.　偏角 θ と回転　*18*

1.5.　波数　*21*

  1.5.1.　波数 k の正体　*21*

  1.5.2.　波数ベクトル　*23*

  1.5.3.　波の合成　*26*

1.6.　フーリエ解析　*27*

  1.6.1.　フーリエ級数展開　*27*

  1.6.2.　任意周期のフーリエ級数展開　*29*

  1.6.3.　複素フーリエ級数　*30*

  1.6.4.　フーリエ変換　*31*

  1.6.5.　逆フーリエ変換　*33*

1.7.　波の一般式：$\exp i(kx - \omega t)$　*33*

第2章　量子力学とフェルミ粒子・・・・・・・・・・・・・・ 39

2.1.　シュレーディンガー方程式の導出　*39*

2.2.　量子力学の復習　*42*

  2.2.1.　波動関数と演算子　*42*

  2.2.2.　規格化　*44*

  2.2.3.　3次元への拡張　*46*

  2.2.4.　不可弁別性　*48*

2.3.　ボーズ粒子とフェルミ粒子　*49*

  2.3.1.　対称と反対称　*49*

2.4. ミクロ粒子のエネルギー分布　*52*

　2.4.1. フェルミ分布　*52*

　2.4.2. ボーズ分布　*57*

第3章　自由電子モデル・・・・・・・・・・・・・・・・・・・・*59*

3.1. フェルミエネルギー　*59*

　3.1.1. 運動量空間　*59*

　3.1.2. 単位胞の大きさ　*61*

　3.1.3. 状態密度と状態数　*64*

3.2. 電子系のエネルギー分布　*68*

3.3. 有限温度におけるフェルミ分布　*73*

　3.3.1. フェルミ分布関数の温度依存性　*74*

3.4. 電子のエネルギー分布　*77*

　3.4.1. 部分積分　*77*

　3.4.2. テーラー展開　*78*

　3.4.3. 展開第3項の計算　*80*

　3.4.4. 展開第5項の計算　*82*

　3.4.5. 粒子数 N の温度依存性　*83*

　3.4.6. フェルミエネルギーの変化　*84*

3.5. 内部エネルギーと電子比熱　*87*

第4章　結晶構造・・・・・・・・・・・・・・・・・・・・・*91*

4.1. 座標とベクトル　*91*

4.2. 結晶構造とベクトル　*93*

4.3. 体心立方格子　*95*

4.4. 面心立方格子　*99*

4.5. 結晶の積層構造　*101*

4.6. 面指数　*107*

4.7. 最稠密構造　*110*

もくじ

第5章　逆格子空間・・・・・・・・・・・・・・・・・・・・・117

5.1.　ブラッグ反射　*117*

5.2.　ホイヘンスの原理　*120*

5.3.　ホイヘンスの原理とブラッグ反射　*122*

5.4.　逆格子ベクトル　*127*

5.5.　回折条件　*132*

5.6.　エバルト球　*136*

5.7.　逆格子ベクトルの導出　*137*

第6章　格子振動・・・・・・・・・・・・・・・・・・・・・142

6.1.　結晶格子の振動　*142*

6.2.　異種原子系の格子振動　*150*

6.3.　熱振動　*157*

6.3.1.　調和振動子　*157*

6.3.2.　デバイ近似　*163*

補遺　調和振動子　*174*

第7章　周期ポテンシャル・・・・・・・・・・・・・・・・・179

7.1.　自由電子　*179*

7.2.　周期ポテンシャル場の波動関数　*186*

7.3.　ブロッホの定理　*189*

7.4.　クローニッヒ・ペニー模型　*194*

第8章　バンド理論・・・・・・・・・・・・・・・・・・・・204

8.1.　ほぼ自由な電子モデル　*204*

8.2.　NFE モデルの 3 次元への拡張　*214*

8.3.　エネルギーバンド　*222*

8.3.1.　バンドの占有電子数　*222*

8.3.2.　エネルギーギャップと絶縁体　*225*

8.4.　還元ゾーン　*229*

第9章 タイトバインディング近似・・・・・・・・・・・・・・・233

　9.1. 2原子系の波動関数 *234*

　　9.1.1. 重なり積分 *234*

　　9.1.2. 2原子系の軌道 *239*

　9.2. ベンゼン環 *242*

　　9.2.1. 6原子系の波動関数 *242*

　　9.2.2. ベンゼン環の波動関数 *246*

　　9.2.3. ベンゼン環のエネルギー *251*

　　9.2.4. ベンゼン環の第1ブリルアンゾーン *257*

　9.3. 多原子系の波動関数 *259*

第10章 電子の運動・・・・・・・・・・・・・・・・・・・265

　10.1. 平面波の位相速度 *266*

　10.2. 波束 *267*

　10.3. 固体内の電子の速度 *272*

　10.4. 運動方程式 *274*

　10.5. 3次元への拡張 *277*

第11章 半導体・・・・・・・・・・・・・・・・・・・・・282

　11.1. バンド構造と半導体 *282*

　11.2. フェルミ分布 *284*

　　11.2.1. 絶対零度におけるフェルミ分布 *285*

　11.3. 有限温度におけるフェルミ分布 *286*

　　11.3.1. 金属の場合 *286*

　　11.3.2. 半導体の場合 *287*

　11.4. 半導体のキャリア濃度 *288*

　　11.4.1. 熱励起される電子数 *288*

　　11.4.2. 正孔濃度 *292*

第12章 磁性・・・・・・・・・・・・・・・・・・・・・・ *299*

　12.1. 反磁性 *302*

10

もくじ

12. 2.　常磁性　*309*

　12. 2. 1.　キュリーの法則　*309*

　12. 2. 2.　スピンの自由回転と磁性　*313*

　12. 2. 3.　パウリ常磁性　*318*

　補遺　閉じた電流ループの磁気モーメント　*325*

　　A12. 1.　円電流の磁気モーメント　*325*

　　A12. 2.　棒磁石の磁気モーメント　*326*

　　A12. 3.　磁気モーメントとトルク　*327*

　　A12. 4.　磁場中で電流に働く力　*328*

　　A12. 5.　電流ループに働くトルク　*329*

　　A12. 6.　円電流の磁気モーメント　*330*

　　A12. 7.　*E-H* 対応と *E-B* 対応　*331*

第 13 章　強磁性・・・・・・・・・・・・・・・・・・・・・*334*

　13. 1.　2 電子のシュレーディンガー方程式　*334*

　13. 2.　クーロン相互作用　*337*

　12. 3.　交換積分　*341*

　13. 4.　スピン相互作用　*343*

　13. 5.　イジングモデル　*344*

第 14 章　誘電現象・・・・・・・・・・・・・・・・・・・・*349*

　14. 1.　分極　*350*

　　14. 1. 1.　電子分極　*350*

　　14. 1. 2.　原子分極　*350*

　　14. 1. 3.　配位分極　*351*

　　14. 1. 4.　マクロな分極　*352*

　14. 2.　電気容量と誘電体　*353*

　索引・・・・・・・・・・・・・・・・・・・・・・・・・*357*

11

第 1 章 オイラーの公式と波数

固体物理 (solid state physics) の教科書をひも解くと、e^{ikx} という数式が頻出し、**平面波** (plane wave) に対応すると教えられる。しかも、電子の物質波 (電子波: electron wave) も、X 線回折の電磁波（光 light や電波 electromagnetic wave や X 線 x-ray）も、そして、格子振動の格子波 (lattice wave) などにも、すべて、この表式が用いられる。つまり、これらはすべてが平面波なのである。

e^{ikx} という表記では、ikx が指数 e のべき (power) で見にくいため、$\exp(ikx)$ と表記することも多い。exp は exponential の略記であり、指数関数という意味の英語である。本書では、適宜、この表記を使うことにしている。

ところで、$\exp(ikx)$ が平面波であり、電子波、格子波、電磁波といわれても、ピンとこないひとも多いであろう。まず、$\exp(ikx)$ に関する最初の疑問は、なぜ**虚数** (imaginary number) の i が物理的実態である平面波を表現するのに使われるのかということである。つぎに、位置を示す座標の x はわかるが、**波数** (wave number) k の正体が不明である。そして、なぜ、x と k を乗ずるのか、さらに、なぜ虚数 i をともなって e のべきとしているのか。

しかも、いつのまにか、位置も波数も 3 次元ベクトル

$$\vec{r} = \begin{pmatrix} x \\ y \\ z \end{pmatrix} \qquad \vec{k} = \begin{pmatrix} k_x \\ k_y \\ k_z \end{pmatrix}$$

に拡張され、3 次元の平面波の表式として

$$\exp(i\vec{k} \cdot \vec{r}) = \exp\{i(k_x x + k_y y + k_z z)\}$$

が導入される。ただし $\vec{k} \cdot \vec{r}$ は

$$\vec{k} \cdot \vec{r} = (k_x \quad k_y \quad k_z) \begin{pmatrix} x \\ y \\ z \end{pmatrix} = k_x x + k_y y + k_z z$$

のように 3 次元ベクトルの内積となっている。

　実は、固体物理をよく理解するためには、exp (*ikx*) の正体を知っておく必要がある。それがあいまいなまま進んでいくと、数式だけの展開にさまよいこんで、物理的描像を失ってしまうからである。

　そこで、本章では、固体物理への序章として exp (*ikx*)の意味と、この表式が導入された背景について復習してみる。

1.1.　オイラーの公式

オイラーの公式 (Euler's formula) とは

$$e^{\pm i\theta} = \cos\theta \pm i\sin\theta \qquad \exp(\pm i\theta) = \cos\theta \pm i\sin\theta$$

という式である。

　この公式は数学を理工学へ応用するときの主役を演じており、この式がなければ、20 世紀最大の発見と呼ばれる量子力学の数式表現が成功しなかったとさえいわれている。

　ここで、オイラーの公式にθとしてπを代入してみよう。すると、

$$e^{i\pi} = \cos\pi + i\sin\pi = -1 + i \cdot 0 = -1$$

という値がえられる。つまり、eを$i\pi$乗したら-1になるという摩訶不思議な関係である。eもπも無理数であるうえ、iは想像の産物である。にもかかわらず、その組み合わせから-1 という有理数がえられるというのだから実に神秘的である。

　さらに、この式を変形すると

$$e^{i\pi} + 1 = 0$$

となり、数学において、もっとも重要な 5 つの数である $e, i, \pi, 1, 0$ がひとつの式で結ばれるのである。奇跡の式と呼ばれる所以である。このため、オイラーの公式を数学の最も美しい表現というひともいる。

第 1 章　オイラーの公式と波数

演習 1-1　オイラーの公式をつかって、$\exp\left(\dfrac{\pi}{2}i\right)$, $\exp\left(\dfrac{3\pi}{2}i\right)$, $\exp(2\pi i)$ を計算せよ。

　解）　　$\exp\left(\dfrac{\pi}{2}i\right) = \cos\dfrac{\pi}{2} + i\sin\dfrac{\pi}{2} = 0 + i\cdot 1 = i$

$$\exp\left(\dfrac{3\pi}{2}i\right) = \cos\dfrac{3\pi}{2} + i\sin\dfrac{3\pi}{2} = -i, \quad \exp(2\pi i) = \cos 2\pi + i\sin 2\pi = 1$$

となる。

1.2.　**オイラー公式の導出**

　オイラーの公式を導出してみよう。e^x, $\sin x$, $\cos x$ の無限級数を並べて示すと

$$e^x = 1 + x + \frac{1}{2!}x^2 + \frac{1}{3!}x^3 + \frac{1}{4!}x^4 + \frac{1}{5!}x^5 + \dots + \frac{1}{n!}x^n + \dots$$

$$\sin x = x - \frac{1}{3!}x^3 + \frac{1}{5!}x^5 - \frac{1}{7!}x^7 + \dots + (-1)^n \frac{1}{(2n+1)!}x^{2n+1} + \dots$$

$$\cos x = 1 - \frac{1}{2!}x^2 + \frac{1}{4!}x^4 - \frac{1}{6!}x^6 + \dots + (-1)^n \frac{1}{(2n)!}x^{2n} + \dots$$

となる。

　これら展開式を見ると、すべて同じ項が含まれていることがわかる。惜しむらくは $\sin x$ と $\cos x$ では $(-1)^n$ の係数により符号が順次反転するので、このままでは、これら関数を直接結びつけることができないという点である。

　ところが、虚数 (i) を使うと、この三者がみごとに連結されるのである。指数関数 e^x の展開式の x に ix を代入してみよう。すると

$$e^{ix} = 1 + ix + \frac{1}{2!}(ix)^2 + \frac{1}{3!}(ix)^3 + \frac{1}{4!}(ix)^4 + \frac{1}{5!}(ix)^5 + \dots + \frac{1}{n!}(ix)^n + \dots$$

$$= 1 + ix - \frac{1}{2!}x^2 - \frac{i}{3!}x^3 + \frac{1}{4!}x^4 + \frac{i}{5!}x^5 - \frac{1}{6!}x^6 - \frac{i}{7!}x^7 + \dots$$

と計算できる。この**実部** (real part) と**虚部** (imaginary part) を取り出すと実部は

15

$$1 - \frac{1}{2!}x^2 + \frac{1}{4!}x^4 - \frac{1}{6!}x^6 + \dots + (-1)^n \frac{1}{(2n)!}x^{2n} + \dots$$

であるから、まさに $\cos x$ の展開式となっている。一方、虚部は

$$x - \frac{1}{3!}x^3 + \frac{1}{5!}x^5 - \frac{1}{7!}x^7 + \dots + (-1)^n \frac{1}{(2n+1)!}x^{2n+1} + \dots$$

となって、まさに $\sin x$ の展開式である。よって $e^{ix} = \cos x + i\sin x$ という関係がえられるのである。これがオイラーの公式である。

演習 1-2　次の関係を導け。

$$\cos x = \frac{e^{ix} + e^{-ix}}{2} \qquad \sin x = \frac{e^{ix} - e^{-ix}}{2i}$$

解）　オイラーの公式 $e^{ix} = \cos x + i\sin x,\ e^{-ix} = \cos x - i\sin x$ の両辺の和と差をとると

$$e^{ix} + e^{-ix} = 2\cos x \qquad e^{ix} - e^{-ix} = 2i\sin x$$

となって

$$\cos x = \frac{e^{ix} + e^{-ix}}{2} \qquad \sin x = \frac{e^{ix} - e^{-ix}}{2i}$$

がえられる。

　オイラーの公式 $e^{ix} = \cos x + i\sin x$ からわかるように、x は $\cos$ や $\sin$ の引数であり、角度に対応している。よって、角度ということを明示するために $e^{i\theta} = \cos\theta + i\sin\theta$ のように、θ を使う場合も多い。

　ところで、θ の単位は、弧度法の rad を採用する。これは、角度の大きさを円弧と半径の長さの比で表わしたもので、無次元単位 (dimensionless unit) である。例えば 1 回転 360° は、円周 $2\pi r$ と半径 r の比で 2π、180° は π となり、90° は $\pi/2$ となる。

　ここで、固体物理で頻出する $e^{ikx} = \exp(ikx)$ においては、kx が θ に対応することになる。よって、kx も無次元でなければならない。x は位置であり、単位は長さの[m] である。とすると、波数 k の単位は必然的にその逆数である[m^{-1}] と

なるのである。これについては、後ほど説明する。

1.3. 複素平面と極形式

オイラーの公式は**複素平面** (complex plane) に図示すると、その幾何学的意味がよくわかる。そこで、その下準備として複素平面と**極形式** (polar form) について復習してみる。

複素平面は、x 軸が**実数軸** (real axis)、y 軸が**虚数軸** (imaginary axis) の平面である。**ガウス平面** (Gaussian plane) と呼ぶこともある。実数は、**数直線** (real number line) と呼ばれる 1 本の線で、すべての数を表現できるのに対し、**複素数** (complex number) を表現するためには、1 次元の直線ではなく、2 次元の平面が必要となる。

このとき、複素数を表現する方法として**極形式** (polar form) と呼ばれる方式がある。これは、すべての複素数は

$$z = a + bi = r(\cos\theta + i\sin\theta)$$

で与えられるというものである。図 1-1 を見れば明らかである。

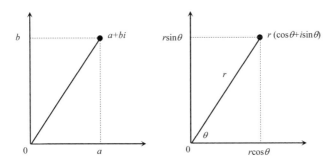

図 1-1　複素平面上の複素数表示

ここで θ は、正の実軸からの角度であり**偏角** (argument) と呼ばれる。r は原点からの**距離** (modulus) であり

$$r = |z| = \sqrt{a^2 + b^2}$$

という関係にある。これは、複素数の**絶対値** (absolute value) に相当する。

ここで、極形式のかっこ内を見ると、オイラー公式の右辺であることがわかる。つまり $z = r(\cos\theta + i\sin\theta) = re^{i\theta}$ と書くこともできる。すべての複素数が、この形式で書き表されるのである。

演習 1-3　複素数の $1+\sqrt{3}i$ および $3+4i$ を極形式で表せ。

解)　$1+\sqrt{3}i$ においては、$r^2 = 1^2 + (\sqrt{3})^2 = 4$　より $r = 2$ となる。また $\cos\theta = \dfrac{1}{2}$　より　$\theta = \dfrac{\pi}{3}$　となり、極形式は　$2e^{i\frac{\pi}{3}} = 2\exp\left(i\dfrac{\pi}{3}\right)$　となる。

$3 + 4i$ においては、$r^2 = 3^2 + 4^2 = 25$ より $r = 5$ となる。また $\cos\theta = \dfrac{3}{5}$ から $\theta = \cos^{-1}\left(\dfrac{3}{5}\right) \cong 0.927$ となるので、極形式は $5e^{0.927i}$ と与えられる。

1.4.　偏角 θ と回転

さて、ここで、オイラーの公式の右辺 ($\cos\theta + i\sin\theta$) を見てみよう。これは、$r = 1$ の極形式であるが、偏角 θ を変数とすると、図 1-2 に示すように、$e^{i\theta}$ の軌跡は、複素平面における半径 1 の円 (**単位円**: unit circle と呼ぶ) となるのである。

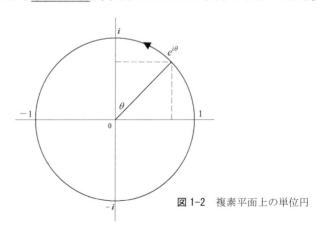

図 1-2　複素平面上の単位円

このとき、θ（よって kx）を増大する操作は、単位円に沿った**反時計まわりの回転**(counterclockwise rotation) に対応する。例えば、$\theta = 0$ から $\theta = \pi/2$ への変化は、円に沿った $\pi/2$ の回転となり、1 に i をかけたものに相当する。これは

$$e^{i\frac{\pi}{2}} = e^{i\left(0 + \frac{\pi}{2}\right)} = e^0 \cdot e^{i\frac{\pi}{2}} = 1 \times i$$

と変形すれば明らかである。つまり、実軸から虚軸への回転である。

この回転に関して重要な点は、$\exp(i\theta)$ の回転を実数部から見ると、図 1-3 に示したように $\cos\theta$ 波に対応しているということである。つまり、θ が増えるにしたがって、実数部は $\cos\theta$ 波として、また、虚数部は $\sin\theta$ 波として、それぞれ独立に進行していく。このように、オイラーの公式は波の性質を表現する数学的表現なのである。

さらに、その絶対値 r は常に 1 つまり $|\exp(i\theta)| = 1$ であるから、波の性質を付与しながら、その大きさ（量子力学では存在確率）には変化を与えないという特長がある。

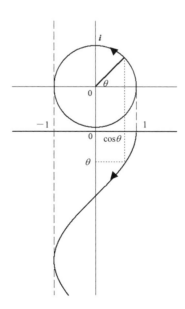

図 1-3　複素平面における単位円に沿った回転を実軸方向から眺めると cos 波となる。また、同じ回転を虚軸方向から眺めると、sin 波となる。また、θ は、単位円の回転角であるが、波という観点からは、その位相となることもわかる。

演習 1-4 $|\exp(i\theta)| = 1$ となることを確かめよ。

解) $\exp(i\theta) = \cos\theta + i\sin\theta$ であるから

$$|\exp(i\theta)|^2 = (\cos\theta + i\sin\theta)(\cos\theta - i\sin\theta) = \cos^2\theta + \sin^2\theta = 1$$

$\exp(i\theta)$ は、波の性質を与える数式表現と説明したが、何も、このような式を使わなくとも、$\sin\theta$ や $\cos\theta$ のように三角関数を使えばよいと考えられるが、いかがであろうか。実は、三角関数では、振幅が変化するのである。一方、$\exp(i\theta)$ では振幅は変化せずに、波の性質のみを付与できるのである。この特性が、量子力学の建設において重要な役割をはたしたのである。

図 1-4 に複素平面における $\exp(i\theta)$ の回転による波生成の様子を示した。中心において、θ が増えると複素平面上での回転が生じ、それにともなって、実軸および虚軸に cos 波および sin 波が発生する。このとき、θ が増大する過程、すなわち反時計周りの回転では、正の向きへの波が発生し、時計まわりの回転では負の向きの波が発生することになる。

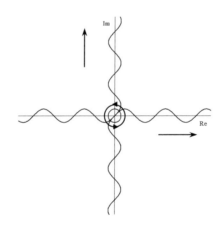

図 1-4　複素平面における $\exp(i\theta)$ による回転と cos 波および sin 波の生成

1.5. 波数

1.5.1. 波数 k の正体

それでは、$\exp(ikx)$ に現れる波数の k について少しみてみよう。すでに紹介したように

$$\exp(ikx) = \exp(i\theta)$$

と表記すれば、$\theta = kx$ となり、kx は回転角と等価となることを示した。ここで、x が増えれば、θ が増えるので、$\exp(ikx)$ は x の正方向に進む cos 波となることを意味している。とすれば、$\exp(-ikx)$ は、x の負の方向に進む cos 波となる。このように、$\exp(ikx)$ という表式には、位置座標の x が含まれていることから、波の進行という要素も含まれるのである。

さらに、θ は無次元であるから、kx も無次元となることも説明した。そのため、k の単位は$[m^{-1}]$ となり、長さの逆数となる。

波数 (wave number) は、文字通り、単位長さあたりの波の数である。例えば、1[m] の長さの中に波が 10 個あれば、10 / 1 [m] = 10 $[m^{-1}]$ となり、単位は$[m^{-1}]$ となる。この単位を毎メートル (reciprocal meter) と呼ぶこともある。あるいは、波長λ [m] が長いほど、波数 k は小さくなり $k \propto 1/\lambda$ という関係にあることからも、k の単位が$[m^{-1}]$ となることがわかる。ここで、波数の異なる波のイメージを図示すると図 1-5 のようになる。

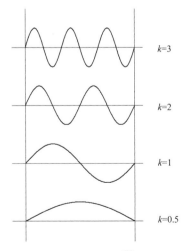

図 1-5　波数 k の異なる波

図1-5における横幅を単位長さとすると、それぞれの波の波数は、下から順に $k = 0.5, 1, 2, 3$ となる。

　それでは、波数 k は何を反映しているのであろうか。実は、量子力学（電子波などの物質波）や電磁波においては、波数 k は波のエネルギーを反映しているのである。つまり、単位長さあたりの波の数が多いほど、波のエネルギーが高いという考えである。固体物理でも、この考えを踏襲している。

　一方、力学的な波の場合、エネルギーは振幅に依存する。例えば、海面に生じる波は、波が高いほど、エネルギーが大きくなり、船は翻弄される。嵐のときの大波がそうである。水面では波数が大きくても、振幅の小さなさざ波は、船に何の影響も与えない。しかし、図1-6に示すように、電磁波では波数によってエネルギーが変化するのである。

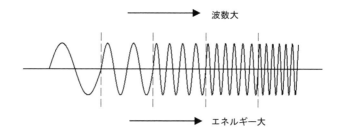

図1-6　波数とエネルギーの関係

　ただし、エネルギー E と波数 k は比例関係にあるのではなく、電子波を例にとると

$$E = \frac{\hbar^2}{2m}k^2 = \frac{p^2}{2m}$$

という対応関係にあり、運動量 p と比例関係にある。あるいは、波数 k は運動量 p を反映しているということもできる。このとき

$$p = \hbar k = \frac{h}{2\pi}k$$

という対応関係にある。ただし、h はプランク定数 (Planck constant) である。すなわち $\exp(ikx)$ は、運動量 $\hbar k$ を持った波が x 方向の正の向きに進んでいるということを意味しているのである。

1.5.2. 波数ベクトル

いままでは、主として 1 次元の exp (ikx) について論じてきたが、冒頭で紹介したように、この表式は 3 次元に拡張され、平面波の式として

$$\exp(i\vec{k}\cdot\vec{r}) = \exp\{i(k_x x + k_y y + k_z z)\}$$

が導入される。この際、$\vec{r}$ は位置ベクトル（あるいは 3 次元空間の座標）ということで理解しやすいが、問題はつぎの波数ベクトル

$$\vec{k} = \begin{pmatrix} k_x \\ k_y \\ k_z \end{pmatrix}$$

である。波数は、単位長さあたりの波の数であり、そのベクトルという概念がわかりにくい。しかし、前節で述べたように、波数は運動量と等価である。したがって

$$\vec{k} = \begin{pmatrix} k_x \\ k_y \\ k_z \end{pmatrix} = \frac{1}{\hbar}\begin{pmatrix} p_x \\ p_y \\ p_z \end{pmatrix} = \frac{1}{\hbar}\vec{p}$$

のように、波数ベクトルは運動量ベクトルと同じものと考えればよいのである。つまり、波数ベクトルは、波が進む方向と、その強さを示すものなのである。

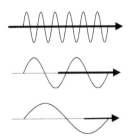

図 1-7　波数と波数ベクトルのイメージ。波数が多いほど、波数ベクトルは大きくなる。これは、エネルギー（運動量）が大きいことに対応する。

ここで、$\exp(i\vec{k}\cdot\vec{r})$ が平面波 (plane wave) と呼ばれる理由を考えてみよう。波数ベクトルとして

$$\vec{k} = (k_x \quad k_y \quad k_z) = (1 \quad 1 \quad 1)$$

を考えてみよう。ここで、x, y, z 軸がそれぞれ k_x, k_y, k_z に対応した座標空間を考える。このような空間を波数空間あるいは k 空間 (k space) と呼んでいる。本質的には、運動量空間 (momentum space) と同じものとなる。

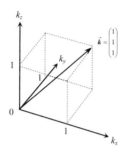

図 1-8　波数空間における波数ベクトル (1, 1, 1)

この空間に波数ベクトル $\vec{k}$ = (1　1　1) を図示すると、図 1-8 のようなベクトルとなる。このベクトルは、大きさが

$$|\vec{k}| = \sqrt{k_x^2 + k_y^2 + k_z^2} = \sqrt{1+1+1} = \sqrt{3}$$

で、(1 1 1) 方向に進むベクトルである。このように、波数ベクトルには、波の進む方向の情報が入っているのである。

ここで、3 次元空間の座標変換をして、(1 1 1) 方向が、x' 軸 (1 0 0) となるような回転をし、これを x'-y'-z' 座標としよう。すると、新しい座標系での波数ベクトルは $\vec{k}'$ = ($\sqrt{3}$　0　0) と与えられる。ここで、この座標系での任意の点 $\vec{r}'$ = (x'　y'　z') との内積をとると

$$\vec{k}' \cdot \vec{r}' = (\sqrt{3} \quad 0 \quad 0) \begin{pmatrix} x' \\ y' \\ z' \end{pmatrix} = \sqrt{3} x'$$

となる。結局、波の位相は x' 座標のみに依存するのである。別な視点でみれば、x' を固定した場合、これに垂直な平面では、y', z' の値に関係なく、波の位相がす

べてそろっている状態となっているのである。これが平面波と呼ばれる所以である。同様にして、$\exp(i\vec{k}'\cdot\vec{r}')$ は、x' 軸に垂直な平面では、すべて同じ値をとり

$$\exp(i\vec{k}'\cdot\vec{r}') = \exp(i\sqrt{3}x') = \cos(\sqrt{3}x') + i\sin(\sqrt{3}x')$$

となる。

このような平面波のイメージを描くことは、われわれにはできないが、あえて表現するとすれば、図 1-9 に示したような図になるであろう。

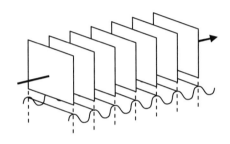

図 1-9 平面波のイメージ。波の進行方向に垂直な波面を持っている。

ここで、重要なのは、波数ベクトルによって、3 次元空間における波の進行方向と、波の運動量（エネルギー）が与えられるということである。さらに、進行方向に垂直な面では、波の位相θがすべてそろっているという事実である。

演習 1-5 波数ベクトルが $\vec{k} = (k_x \quad k_y \quad k_z) = (1 \quad 5 \quad 3)$ と与えられるとき、位置座標 $\vec{r} = (2 \quad 0 \quad 1)$ における波の位相を求めよ。

解） $\vec{k}\cdot\vec{r} = (1 \quad 5 \quad 3)\begin{pmatrix}2\\0\\1\end{pmatrix} = 1\cdot 2 + 5\cdot 0 + 3\cdot 1 = 5$ となる。よって、$\theta \cong (5/3.14)\pi = 1.6\pi$ 程度となる。

よって、周期が 2π であるので、その 4/5 程度の位相ということになる。

1.5.3. 波の合成

高校までの物理では、波の特徴を示す指標としては、振幅と波長 (wave length) が一般的である。そのほうが直観でわかりやすい。それでは、固体物理では、なぜ波数を使うのであろうか。

それは、波数ベクトルを使うと、波の合成が簡単にできるからである。例えば

$$\vec{k} = \begin{pmatrix} k_x \\ k_y \\ k_z \end{pmatrix} = \begin{pmatrix} k_x \\ 0 \\ 0 \end{pmatrix} + \begin{pmatrix} 0 \\ k_y \\ 0 \end{pmatrix} + \begin{pmatrix} 0 \\ 0 \\ k_z \end{pmatrix} = \vec{k}_x + \vec{k}_y + \vec{k}_z$$

という分解が可能である。この逆も可能であり

$$\vec{k}_x = \begin{pmatrix} 1 \\ 0 \\ 0 \end{pmatrix} \quad と \quad \vec{k}_y = \begin{pmatrix} 0 \\ 2 \\ 0 \end{pmatrix}$$

という波を合成した場合

$$\vec{k} = \vec{k}_x + \vec{k}_y = \begin{pmatrix} 1 \\ 0 \\ 0 \end{pmatrix} + \begin{pmatrix} 0 \\ 2 \\ 0 \end{pmatrix} = \begin{pmatrix} 1 \\ 2 \\ 0 \end{pmatrix}$$

という波数ベクトルからなる波となることが直ちにわかるからである。図 1-10 に、波の合成の様子を示す。

このように、波数ベクトルを使えば、波の合成が簡単に行えるのである。

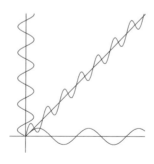

図 1-10　波数ベクトルの合成と波の合成

1.6. フーリエ解析

1.6.1. フーリエ級数展開

exp (ikx) と重要な関係にあるフーリエ級数とフーリエ変換についても復習しておこう。

ひとの声や楽器の音などは音波であるが、この波を調べてみると、普通は、図1-11(a) に示すように複雑な形状を示す。実は、この波を解析してみると、図1-11(b) に示すように、波数 k が 1, 2, 3 の基本的な波を合成した $\cos x+\cos 2x+\cos 3x$ であることがわかる。この複雑な波を基本波の和に分解するのがフーリエ級数展開という手法である。

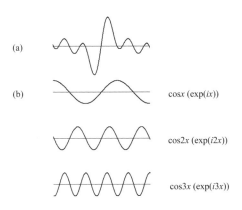

図 1-11 フーリエ級数の手法。複雑な波に波数 k = 1, 2, 3,..の基本波がどれくらいふくまれているかを分析。

より一般的には、フーリエ解析は、周期を有する関数 $F(x)$ を三角関数によって級数展開する手法である。つまり、フーリエ級数展開は

$$F(x) = a_0\cos 0x + a_1\cos 1x + a_2\cos 2x + a_3\cos 3x + ... + a_k\cos kx + ...$$
$$+b_0\sin 0x + b_1\sin 1x + b_2\sin 2x + b_3\sin 3x + ... + b_k\sin kx + ...$$

のように、ある関数 $F(x)$ を 波数 k が整数からなる $\sin kx$ と $\cos kx$ の和として表現するものである。$\sin 0 = 0$ であるから、この級数展開は

$$F(x) = a_0 + a_1\cos x + a_2\cos 2x + a_3\cos 3x + ... + a_k\cos kx + ...$$
$$+b_1\sin x + b_2\sin 2x + b_3\sin 3x + ... + b_k\sin kx + ...$$

となって b_0 の項が消える。一般式では

$$F(x) = a_0 + \sum_{k=1}^{\infty} (a_k \cos kx + b_k \sin kx)$$

となる。ここで、$\sin kx$ の項も、$\cos kx$ の項も、2π ごとに同じ値になるので、このフーリエ級数展開式は周期が 2π の**周期関数** (periodic function) を対象とする。

フーリエ級数展開を行うためには、展開式の係数 (coefficient)：a_k および b_k を決める必要がある。これら係数を**フーリエ係数** (Fourier coefficients) と呼ぶ。

実は、**三角関数** (trigonometric function) には以下の特徴がある。k をゼロ以外の任意の整数とすると

$$\int_0^{2\pi} \sin kx\, dx = 0 \qquad\qquad \int_0^{2\pi} \cos kx\, dx = 0$$

つまり、$\sin kx$ も $\cos kx$ も 0 から 2π まで積分すると、その値はゼロになるという性質である。

ここで、フーリエ級数展開のかたちに変形した $F(x)$ を積分範囲 0 から 2π の範囲で積分してみよう。すると

$$\int_0^{2\pi} F(x)dx = a_0 \int_0^{2\pi} dx + a_1 \int_0^{2\pi} \cos x dx + a_2 \int_0^{2\pi} \cos 2x dx + \dots$$
$$+ b_1 \int_0^{2\pi} \sin x dx + b_2 \int_0^{2\pi} \sin 2x dx + \dots.$$

のように、項別の積分が可能になる。このとき、ほとんどの項の積分値は 0 となるが、唯一 a_0 の項だけ 0 とはならない。これを取り出すと

$$\int_0^{2\pi} F(x)dx = a_0 \int_0^{2\pi} 1 dx = a_0 \left[x \right]_0^{2\pi} = 2\pi a_0$$

となる。よって、最初のフーリエ係数は

$$a_0 = \frac{1}{2\pi} \int_0^{2\pi} F(x)dx$$

と与えられることになる。

つぎに、一般の係数 a_k を求めたい時には $F(x)$ に $\cos kx$ をかけて 0 から 2π まで積分すればよい。すると、波数が k 以外の項の積分はすべて 0 となり、唯一、a_k の項だけが残り

$$\int_0^{2\pi} F(x) \cos kx dx = \int_0^{2\pi} \frac{a_k}{2} dx = a_k \pi$$

のように、係数 a_k を取り出すことができる。よって

$$a_k = \frac{1}{\pi}\int_0^{2\pi} F(x)\cos kx\,dx$$

という積分で、係数 a_k が求められる。同様にして b_k を求めたい時には、$F(x)$ に $\sin kx$ をかけて 0 から 2π まで積分する。すると

$$\int_0^{2\pi} F(x)\sin kx\,dx = \int_0^{2\pi} \frac{b_k}{2}dx = b_k\pi$$

となって

$$b_k = \frac{1}{\pi}\int_0^{2\pi} F(x)\sin kx\,dx$$

の積分で b_k が与えられる。これで、フーリエ級数展開のすべての係数を求める方法が確立できたことになる。(拙著『なるほどフーリエ解析』(海鳴社) 参照)

1.6.2. 任意周期のフーリエ級数展開

前項の取り扱いは、$\sin kx$ および $\cos kx$ ともに周期が 2π の波を考えている。しかし、多くの波は周期がいつでも 2π とは限らない。そこで、任意の周期を持った一般の関数に対応させるためには、式を修正することが必要となる。

いま、ある関数の周期が図 1-12 に示すように L であるとする。すると

$$2\pi \to L \qquad kx \to \frac{2\pi kx}{L}$$

の変換が必要になる。また、$0<x<2\pi$ の積分範囲は $0<x<L$ となる。

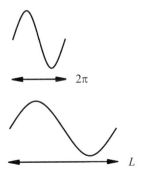

図 1-12 フーリエ級数の周期を 2π から、一般的な L に拡張した場合の変換

よって周期 L に対応したフーリエ級数の一般式は

$$F(x) = \frac{a_0}{2} + \sum_{k=1}^{\infty} (a_k \cos\frac{2\pi kx}{L} + b_k \sin\frac{2\pi kx}{L})$$

$$\begin{cases} a_k = \dfrac{2}{L}\displaystyle\int_0^L F(x)\cos\dfrac{2\pi kx}{L}dx \\[3mm] b_k = \dfrac{2}{L}\displaystyle\int_0^L F(x)\sin\dfrac{2\pi kx}{L}dx \end{cases} \quad (k = 1, 2, 3, 4....)$$

と与えられる。

1. 6. 3. 複素フーリエ級数

フーリエ級数は、三角関数による展開であるが、$e^{ikx} = \cos kx + i \sin kx$ という関係にあるので、e^{ikx} による級数展開が可能である。これを、複素フーリエ級数展開と呼んでいる。複素フーリエ級数の、一般式を書くと

$$F(x) = \sum_{-\infty}^{\infty} c_k e^{ikx}$$

となる。成分を具体的に示すと

$$F(x) = ... + c_{-k}e^{-ikx} + ... + c_{-2}e^{-i2x} + c_{-1}e^{-ix} + c_0 + c_1 e^{ix} + c_2 e^{i2x} + ... + c_k e^{ikx} + ...$$

となる。このように $\exp(ikx)$ では、k の和は$-\infty$から∞までをとる。

この場合も、三角関数と同様に積分をうまく利用して、$\exp(ikx)$ の項の係数 c_k のみを選択的に取りだすことができる。それは、k が 0 以外の整数のとき

$$\int_0^{2\pi} e^{ikx}dx = 0$$

となるという特徴である。例えば、$F(x)$ に $\exp(-ikx)$ をかけたのち、0 から 2π の範囲で積分してみよう。すると

$$\int_0^{2\pi} F(x)e^{-ikx}dx = ... + c_{-k}\int_0^{2\pi} e^{-i2kx}dx + ...$$
$$+ c_{-1}\int_0^{2\pi} e^{-i(k+1)x}dx + c_0\int_0^{2\pi} e^{-ikx}dx + c_1\int_0^{2\pi} e^{-i(k-1)x}dx + ... + c_k\int_0^{2\pi} 1dx + ...$$

と項別積分に分解できるが、この中で積分値がゼロとならずに残るのは、唯一 $c_k \exp(ikx)$ の項である。なぜなら、この項だけは $e^{ikx} \cdot e^{-ikx} = 1$ という作用のおかげで $\int_0^{2\pi} e^{ikx}dx = 0$ の束縛から逃れられるからである。

第1章　オイラーの公式と波数

これを式で表せば

$$\int_0^{2\pi} F(x)e^{-ikx}dx = \int_0^{2\pi} c_k dx = c_k\left[x\right]_0^{2\pi} = 2\pi c_k$$

となる。結局、$F(x)$ を使って、係数 c_k を表すと

$$c_k = \frac{1}{2\pi}\int_0^{2\pi} F(x)e^{-ikx}dx = \frac{1}{2\pi}\int_0^{2\pi} F(x)\exp(-ikx)dx$$

と与えられることになる。つまり、適当な関数 $F(x)$ が与えられた時に

$$\begin{cases} F(x) = \displaystyle\sum_{-\infty}^{\infty} c_k e^{ikx} = \sum_{-\infty}^{\infty} c_k \exp(ikx) \\ c_k = \dfrac{1}{2\pi}\displaystyle\int_0^{2\pi} F(x)e^{-ikx}dx = \frac{1}{2\pi}\int_0^{2\pi} F(x)\exp(-ikx)dx \end{cases}$$

の組み合わせで、フーリエ級数展開と、複素フーリエ係数を求められることになる。

　ただし、これらの式は、周期が 2π の関数 $F(x)$ に対応したものである。これを、周期が L の場合に変換するには、すでに前節で紹介したように

$$\begin{cases} F(x) = \displaystyle\sum_{-\infty}^{\infty} c_k \exp(i\frac{2\pi k}{L}x) \\ c_k = \dfrac{1}{L}\displaystyle\int_0^{L} F(x)\exp(-i\frac{2\pi k}{L}x)dx \end{cases}$$

とすればよい。

1.6.4.　フーリエ変換

　複素フーリエ級数展開式において係数を k の関数とみて $c(k)$ と表記すると、フーリエ級数展開とフーリエ係数は

$$F(x) = \sum_{k=-\infty}^{\infty} c(k)\exp(ikx) \qquad c(k) = \frac{1}{2\pi}\int_0^{2\pi} F(x)\exp(-ikx)dx$$

とまとめられる。ここで $c(k)$ は、k を横軸にとると、図1-13 に示すように飛び飛びの値をとるグラフとして示すことができる。これは、k が整数値しかとれないためである。

31

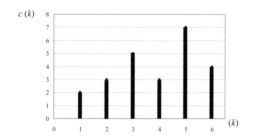

図 1-13 フーリエ級数展開のフーリエ係数を k を横軸にしてプロットすると、図のような棒グラフとなる。これは、対象の関数(波)の中に要素的な波(波数 k の波)がどれくらい含まれているかを示すものである。これをスペクトルと呼んでいる。

しかし、$c(k)$ を普通の関数とみなすと、k が整数という制約はなく、すべての実数値をとることができる(はずである)。k を整数から実数へ拡張すると、離散的なフーリエ級数展開が連続的なフーリエ積分へ変わる。

k が実数になるということは、k が整数ではなく、1/2 や 1/10 のような 1 よりも小さい値をとりうるということを意味する。これを周期という観点からみると、図 1-14 に示すように、それまでの周期 L よりも、周期が長くなるということである。

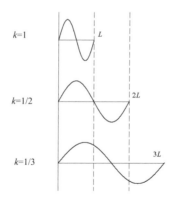

図 1-14 波数 k = 1, 1/2, 1/3 の波に対応した周期。k が小さくなると、周期が長くなることがわかる。

そして、k が連続になるということは、k の大きさがいくらでも小さくなるということを意味し、結局、k を任意の実数とした場合のフーリエ級数の周期は∞

となるのである。

このとき、フーリエ級数は積分となり

$$F(x) = \int_{-\infty}^{\infty} c(k)\exp(ikx)dk$$

となる。このとき、フーリエ係数の $c(k)$ は

$$c(k) = \frac{1}{2\pi}\int_{-\infty}^{\infty} F(x)\exp(-ikx)dx$$

と与えられる。

1.6.5. 逆フーリエ変換

フーリエ解析においては $c(k)$ の変換式をフーリエ変換 (Fourier transform) とも呼ぶ。これをなぜ変換と呼ぶかというと、x の関数である $F(x)$ が、k の関数である $a(k)$ に変数変換されるからである。もちろん、$F(x)$ をでたらめに変換したのでは意味がないが、この変換のルールに従えば、$F(x)$ と $a(k)$ は必ず 1 対 1 に対応する。

また、最初の式は $F(x)$ の展開式の積分版（フーリエ積分）という見方もあるが、変数変換という立場からは、$a(k)$ という関数を、もとの x に関する関数 $F(x)$ に戻す操作であることから、逆フーリエ変換 (inverse Fourier transform) と呼んでいる。

実は、これら変換は、後ほど紹介する結晶格子の実空間と、逆格子空間に相当するのである。そして、逆格子空間では、その単位が波数 k と同じであるため、k 空間と呼ばれることもある。その詳細については、後ほど紹介する。

1.7. 波の一般式： $\exp i(kx - \omega t)$

最後に、波の一般式についても紹介しておこう。いままでは、波を表現する際に、位置情報 (x) のみに注目してきたが、実際の波では、時間的な情報 (t) を含んでいる。つまり、波は空間的にも、時間的にも振動しているのである。

それでは、このような一般的な波の方程式はどうなるのであろうか。任意の位置 $x,$ および任意の時間 t における波の方程式は、三角関数を使うと

$$y = A\sin\left(\frac{2\pi}{\lambda}x - \frac{2\pi}{T}t\right)$$

と与えられる。ここで、A は振幅で、λは波長、T は周期である。この式は、波数 k および角振動数ωを使うと

$$y = A\sin(kx - \omega t)$$

というかたちに書き換えられる。もちろん、cos 波でも、同等である。よって、いままでは、平面波の表式として、$\exp(ikx)$を採用してきたが、時間変動を考慮すると、$\exp i(kx - \omega t)$ とするのがより一般的となる。

それでは、波の方程式がどうして、このようなかたちになるのかを考えてみよう。ここでは、原点を通る波である sin 波、すなわち、$y = \sin x$ を考える。この式をグラフにすると図 1-15 のようになる。ところで、波長という観点では、この波は$\lambda = 2\pi$の波に対応している。それでは、波長がその半分の$\lambda = \pi$の場合はどうであろうか。これを図示すると図 1-16 のようになる。

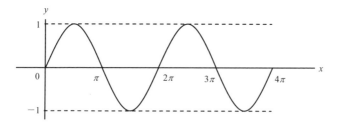

図 1-15　$y = \sin x$ のグラフ

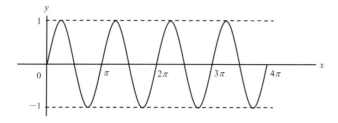

図 1-16　$y = \sin 2x$ のグラフ

このグラフは $y = \sin 2x$ となる。実は、これらグラフは

$$y = \sin\left(\frac{2\pi}{2\pi}x\right) = \sin x \quad \text{および} \quad y = \sin\left(\frac{2\pi}{\pi}x\right) = \sin 2x$$

という対応関係にある。よって、波長がλの波の一般式は $y = \sin\left(\frac{2\pi}{\lambda}x\right)$ となる。例えば、$\lambda = \pi/2$ のときは $y = \sin 4x$ となる。ここで$k = \frac{2\pi}{\lambda}$ は**波数** (wave number) に対応し、基本式の周期2πの中に波が何個あるかという数に対応する。ここで、振幅を任意とすれば $y = A\sin\left(\frac{2\pi}{\lambda}x\right) = A\sin kx$ が空間的な波のかたちを表す式となる。

しかし、実際の波は、このかたちを保って時間的に振動している。よって、時間項を取り入れる必要がある。ここで、時間的な変化を取り入れるために、$x = 0$ の点での振動に着目してみる。

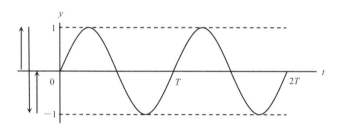

図 1-17 $x=0$ の点の時間 t の変化にともなう振動

すると、図1-17に示すように、$x = 0$ の点では、時間とともに上方向 (yの正方向) に動き、$y = 1$ に達した時点で反転して、今度は下方向に動きだす。そして$y = -1$ に達した時点で再び反転して上方向に動き出す。Tを周期として、その振動の様子は、横軸を時間 t として、図1-17に描いたような sin 波となる。sin の本来の周期は2πであるから $y = \sin\left(\frac{2\pi}{T}t\right)$ となる。

この関係を踏まえて、実際の時間の経過にともなう空間的な変化を、図示してみると図1-18のようになる。この図において、$x = 0$ の点に注目すれば、(a) の $t = 0$ では $y = 0$ に位置しているが、$t = T/8$ 経過後の(b)では $y = 1/2$ に上昇する。$t =$

$T/4$ 経過後の(c)では、さらに上昇して$y=1$に到達する。この後は、逆転してyは降下し、$t=T/2$経過後の(d)ではもとの位置$y=0$に戻ってくる。図には載せていないが、この後は$y<0$の領域に降下していき、$y=-1$に到達後は、逆転して上昇に転じ、1周期である$t=T$後には、再び$y=0$のもとの位置まで戻ってくる。

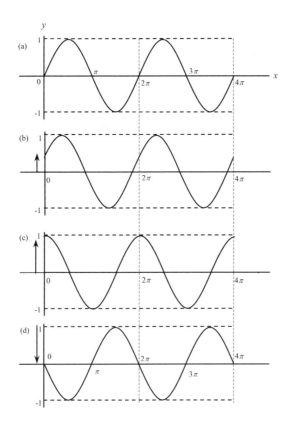

図1-18 振動している波の時間変化: (a) $t=0$; (b) $t=T/8$; (c) $t=T/4$; (d) $t=T/2$

　ここで、周期がTで振動している波の場合、時間が周期の1/4の$T/4$だけ経過した時には、(c)に示すように$\pi/2$だけ原点が負の方向にずれたグラフとなっている。同様にして、時間が$T/2$だけ経過した時には、(d)に示すようにπだけ原点が負の方向にずれたグラフとなる。これを任意の時間tとすると、グラフは原点か

第 1 章　オイラーの公式と波数

ら負の方向に $x' = x - \dfrac{2\pi}{T}t$ だけずれたものとなることを意味している。よって、t 時間経過後のグラフは

$$y = \sin x' = \sin\left(x - \frac{2\pi}{T}t\right)$$

となる。ここで、位置に関する波も一般化し、振幅も任意とすると

$$y = A\sin\left(\frac{2\pi}{\lambda}x - \frac{2\pi}{T}t\right)$$

となる。これが任意の位置 x, 任意の時間 t における（空間に描いた）波の方程式となる。ここで、周期 T と角振動数（角速度）ω の関係は $\dfrac{2\pi}{T} = \omega$ となるから、結局、$y = A\sin(kx - \omega t)$ と表現できることになる。

　また、半波長だけ位相がずれた方程式は $y = A\cos(kx - \omega t)$ と与えられ、波の方程式は、sin でも cos でも、どちらの三角関数でも表現することができる。よって指数関数を使えば、空間と時間に関して振動する一般の波の方程式は

$$y = A\exp i(kx - \omega t)$$

となるのである。

　そして、われわれが普段みる波のかたちは k によって指定され、その時間変化の早さが ω によって与えられることになる。

　固体物理や量子力学においては、$\exp i(kx - \omega t)$ という表式が一般の波の方程式となる。k が空間的な波のかたちを与え、ω が時間変動を与える。

　ところで、指数関数を使って波を表現することには、大きな利点がある。それは $\exp i(kx - \omega t) = \exp(ikx)\exp(-i\omega t)$ のように、空間変動項と時間変動項の積となっているため、簡単に変数分離することができるからである。三角関数では、これができない。これが指数関数を使う大きな効用である。

　最後に、波の進行する速さ v についても求めてみよう。波の移動する速さとは、ある位相に注目すると、それがどう時間変化するかである。ここで、$y = A\exp i(kx - \omega t)$ という波の位相は

$$kx - \omega t = k\left(x - \frac{\omega}{k}t\right)$$

となる。これが一定の値をとるということは、C を定数として

37

$$x - \frac{\omega}{k}t = C \qquad \text{から} \qquad x = \frac{\omega}{k}t + C$$

となる。したがって

$$v = \frac{dx}{dt} = \frac{\omega}{k}$$

となる。

第2章　量子力学とフェルミ粒子

　固体には、金属 (metal)、半導体 (semiconductor)、絶縁体 (insulator) がある。固体は、その骨格を形づくっている原子 (正イオン: positive ion) がつくる格子 (lattice) と、電子 (electrons) から構成されている。

　よって、固体の特性を理解するためには、格子系の特性と電子系の特性の両方と、さらに、それらの相互作用を解析する必要がある。

　電子などのミクロ粒子の挙動は量子力学 (Quantum mechanics) によって説明できる。さらに、ミクロ粒子はフェルミ粒子とボーズ粒子とに分類され、それぞれ挙動が異なる。

　本章では、固体物理を学ぶ基礎として、簡単に量子力学を復習するとともに、フェルミ粒子とボーズ粒子の違いと、その結果生じるエネルギー分布の特徴についても紹介したい。

　ところで、量子力学の根幹をなすのはシュレーディンガー方程式 (Shrödinger's equation) である。この方程式を適当な初期条件や境界条件で解くことにより、電子の運動を見事に解析できるのである。

　しかし問題もある。この方程式が、どのようにして導入されたかをシュレーディンガー自身が明らかにしていないのである。現代物理学の根幹をなす基本の方程式にも関わらず、その数学的導出過程が不明のままというのも面白い。ファインマンはつぎのように記している。"It's not possible to derive it from anything you know. It came out of the mind of Schrödinger."

2.1.　シュレーディンガー方程式の導出

　20 世紀の初頭は、量子力学の勃興期にあり、当初はハイゼンベルグ (Heisenberg) やボルン (Born) らによる行列力学 (matrix mechanics) が主流であ

った。しかし、彼らの手法は、行列演算を基礎にしたものである。さらに、扱う行列が無限行無限列からなるので、計算が煩雑であり、多くの物理学者には使いにくいものであった。

その後、シュレーディンガーが、物理学者にとって非常になじみのある偏微分方程式 (partial differential equation) によって、電子の挙動を説明することに成功する。それがシュレーディンガー方程式である。ただし、前述したように、その数学的導出過程については、明らかになっていない。

実は、シュレーディンガーは大学の輪講で、ド・ブロイ (De Broi) による物質波 (wave of matter) の概念に関する論文を紹介した。最初は、乗り気ではなかったようだが、読み進めていく内に、その内容に大いに興味をそそられたという。その論文では、本来、粒子である電子には波の性質もあり

$$\varphi(x) = A \exp(ikx)$$

という関数で与えられると書かれていたのである。これは、まさに前章で紹介した平面波の式であり、k は波数である。さらに、時間変動項まで考えると、電子波は

$$\psi(x,t) = A \exp i(kx - \omega t)$$

という関数によって与えられる。この式についても前章で紹介した。

シュレーディンガーは、これら電子波の表式を出発点として、方程式を導いたと考えられるのである。ここで、重要となるのが、波数 k と運動量 p およびエネルギーE との関係

$$p = \hbar k \qquad E = \frac{p^2}{2m} = \frac{\hbar^2 k^2}{2m}$$

である。つまり、波数 k がわかれば、電子の運動状態がわかるからである。

それでは、電子波の関数 $\varphi(x) = A \exp(ikx)$ から、波数 k を取り出すには、どうしたらよいであろうか。まず、x に関して微分してみよう。すると

$$\frac{d\varphi(x)}{dx} = ikA \exp(ikx) = ik\varphi(x)$$

となり、k が関数の外に出てくる。さらに、もう一度微分すると

$$\frac{d^2\varphi(x)}{dx^2} = -k^2 A \exp(ikx) = -k^2 \varphi(x)$$

となり、k^2 を取り出すことができる。これらをさらに工夫すると

第 2 章　量子力学とフェルミ粒子

$$\frac{\hbar}{i}\frac{d\varphi(x)}{dx} = \hbar k\varphi(x) \qquad -\frac{\hbar^2}{2m}\frac{d^2\varphi(x)}{dx^2} = \frac{\hbar^2 k^2}{2m}\varphi(x)$$

となり、それぞれ電子の有する運動量とエネルギーを取り出すことができるのである。つまり

$$\frac{\hbar}{i}\frac{d\varphi(x)}{dx} = p\varphi(x) \qquad -\frac{\hbar^2}{2m}\frac{d^2\varphi(x)}{dx^2} = E\varphi(x)$$

という関係にある。ここで、つぎの操作

$$\frac{\hbar}{i}\frac{d}{dx} = \hat{p} \qquad -\frac{\hbar^2}{2m}\frac{d^2}{dx^2} = \hat{H}$$

をそれぞれ、**運動量演算子** (momentum operator) および**エネルギー演算子** (energy operator) とし、エネルギーのほうは**ハミルトニアン** (Hamiltonian) と名付けた。この表記法は、解析力学 (analytical mechanics) と相性がよく、その後、解析力学で培われた手法を駆使して量子力学が完成されていったのである。もともとハミルトニアンは解析力学で導入された物理量である。

　ここで、面白いのは、エネルギー E と運動量 p の関係である。古典力学の $E = p^2/2m$ などの関係が、そのまま演算子にも受け継がれる点である。つまり

$$\frac{\hat{p}^2}{2m} = \frac{1}{2m}\left(\frac{\hbar}{i}\right)^2\frac{d^2}{dx^2} = -\frac{\hbar^2}{2m}\frac{d^2}{dx^2} = \hat{H}$$

となる。

　ところで、ここまでは、エネルギーとして、運動エネルギーしか考慮していないが、通常の力学であれば、ポテンシャルが存在する。

　その場合は全体のエネルギー E からポテンシャルエネルギー V を引いた分が運動エネルギーに対応することから

$$-\frac{\hbar^2}{2m}\frac{d^2\varphi(x)}{dx^2} = (E - V)\varphi(x)$$

と修正すればよい。通常、ポテンシャルエネルギーは位置の関数であるので $V(x)$ としたうえで移項すれば

$$-\frac{\hbar^2}{2m}\frac{d^2\varphi(x)}{dx^2} + V(x)\varphi(x) = E\varphi(x)$$

となり、シュレーディンガー方程式がえられる。このように、電子波が $\exp(ikx)$

41

ということを基本とすれば、シュレーディンガー方程式が導出できるのである。

ここまでは、時間によって総エネルギーEが変化しない系での取り扱いである。それでは、時間によってEが変化する場合はどうすればよいのであろうか。それは

$$\psi(x,t) = A \exp i(kx - \omega t)$$

として、位置と時間を区別するために偏微分を使う。まず、時間に依存しない場合は

$$-\frac{\hbar^2}{2m}\frac{\partial^2 \psi(x,t)}{\partial x^2} + V(x)\psi(x,t) = E\psi(x,t)$$

となる。時間変動する場合は、波動関数をtに関して偏微分する。すると

$$\frac{\partial \psi(x,t)}{\partial t} = -i\omega A \exp i(kx - \omega t) = -i\omega\psi(x,t)$$

となる。

ここで、角振動数ωに対応したエネルギーは

$$E = \hbar\omega$$

であった。したがって

$$i\hbar\frac{\partial \psi(x,t)}{\partial t} = \hbar\omega\psi(x,t)$$

となる。この結果を反映させると、時間依存型のシュレーディンガー方程式 (time dependent Schrödinger's equation) は

$$-\frac{\hbar^2}{2m}\frac{\partial^2 \psi(x,t)}{\partial x^2} + V(x)\psi(x,t) = i\hbar\frac{\partial \psi(x,t)}{\partial t}$$

と与えられることになる。

2.2. 量子力学の復習

2.2.1. 波動関数と演算子

われわれが量子力学を学ぶときは、前節のような取り扱いはせずに、逆の道をたどる。まず、はじめにシュレーディンガー方程式

$$-\frac{\hbar^2}{2m}\frac{d^2 \varphi(x)}{dx^2} + V(x)\varphi(x) = E\varphi(x)$$

が主役として登場する。

第 2 章　量子力学とフェルミ粒子

そして、適当な境界条件や、ポテンシャル $V(x)$ を与えれば、方程式の解として、波動関数がえられる。それでは、これ以降は、一般の教科書で紹介されている手法にしたがって、量子力学を復習していこう。

演習 2-1　幅が L の無限井戸（$0 \leq x \leq L$）に閉じ込められた電子の波動関数 $\varphi(x)$ を求めよ。

　解）　無限井戸であるので、$x>L$ あるいは $x<0$ のとき、$V(x) \rightarrow \infty$ であり、$0 \leq x \leq L$ の範囲で $V(x)=0$ となる。したがって、電子は井戸の外には存在しない。

また、井戸の中ではハミルトン演算子は $\hat{H} = -\dfrac{\hbar^2}{2m}\dfrac{d^2}{dx^2}$ 　となり

$$-\frac{\hbar^2}{2m}\frac{d^2\varphi(x)}{dx^2} = E\varphi(x)$$

というシュレーディンガー方程式がえられる。これは、2 階線型微分方程式であり、$\varphi(x) = e^{\lambda x} = \exp(\lambda x)$ という解を有することが知られている。表記の微分方程式に代入すると

$$-\frac{\hbar^2}{2m}\lambda^2 \exp(\lambda x) = E\exp(\lambda x)$$

から、特性方程式 (characteristic equation) は

$$\frac{\hbar^2}{2m}\lambda^2 + E = 0 \qquad となり \qquad \lambda = \pm\, i\,\frac{\sqrt{2mE}}{\hbar}$$

と与えられる。したがって、一般解は

$$\varphi(x) = A\exp\left(i\frac{\sqrt{2mE}}{\hbar}x \right) + B\exp\left(-i\frac{\sqrt{2mE}}{\hbar}x \right)$$

となる。ただし、A, B は定数である。

　ここで、$\dfrac{\sqrt{2mE}}{\hbar} = k$ と置いてみよう。すると、波動関数は

$$\varphi(x) = A\exp(ikx) + B\exp(-ikx)$$

となる。このとき

$$\frac{\sqrt{2mE}}{\hbar} = k \quad から \quad E = \frac{\hbar^2 k^2}{2m}$$

となって、k が波数であることがわかる。このように、シュレーディンガー方程式の解として平面波の表式が登場するのである。

演習 2-2　境界条件である $\varphi(0) = \varphi(L) = 0$ を満足するとき、波動関数 $\varphi(x) = A \exp(ikx) + B \exp(-ikx)$ に課される条件を求めよ。

解）　$\varphi(0) = 0$ を入れると

$$\varphi(0) = A + B = 0 \quad から \quad A = -B$$

となり

$$\varphi(x) = A \exp(ikx) - A \exp(-ikx)$$

となる。つぎに、$\varphi(L) = 0$ より

$$\varphi(L) = A \exp(ikL) - A \exp(-ikL) = 0$$

これを満足するのは $\exp(ikL) = \exp(-ikL)$ であるので $\exp(i2kL) = 1$
よって、n を整数として

$$2kL = 2n\pi \quad から \quad k = \frac{n\pi}{L} \quad (n = 1,2,3,\ldots)$$

がえられる。

これは、k が連続ではなく、飛び飛びの値をとること、すなわち、エネルギー E が、つぎのように量子化されることを示している。

$$E = \frac{\hbar^2 k^2}{2m} = n^2 \frac{h^2}{mL^2} \quad (n = 1,2,3,\ldots)$$

量子力学と呼ばれる所以である。

2.2.2.　規格化

量子力学によれば、波動関数の絶対値の 2 乗である $|\varphi(x)|^2$ は、x と $x+dx$ の範囲にミクロ粒子を見出す確率に相当する。したがって、全空間で積分すれば、そ

第 2 章　量子力学とフェルミ粒子

の値は 1 となる。したがって

$$\int_{-\infty}^{+\infty}|\varphi(x)|^2 dx = \int_{-\infty}^{+\infty}\varphi^*(x)\varphi(x)\,dx = 1$$

という条件が課される。ただし、$\varphi^*(x)$ は共役複素数 (complex conjugate) である。これを**規格化条件** (normalization condition) と呼んでいる。

演習 2-3　規格化条件を利用して、波動関数 $\varphi(x) = A\exp(ikx) - A\exp(-ikx)$ の定数項 A の値を求めよ。

　解）　オイラーの公式から $\sin\theta = \dfrac{\exp(i\theta) - \exp(-i\theta)}{2i}$ という関係にあるので

$$\varphi(x) = A\exp(ikx) - A\exp(-ikx) = 2Ai\sin(kx)$$
$$\varphi^*(x) = A\exp(-ikx) - A\exp(ikx) = -2Ai\sin(kx)$$

よって

$$|\varphi(x)|^2 = \varphi^*(x)\varphi(x) = 4A^2\sin^2(kx)$$

となる。規格化条件は　$\int_{-\infty}^{+\infty}|\varphi(x)|^2 dx = 1$ となるが、ここでは積分範囲は 0 から L

となり $\int_{-\infty}^{+\infty}|\varphi(x)|^2 dx = \int_{0}^{L}|\varphi(x)|^2 dx = 1$　となる。

$$\int_{0}^{L}|\varphi(x)|^2 dx = 4A^2\int_{0}^{L}\sin^2(kx)dx = 2A^2\int_{0}^{L}\{1-\cos(2kx)\}dx$$

$$= 2A^2\int_{0}^{L}\left\{1-\cos\left(\frac{2n\pi x}{L}\right)\right\}dx = 2A^2\left[x - \frac{L}{2n\pi}\sin\left(\frac{2n\pi}{L}x\right)\right]_{0}^{L} = 2A^2L = 1$$

$$A = \pm\sqrt{\frac{1}{2L}}$$

となる。

　ここで、規格化された波動関数 $\varphi(x)$ がえられたものとし

$$\psi(x) = \pm\exp(i\theta)\varphi(x)$$

という新たな関数 $\psi(x)$ を考えてみよう。すると

45

$$\hat{H}\varphi(x) = E\varphi(x) \qquad \hat{p}\varphi(x) = a\varphi(x)$$

が成立しているならば

$$\hat{H}\psi(x) = E\psi(x) \qquad \hat{p}\psi(x) = a\psi(x)$$

が成立することがわかる。さらに

$$\left|\psi(x)\right|^2 = \left|\exp(i\theta)\right|^2 \left|\varphi(x)\right|^2 = \left|\varphi(x)\right|^2$$

となるので、$\psi(x)$ も規格化された波動関数となるのである。

前章で示したように、$\exp(i\theta)$ は複素平面における半径が 1 の単位円 (unit circle) である。そして、θ は電子波（電子の物質波）の**位相** (phase) となることが知られている。通常の状態では、電子波の θ はそろっていないが、これが完全に揃った状態が超伝導状態である。

もちろん、固有値がえられない場合もある。この場合は、物理量は確定しないが、つぎの操作によって、期待値をえることができる。

$$<p> = \int_{-\infty}^{+\infty} \varphi^*(x)\hat{p}\varphi(x)\,dx \qquad <E> = \int_{-\infty}^{+\infty} \varphi^*(x)\hat{H}\varphi(x)\,dx$$

ただし、$\varphi^*(x)$ は共役複素数 (complex conjugate) である。

2.2.3. 3 次元への拡張

ここまでは、簡単化のために 1 次元の場合を紹介したが、実際のミクロ粒子の運動は 3 次元空間で生じる。よって、波動関数は、$\varphi(x, y, z)$ のような 3 次元座標 (x, y, z) の関数となる。

ここで、粒子が 2 個ある場合を考えてみよう。この場合、波動関数は粒子 1 と 2 の位置 (x_1, y_1, z_1), (x_2, y_2, z_2) の関数となるので

$$\varphi(x_1, y_1, z_1, x_2, y_2, z_2)$$

となる。もし、2 個の粒子に相互作用がなければ、2 粒子系の波動関数は

$$\varphi(x_1, y_1, z_1, x_2, y_2, z_2) = \varphi_a(x_1, y_1, z_1)\varphi_b(x_2, y_2, z_2)$$

のように、それぞれの粒子の波動関数の積となる。ベクトル表示すると

$$\varphi(\vec{r}_1, \vec{r}_2) = \varphi_a(\vec{r}_1)\varphi_b(\vec{r}_2)$$

となる。つぎに、2 個の粒子のハミルトニアンを考えてみよう。まず、粒子 1 のハミルトニアンは

第 2 章　量子力学とフェルミ粒子

$$\hat{H}_1 = -\frac{\hbar^2}{2m}\left(\frac{\partial^2}{\partial x_1{}^2} + \frac{\partial^2}{\partial y_1{}^2} + \frac{\partial^2}{\partial z_1{}^2}\right) + V_1(x_1, y_1, z_1)$$

あるいは、ラプラシアンと位置ベクトルを使って

$$\hat{H}_1 = -\frac{\hbar^2}{2m}\nabla_1{}^2 + V_1(\vec{r}_1)$$

となる。ここで、右辺の第 2 項は、粒子 1 が感じるポテンシャルである。そして、固有値方程式は

$$\hat{H}_1\varphi_a(\vec{r}_1) = E_1\varphi_a(\vec{r}_1)$$

と与えられる。E_1 は、粒子 1 のエネルギー固有値である。粒子 2 のハミルトニアンも同様に

$$\hat{H}_2 = -\frac{\hbar^2}{2m}\nabla_2{}^2 + V_2(\vec{r}_2)$$

と与えられ、固有値方程式は

$$\hat{H}_2\varphi_b(\vec{r}_2) = E_2\varphi_b(\vec{r}_2)$$

となる。

演習 2-4　相互作用のない 2 粒子系のハミルトニアンとエネルギー固有値を求めよ。

解）　相互作用がないので、単純に足せばよいからハミルトニアンは $\hat{H} = \hat{H}_1 + \hat{H}_2$ となる。よって 2 粒子系の固有値方程式は

$$\hat{H}\ \varphi(\vec{r}_1, \vec{r}_2) = (\hat{H}_1 + \hat{H}_2)\ \varphi_a(\vec{r}_1)\varphi_b(\vec{r}_2) = \{\hat{H}_1\varphi_a(\vec{r}_1)\}\varphi_b(\vec{r}_2) + \varphi_a(\vec{r}_1)\{\hat{H}_2\varphi_b(\vec{r}_2)\}$$

$$= (E_1 + E_2)\varphi_a(\vec{r}_1)\varphi_b(\vec{r}_2) = (E_1 + E_2)\varphi(\vec{r}_1, \vec{r}_2)$$

となり、エネルギー固有値は $E_1 + E_2$ のように、それぞれの粒子のエネルギー固有値の和となる。

　さらに、同じポテンシャル場に属する 2 個の粒子のハミルトニアンを考えてみよう。すると

$$\hat{H}_1 = -\frac{\hbar^2}{2m}\nabla_1^2 + V(\vec{r}_1) \qquad \hat{H}_2 = -\frac{\hbar^2}{2m}\nabla_2^2 + V(\vec{r}_2)$$

となり、座標が異なるだけで

$$\hat{H}_1 \varphi_a(\vec{r}_1) = E_1 \varphi_a(\vec{r}_1) \qquad と \qquad \hat{H}_2 \varphi_b(\vec{r}_2) = E_2 \varphi_b(\vec{r}_2)$$

はまったく同じかたちをした微分方程式となる。

2.2.4. 不可弁別性

ところで、ミクロ粒子に番号をつけて1と2というように区別しているが、ミクロの世界では、実は、同種の粒子を区別することはできない。これを**不可弁別性** (non-discriminality) と呼んでいる。

この理由は、粒子の波動性で説明される。図2-1に示すように2個の粒子（電子波）が近づいて、相互作用した場合、電子波の干渉が生じる。その後、干渉した波がほどけて、再び2個の波となって離れていった場合、どちらの粒子（電子波）であったかが特定できないのである。

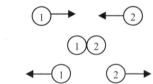

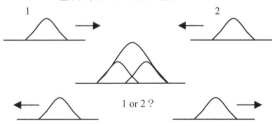

図 2-1 量子力学における粒子の不可弁別性。古典的粒子では衝突後も区別できるが、ミクロ粒子では、その波動性のために衝突後の弁別はできない。

48

第 2 章　量子力学とフェルミ粒子

2.3.　ボーズ粒子とフェルミ粒子

波動関数 $\varphi(\vec{r}_1, \vec{r}_2) = \varphi_a(\vec{r}_1)\varphi_b(\vec{r}_2)$ の粒子 1 と 2 を入れかえた波動関数

$$\varphi(\vec{r}_2, \vec{r}_1) = \varphi_a(\vec{r}_2)\varphi_b(\vec{r}_1)$$

を考える。この波動関数に 2 粒子系のハミルトニアン $\hat{H} = \hat{H}_1 + \hat{H}_2$ を作用させてみよう。ここで、$\hat{H}_1$ は $\vec{r}_1$ を含む波動関数に作用し、その固有値は E_1 となる。同様に、$\hat{H}_2$ は $\vec{r}_2$ を含む波動関数に作用し、その固有値は E_2 となる。よって

$$\hat{H}\ \varphi(\vec{r}_2, \vec{r}_1) = (\hat{H}_1 + \hat{H}_2)\ \varphi_a(\vec{r}_2)\varphi_b(\vec{r}_1) = \varphi_a(\vec{r}_2)\hat{H}_1\varphi_b(\vec{r}_1) + \hat{H}_2\varphi_a(\vec{r}_2)\varphi_b(\vec{r}_1)$$

$$= (E_1 + E_2)\varphi_a(\vec{r}_2)\varphi_b(\vec{r}_1) = (E_1 + E_2)\varphi(\vec{r}_2, \vec{r}_1)$$

となり、結局、同じエネルギー固有値がえられる。

このように、粒子を交換した波動関数の

$$\varphi(\vec{r}_1, \vec{r}_2) = \varphi_a(\vec{r}_1)\varphi_b(\vec{r}_2) \qquad と \qquad \varphi(\vec{r}_2, \vec{r}_1) = \varphi_a(\vec{r}_2)\varphi_b(\vec{r}_1)$$

は同じ量子エネルギー状態を与えることになる。

また、$\left|\varphi(\vec{r}_1, \vec{r}_2)\right|^2 = \left|\varphi(\vec{r}_2, \vec{r}_1)\right|^2$ であるので、絶対値 1 の複素定数を c として

$$\varphi(\vec{r}_2, \vec{r}_1) = c\varphi(\vec{r}_1, \vec{r}_2)$$

という関係が成り立つ。すでに紹介したように、このような条件を満足するのは

$$\varphi(\vec{r}_2, \vec{r}_1) = \exp(i\theta)\varphi(\vec{r}_1, \vec{r}_2)$$

である。ここで、粒子の入れ替えをもう一度行う。この場合、$\vec{r}_1$ と $\vec{r}_2$ は任意なので

$$\varphi(\vec{r}_1, \vec{r}_2) = c\varphi(\vec{r}_2, \vec{r}_1) \qquad から \qquad \varphi(\vec{r}_1, \vec{r}_2) = c\varphi(\vec{r}_2, \vec{r}_1) = c^2\varphi(\vec{r}_1, \vec{r}_2)$$

となる。したがって $c = \pm 1$ となり、結局、$\exp(i\theta)$ の位相 θ が $\theta = 0$ $(c = 1)$ と $\theta = \pi$ $(c = -1)$ の場合にそれぞれ相当する。

2.3.1.　対称と反対称

ミクロ粒子の交換をしたときに、$c = +1$ となる

$$\varphi(\vec{r}_2, \vec{r}_1) = \varphi(\vec{r}_1, \vec{r}_2)$$

の関係にある関数を**対称関数** (symmetric function) と呼んでおり、このような性質を有するミクロ粒子を**ボーズ粒子** (Boson) と呼んでいる。

49

一方、$c = -1$ となる

$$\varphi(\vec{r}_2, \vec{r}_1) = -\varphi(\vec{r}_1, \vec{r}_2)$$

を**反対称関数** (asymmetric function) と呼び、このような性質を有する粒子を**フェルミ粒子** (Fermion) と呼んでいる。

ここで、波動関数 $\varphi(\vec{r}_1, \vec{r}_2)$ と $\varphi(\vec{r}_2, \vec{r}_1)$ は、ハミルトニアン $\hat{H} = \hat{H}_1 + \hat{H}_2$ の固有関数であるから、その 1 次結合である

$$\Phi(\vec{r}_1, \vec{r}_2) = C_1 \varphi_a(\vec{r}_1) \varphi_b(\vec{r}_2) + C_2 \varphi_a(\vec{r}_2) \varphi_b(\vec{r}_1)$$

も同じエネルギー固有値をもつ波動関数である。

演習 2-5 つぎの関係が成立することを確かめよ。

$$\hat{H} \Phi(\vec{r}_1, \vec{r}_2) = (\hat{H}_1 + \hat{H}_2) \Phi(\vec{r}_1, \vec{r}_2) = (E_1 + E_2) \Phi(\vec{r}_1, \vec{r}_2)$$

解) $\quad \hat{H}_1 \Phi(\vec{r}_1, \vec{r}_2) = C_1 \hat{H}_1 \varphi_a(\vec{r}_1) \varphi_b(\vec{r}_2) + C_2 \varphi_a(\vec{r}_2) \hat{H}_1 \varphi_b(\vec{r}_1)$

$$= C_1 E_1 \varphi_a(\vec{r}_1) \varphi_b(\vec{r}_2) + C_2 \varphi_a(\vec{r}_2) E_1 \varphi_b(\vec{r}_1) = E_1 \Phi(\vec{r}_1, \vec{r}_2)$$

$\hat{H}_2 \Phi(\vec{r}_1, \vec{r}_2) = C_1 \varphi_a(\vec{r}_1) \hat{H}_2 \varphi_b(\vec{r}_2) + C_2 \hat{H}_2 \varphi_a(\vec{r}_2) \varphi_b(\vec{r}_1)$

$$= C_1 \varphi_a(\vec{r}_1) E_2 \varphi_b(\vec{r}_2) + C_2 E_2 \varphi_a(\vec{r}_2) \varphi_b(\vec{r}_1) = E_2 \Phi(\vec{r}_1, \vec{r}_2)$$

となるので、表記の関係が成立する。

この関数の規格化条件は

$$\iint |\Phi(\vec{r}_1, \vec{r}_2)|^2 d\vec{r}_1 d\vec{r}_2 = \iint \Phi^*(\vec{r}_1, \vec{r}_2) \Phi(\vec{r}_1, \vec{r}_2) d\vec{r}_1 d\vec{r}_2 = 1$$

から $|C_1|^2 + |C_2|^2 = 1$ となる。

2 粒子系の波動関数 $\Phi(\vec{r}_1, \vec{r}_2) = C_1 \varphi_a(\vec{r}_1) \varphi_b(\vec{r}_2) + C_2 \varphi_a(\vec{r}_2) \varphi_b(\vec{r}_1)$ において、粒子 1 と粒子 2 を入れ替えてみよう。

$$\Phi(\vec{r}_2, \vec{r}_1) = C_1 \varphi_a(\vec{r}_2) \varphi_b(\vec{r}_1) + C_2 \varphi_a(\vec{r}_1) \varphi_b(\vec{r}_2)$$

第 2 章　量子力学とフェルミ粒子

対称関数の場合には $\Phi(\vec{r}_1,\vec{r}_2)=\Phi(\vec{r}_2,\vec{r}_1)$ であるから $C_1=C_2$ となる。つぎに反対称関数の場合には $\Phi(\vec{r}_1,\vec{r}_2)=-\Phi(\vec{r}_2,\vec{r}_1)$ であるから $C_1=-C_2$ となる。規格化条件を考慮すると、ボーズ粒子では

$$\Phi(\vec{r}_1,\vec{r}_2)=\frac{1}{\sqrt{2}}\{\varphi_a(\vec{r}_1)\varphi_b(\vec{r}_2)+\varphi_a(\vec{r}_2)\varphi_b(\vec{r}_1)\}$$

となり、フェルミ粒子では

$$\Phi(\vec{r}_1,\vec{r}_2)=\frac{1}{\sqrt{2}}\{\varphi_a(\vec{r}_1)\varphi_b(\vec{r}_2)-\varphi_a(\vec{r}_2)\varphi_b(\vec{r}_1)\}$$

となる。

演習 2-6　フェルミ粒子のような反対称関数の場合に、粒子の交換によって波動関数がどうなるかを求めよ。

解）　$\Phi(\vec{r}_1,\vec{r}_2)=\dfrac{1}{\sqrt{2}}\{\varphi_a(\vec{r}_1)\varphi_b(\vec{r}_2)-\varphi_a(\vec{r}_2)\varphi_b(\vec{r}_1)\}$　である。ここで粒子を交換すると

$$\Phi(\vec{r}_2,\vec{r}_1)=\frac{1}{\sqrt{2}}\{\varphi_a(\vec{r}_2)\varphi_b(\vec{r}_1)-\varphi_a(\vec{r}_1)\varphi_b(\vec{r}_2)\}$$

$$=-\frac{1}{\sqrt{2}}\{\varphi_a(\vec{r}_1)\varphi_b(\vec{r}_2)-\varphi_a(\vec{r}_2)\varphi_b(\vec{r}_1)\}=-\Phi(\vec{r}_1,\vec{r}_2)$$

となり、交換関係は成立しない。

つまり、フェルミ粒子は交換できないことを示している。これは、反対称のフェルミ粒子においては、1 個の粒子は 1 個の量子状態しかとらないということを意味している。あるいは、ひとつの量子状態には 1 個の粒子しか入れないといいかえることもできる。

一方、ボーズ粒子においては

$$\Phi(\vec{r}_2,\vec{r}_1)=\frac{1}{\sqrt{2}}\{\varphi_a(\vec{r}_2)\varphi_b(\vec{r}_1)+\varphi_a(\vec{r}_1)\varphi_b(\vec{r}_2)\}$$

$$=\frac{1}{\sqrt{2}}\{\varphi_a(\vec{r}_1)\varphi_b(\vec{r}_2)+\varphi_a(\vec{r}_2)\varphi_b(\vec{r}_1)\}=\Phi(\vec{r}_1,\vec{r}_2)$$

が成立するので、粒子の交換が可能となる。よって、1個の量子状態に2個の粒子が入れることになる。

　ここで、われわれが対象とする電子は、フェルミ粒子に分類される。そして、フェルミ粒子では、ひとつのエネルギー準位に1個のミクロ粒子しか入れないという制約がある。ただし、電子では、正負のスピンの違いにより実際には2個の粒子が占有できる。

　このような制約のために、フェルミ粒子である電子では、絶対零度であっても、かなり高いエネルギー準位を電子が占有している。別な見方をすれば、絶対零度のような低温であっても、非常に高いエネルギーを有する電子が存在しているのである。これが、電子系の大きな特徴であり、金属の特性をつかさどることになる。

2.4. ミクロ粒子のエネルギー分布

2.4.1. フェルミ分布

ひとつのエネルギー量子状態には、最大1個の粒子しか占めることができないフェルミ粒子のエネルギー分布は

$$f(E) = \frac{1}{1 + \exp\left(\dfrac{E - \mu}{k_B T}\right)}$$

という関数によって与えられる。これを**フェルミ分布関数** (Fermi distribution function) と呼んでいる[1]。ここで、E は粒子のエネルギー、k_B はボルツマン定数、T は温度、μ は化学ポテンシャルである。

　まず、この分布関数をもとに、絶対零度 $T = 0[\mathrm{K}]$ におけるフェルミ分布を求めてみよう。$E < \mu$ と $E > \mu$ の場合に分けて考える。まず、$E < \mu$ のとき

$$\exp\left(\frac{E - \mu}{k_B T}\right) \quad \text{において} \quad \frac{E - \mu}{k_B T} < 0$$

となる。よって

---

[1] フェルミ分布関数およびボーズ分布関数の導出に関しては、拙著『なるほど統計力学』（海鳴社）を参照いただきたい。

52

$T \to 0$ のとき $\dfrac{E-\mu}{k_B T} \to -\infty$ となるので $\exp\left(\dfrac{E-\mu}{k_B T}\right) \to 0$

から

$$f(E) = \dfrac{1}{1+\exp\left(\dfrac{E-\mu}{k_B T}\right)} \to 1$$

となる。つまり、$E<\mu$ のすべてのエネルギー準位に粒子が 1 個存在することになる。

一方、$E>\mu$ のときは

$$\exp\left(\dfrac{E-\mu}{k_B T}\right) \to \infty \quad から \quad f(E) = \dfrac{1}{1+\exp\left(\dfrac{E-\mu}{k_B T}\right)} \to 0$$

となり、$E>\mu$ のエネルギー準位には粒子は存在しないことになる。したがって、絶対零度におけるフェルミ分布は、図 2-2 のようになる。

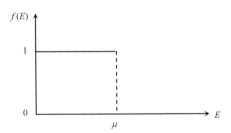

図 2-2 　絶対零度 ($T=0$K) におけるフェルミ分布

すなわち、$E<\mu$ の量子状態の占有率は 1 となり、$E>\mu$ のそれは 0 となるステップ関数となるのである。

つまり、図 2-3 に示すように、フェルミ粒子では、μ までのエネルギー準位はすべて占有されているが、μ よりも大きいエネルギー準位は空となっているのである。

このように、フェルミ粒子では、絶対零度であっても、かなり高いエネルギーをミクロ粒子が有するという特徴を持っている。この最大のエネルギーμをフェルミエネルギー (Fermi energy) と呼び、E_F と表記する。E_F は金属を指定すれば、

一義的に決まる物性値となる。

それでは、有限の温度 $T > 0$ [K] になったときに、この分布はどのように変化するのであろうか。

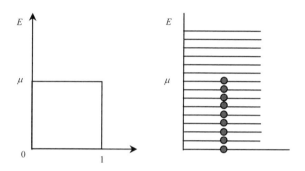

図 2-3　フェルミ粒子のエネルギー占有状態

演習 2-7　$E = \mu$ のときのフェルミ分布関数 $f(E)$ の値を求めよ。

解）
$$f(E) = \frac{1}{1+\exp\left(\dfrac{E-\mu}{k_B T}\right)} = \frac{1}{1+\exp 0} = \frac{1}{2}$$

となる。

よって、この値は、温度 T に依存せずに、常に 1/2 となるので、すべての分布曲線が、この点を通ることになる。

ここで、温度の効果を調べるために、常温である $T = 300$ [K] 程度を考えてみよう。ボルツマン定数は $k_B = 1.38 \times 10^{-23}$ [J/K] であるから
$$k_B T = 1.38 \times 10^{-23} \times 300 \cong 4.1 \times 10^{-21} \text{ [J]}$$
程度となる。したがって
$$\frac{1}{k_B T} \cong 2.4 \times 10^{20} \text{ [J}^{-1}\text{]}$$

第 2 章　量子力学とフェルミ粒子

となり

$$\exp\left(\frac{E-\mu}{k_B T}\right) = \exp\{2.4\times10^{20}(E-\mu)\}$$

となる。

$E < \mu$ の領域では $E - \mu < 0$ であるから、正の値となる $\mu - E$ を使うと

$$\exp\left(\frac{E-\mu}{k_B T}\right) = \frac{1}{\exp\{2.4\times10^{20}(\mu-E)\}}$$

となる。分母にある係数は巨大であるから、$\mu - E$ の値が 10^{-20} 程度と小さくない限り、ほぼ 0 となる。

演習 2-8　エネルギーが $E = \mu - k_B T$ のときのフェルミ分布関数 $f(E)$ の値を求めよ。

　解）

$$\exp\left(\frac{E-\mu}{k_B T}\right) = \exp(-1) = \frac{1}{e} \cong 0.37$$

程度となる。このとき

$$f(E) = \frac{1}{1+\exp\left(\dfrac{E-\mu}{k_B T}\right)} = \frac{1}{1+0.37} = 0.73$$

となる。

　したがって、フェルミエネルギーから $k_B T$ 程度の範囲ではフェルミ分布が影響を受ける。しかし

$$E = \mu - 10 k_B T$$

とすると

$$\exp\left(\frac{E-\mu}{k_B T}\right) = \exp(-10) = \frac{1}{e^{10}} \cong 4.5\times10^{-5}$$

から

55

$$f(E) = \frac{1}{1+\exp\left(\dfrac{E-\mu}{k_B T}\right)} = \frac{1}{1+4.5\times 10^{-5}} \cong 1$$

となり、フェルミ分布は影響をほとんど受けない。このように、μ からわずか

$$10k_B T \cong 4.1\times 10^{-20} \,[\text{J}]$$

だけ離れたところで、占有率は、ほぼ 1 となるのである。

これは $E > \mu$ の領域でも同様であり、有限温度がフェルミ分布に及ぼす影響は、μ 近傍の非常にせまい領域（$k_B T$ 程度の幅）に限られるということを示している。したがって、有限温度におけるフェルミ分布は、図 2-4 のようになる。

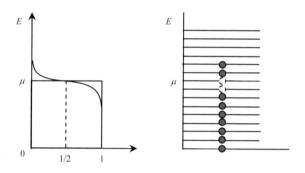

図 2-4　有限温度におけるフェルミ分布

この図では、温度の影響をかなり誇張して描いているが、実際のグラフでは、絶対零度の分布とほとんど見分けがつかない程度であるということに注意すべきであろう。

演習 2-9　金属の化学ポテンシャル μ は $\mu \cong 10^{-18}$ [J] 程度であることが知られている。この値を温度に換算すると、どの程度か計算せよ。

解）　$\mu = k_B T$ であるので

$$T = \frac{\mu}{k_B} = \frac{10^{-18}}{1.38\times 10^{-23}} \cong 72000\,[\text{K}]$$

第 2 章　量子力学とフェルミ粒子

となる。

　このように、とてつもない高温となるのである。μ は、金属の自由電子が絶対零度で有するエネルギーであり、**フェルミエネルギー** (Fermi energy) とも呼ばれ、E_F とも表記されることを紹介した。

2.4.2.　ボーズ分布

　ボーズ粒子は、ひとつのエネルギー準位を、いくらでも粒子が占有できるという特徴を有する。このようなミクロ粒子の分布は

$$f(E) = \cfrac{1}{\exp\left(\cfrac{E - \mu}{k_B T}\right) - 1}$$

と与えられ、ボーズ分布 (Bose distribution) と呼ばれる。また、この関数を**ボーズ分布関数** (Bose distribution function) と呼んでいる。関数そのものは、±の違いだけで、フェルミ分布とよく似ている。

　それでは、この式をもとに、ボーズ分布がどのようなものか見てみよう。まず、条件として、$f(E) > 0$ なので

$$E - \mu > 0 \qquad E > \mu$$

が付加される。ところで、E の最小値は 0 となるから、この関係が常に成立するためには

$$\mu < 0$$

でなければならない。

　以上を踏まえたうで、ある温度 T におけるボーズ粒子のエネルギー依存性を考えてみよう。まず

$$f(0) = \cfrac{1}{\exp\left(-\cfrac{\mu}{k_B T}\right) - 1}$$

であり

$$f'(E) = -\frac{1}{k_B T} \frac{\exp\left(\dfrac{E-\mu}{k_B T}\right)}{\left\{\exp\left(\dfrac{E-\mu}{k_B T}\right)-1\right\}^2} < 0$$

となるので、単調減少となり、結局、ボーズ分布は図 2-5 のようになる。実際に意味を持つのは、$E > 0$ の範囲であるが、関数は $E=\mu$ に漸近する。

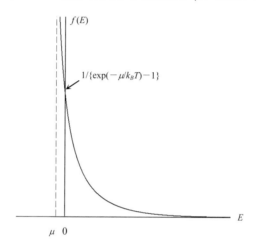

図 2-5　ボーズ分布

このように、ボーズ分布では、エネルギーが高くなるにしたがって粒子の占有率が下がっていくという分布となる。

ここで、この理由を少し考えてみよう。フェルミ粒子の項でもみたように、$k_B T$ という値は非常に小さい。したがって、$E - \mu$ の値が非常に小さくない限り

$$\exp\left(\frac{E-\mu}{k_B T}\right) \gg 1$$

という関係にある。とすれば

$$f(E) = \frac{1}{\exp\left(\dfrac{E-\mu}{k_B T}\right)-1} \cong \frac{1}{\exp\left(\dfrac{E-\mu}{k_B T}\right)} = \exp\left(-\frac{E-\mu}{k_B T}\right) = a \exp\left(-\frac{E}{k_B T}\right)$$

となり、ボーズ粒子の存在確率の温度依存性は、まさに、ボルツマン因子となるのである。

第3章　自由電子モデル

　金属は、その骨格を形成している正イオンからなる格子と、この格子の中を自由に動くことのできる**自由電子** (free electron)から構成されている。

　実は、金属の多くの特性は、この自由に動く多数の電子系の挙動として、うまく説明できるのである。これを**自由電子モデル** (free electron model) と呼んでいる。このとき、電子を、空間内を自由に運動できる気体分子と同様に扱う**統計力学** (statistical mechanics) の手法が、その解析に有効である。このため、電子気体 (electron gas) と呼んだり、電子がフェルミ粒子であることから、理想フェルミ気体 (ideal Fermi gas) などと呼称する。理想と冠するのは、気体の場合と同じように粒子どうしの相互作用がまったくないということを意味している。

3.1.　フェルミエネルギー

3.1.1.　運動量空間

　前章で紹介したように、フェルミ分布に従う電子系では、絶対零度でもかなり高いエネルギーを有する。このとき、下のエネルギー準位から順に電子を埋めていったとき、電子濃度に対応した最大のエネルギーがえられる。このエネルギーを、**フェルミエネルギー**(Fermi energy)と呼び、E_Fと表記する。

　E_F は固体中の自由電子が、絶対零度で持ちうる最大エネルギーに相当し、金属が決まれば一義的に決まる物性値である。

　そこで、本章では、絶対零度における自由電子系のフェルミエネルギーE_Fを求めていく。手法としては、電子系の運動量空間に統計力学の手法を適用する。

　自由電子は、気体分子と同じように、**3次元空間** (three dimensional space) を $x,\ y,\ z$ 方向に自由に動いていると考える。そのエネルギーは、**運動量** (momentum) : $p=mv$ を使って表現すると

59

$$E = \frac{p^2}{2m} = \frac{1}{2m}(p_x^2 + p_y^2 + p_z^2)$$

と与えられる。ただし、m は電子の質量である。

これを、変形すると

$$p_x^2 + p_y^2 + p_z^2 = 2mE$$

という式がえられる。

ここで、図 3-1 に示すような 3 軸がそれぞれ p_x, p_y, p_z からなる空間を考えてみよう。このような空間を、**運動量空間** (momentum space) と呼ぶ。ここで、上式は、運動量空間において、半径が $\sqrt{2mE}$ の球(sphere)に対応する。

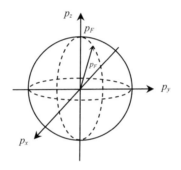

図 3-1 運動量空間とフェルミ球 (Fermi sphere)。この球面のことをフェルミ面 (Fermi surface)と呼ぶ。絶対零度においては、フェルミ粒子は、フェルミ球のなかの量子状態をすべて占有している。

フェルミ粒子は、この運動量空間に分布することになる。そして、絶対零度では、いちばんエネルギーの低い状態から、フェルミエネルギーE_Fまでの空間内において、状態 1 個あたり 1 個のフェルミ粒子がつまった状態となっている。この球の半径は

$$p_F = \sqrt{2mE_F}$$

となる。この球のことを**フェルミ球** (Fermi sphere) と呼んでいる。また、この球面のことを**フェルミ面** (Fermi surface) と呼ぶ。

フェルミ球の体積は

第3章 自由電子モデル

$$\frac{4}{3}\pi p_F^{\,3} = \frac{4}{3}\pi (2mE_F)^{\frac{3}{2}}$$

となる。それでは、この中に含まれる状態の数はどれくらいであろうか。

状態数を求めるために、運動量空間の**状態密度**(density of states)というものを考える。密度とは、単位体積中の状態の数であるから、運動量空間の単位体積のなかに単位胞が何個含まれているかに対応する。

そこで、1辺の長さが L の立方体を考え、波動性に基づくミクロ粒子の許される最小エネルギー状態を考え、これを単位胞とする。

3.1.2. 単位胞の大きさ

ここで、一辺の長さが L の立方体の中に閉じ込められた電子の量子力学的状態を考えてみよう。

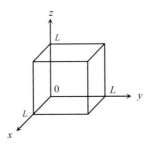

図 3-2 ミクロ粒子の閉じ込められている立方体

まず、ミクロ粒子は、3次元空間を運動しているので、つぎの3次元のシュレーディンガー方程式に従う。

$$-\frac{\hbar^2}{2m}\left(\frac{\partial^2}{\partial x^2}+\frac{\partial^2}{\partial y^2}+\frac{\partial^2}{\partial z^2}\right)\psi(x,y,z)+V(x,y,z)\psi(x,y,z)=E\psi(x,y,z)$$

ただし、$\hbar$ は**プランク定数** (Planck constant) : h を 2π で除したものである。また、V はポテンシャルエネルギー、E は運動エネルギーに対応する。

ここで、$\psi(x,y,z)$ がミクロ粒子の波動関数であり、この微分方程式を解くことによって、その運動状態を解析できる。

ミクロ粒子が動ける範囲は

$$0 \leq x \leq L, \quad 0 \leq y \leq L, \quad 0 \leq z \leq L$$

であり、この領域では、ミクロ粒子は自由に動くことができるので、ポテンシャルエネルギーは$V(x, y, z) = 0$である。

この箱の外に粒子は出ないので、この範囲外で、ポテンシャルエネルギーVは∞と考えることができる。

また、相互作用のない3次元のミクロ粒子の**波動関数** (wave function) は

$$\psi(x, y, z) = \varphi(x)\varphi(y)\varphi(z)$$

のように、3個の波動関数に変数分離することができる。これは、x方向の運動は、y方向やz方向の影響を受けないからである。

そこで、x方向にのみ注目して、まず解を求めよう。すると

$$-\frac{\hbar^2}{2m}\frac{\partial^2 \varphi(x)}{\partial x^2} = E_x \varphi(x)$$

となる。ここで、x方向の運動エネルギーは運動量をp_xとすると$E_x = \dfrac{p_x^{\,2}}{2m}$である。

よって

$$\frac{\hbar^2}{2m}\frac{\partial^2 \varphi(x)}{\partial x^2} + \frac{p_x^{\,2}}{2m}\varphi(x) = 0 \qquad から \qquad \hbar^2 \frac{\partial^2 \varphi(x)}{\partial x^2} + p_x^{\,2}\varphi(x) = 0$$

となる。

演習 3-1　つぎの2階線型微分方程式を$\varphi(0) = \varphi(L) = 0$という境界条件のもとで解法せよ。

$$\hbar^2 \frac{\partial^2 \varphi(x)}{\partial x^2} + p_x^{\,2}\varphi(x) = 0$$

解)　2階線型微分方程式は$\varphi(x) = e^{\lambda x} = \exp(\lambda x)$という解を有することが知られている。表記の微分方程式に代入すると

$$\hbar^2 \lambda^2 \exp(\lambda x) + p_x^{\,2}\exp(\lambda x) = 0$$

から、特性方程式は

$$\hbar^2 \lambda^2 + p_x^{\,2} = 0 \qquad となり \qquad \lambda = \pm i\frac{p_x}{\hbar}$$

と与えられる。よって、一般解は、A, Bを定数として

$$\varphi(x) = A\exp\left(i\frac{p_x}{\hbar}x\right) + B\exp\left(-i\frac{p_x}{\hbar}x\right)$$

となる。ここで、境界条件 $\varphi(0) = 0$ から

$$\varphi(0) = A + B = 0 \quad \text{より} \quad B = -A$$

となり

$$\varphi(x) = A\exp\left(i\frac{p_x}{\hbar}x\right) - A\exp\left(-i\frac{p_x}{\hbar}x\right)$$

オイラーの公式 $\exp\left(\pm i\frac{p_x}{\hbar}x\right) = \cos\left(\frac{p_x}{\hbar}x\right) \pm i\sin\left(\frac{p_x}{\hbar}x\right)$ から

$$\varphi(x) = A\left\{\cos\left(\frac{p_x}{\hbar}x\right) + i\sin\left(\frac{p_x}{\hbar}x\right)\right\} - A\left\{\cos\left(\frac{p_x}{\hbar}x\right) - i\sin\left(\frac{p_x}{\hbar}x\right)\right\} = 2Ai\sin\left(\frac{p_x}{\hbar}x\right)$$

となる。

i は虚数であるが、この実部である $2A\sin\left(\frac{p_x}{\hbar}x\right)$ が表記の微分方程式の解となることが確かめられる。つぎに、境界条件 $\varphi(L) = 0$ から

$$\sin\left(\frac{p_x}{\hbar}L\right) = 0 \quad \text{より} \quad \frac{p_x}{\hbar}L = n\pi \quad n = 0, \pm 1, \pm 2, \ldots$$

となる。よって、C を任意定数として

$$\varphi(x) = C\sin\left(\frac{n\pi}{L}x\right) \quad n = 0, \pm 1, \pm 2, \ldots$$

が解となる。

ここで、状態数を求めるうえで重要な情報は、一辺の長さが L の立方体の箱に閉じ込められたミクロ粒子の運動量は

$$\frac{p_x}{\hbar}L = n\pi \quad n = 0, \pm 1, \pm 2, \ldots$$

から

$$p_x = \frac{n\hbar\pi}{L} = \frac{n(h/2\pi)\pi}{L} = \frac{nh}{2L} \quad n = \pm 1, \pm 2, \ldots$$

のように量子化されるという事実である。0 を除外したのは、ミクロ粒子が静止した状態を想定していないからである。このとき、エネルギーE も量子化されて

$$E_x = \frac{p_x^2}{2m} = n_x^2 \frac{h^2}{8mL^2} \qquad n_x = \pm1, \pm2, \ldots$$

となる。運動量が量子化されるという結果は、y および z 方向にも適用でき

$$p_x = \frac{n_x h}{2L} \qquad p_y = \frac{n_y h}{2L} \qquad p_z = \frac{n_z h}{2L}$$

となる。それぞれ、n_x, n_y, n_z は 0 を含まない整数である。そして、3 次元空間を自由に運動するミクロ粒子のエネルギーは

$$E = \frac{p_x^2 + p_y^2 + p_z^2}{2m} = (n_x^2 + n_y^2 + n_z^2) \frac{h^2}{8mL^2}$$

となる。このように、量子力学によると、運動量もエネルギーも離散的に飛び飛びの値をとる。そして、運動量に関しては、その間隔は、ひとつの方向では $a = \dfrac{h}{2L}$ となる。すると、運動量空間において、ミクロ粒子 1 個が占めることのできる最小の大きさは

$$a^3 = \frac{h^3}{8L^3}$$

ということになる。

3.1.3. 状態密度と状態数

　ここで、運動量空間の**状態密度** (density of states) というものを考えてみよう。密度とは、単位体積中の状態の数であるから、運動量空間の単位体積のなかに単位胞が何個含まれているかに相当する。

演習 3-2　運動量空間における状態密度 D_p を求めよ。

　解)　単位体積 1 を運動量空間の単位胞の体積 a^3 で除すと、状態密度 D_p がえられる。よって　$D_p = \dfrac{1}{a^3} = \dfrac{8L^3}{h^3}$　と与えられる。

　さらに、容器の体積を $V = L^3$ と置くと

64

第 3 章　自由電子モデル

$$D_p = \frac{8V}{h^3}$$

となる。これが、運動量空間内の状態密度である。この密度は、運動量空間内では均一である。

　ところで、この表式では、密度が容器の体積 V に比例している。これには違和感があるかもしれないが、V は運動量空間の体積ではなく、実空間の体積である。つまり、密度を求めるときの運動量空間の体積とは直接関係がないことに注意されたい。

　ところで、いま求めたのは、運動量空間における状態密度 D_p であり、エネルギー状態密度 D_E ではない。実は、エネルギーの場合には、この 1/8 になり

$$D_E = \frac{V}{h^3}$$

となる。これは、運動量では x, y, z の 3 方向があり、それぞれに正負の 2 方向があるため、$2^3 = 8$ の状態が区別できるのに対し、エネルギーでは、$E = p^2/2m$ によって、運動量空間では異なる 8 個の状態が、すべて同じエネルギー状態に還元されるためである。ここで

（状態数）　＝　（状態密度）×（運動量空間の体積）

によってえられるので、運動量が 0 からフェルミ運動量 p_F までの範囲（運動量空間の半径 p_F の球内）にある（エネルギーの）状態数は

$$W(p_F) = \frac{4}{3}\pi {p_F}^3 \cdot D_E = \frac{4}{3}\pi \frac{V}{h^3} {p_F}^3$$

と与えられる。ここで、フェルミ運動量 p_F をフェルミエネルギー E_F に変換しよう。すると

$$E_F = \frac{{p_F}^2}{2m}$$

という対応関係から、エネルギーが 0 から E_F までの範囲にある状態数は

$$W(E_F) = \frac{4\pi}{3} \frac{V}{h^3} \left(2mE_F\right)^{\frac{3}{2}}$$

となる。

　ここで、フェルミ分布によると、絶対零度では、フェルミエネルギー以下の状態がすべてフェルミ粒子で占有されているので、状態数と粒子の総数 N が一致

65

する。よって

$$N = \frac{4\pi}{3} \frac{V}{h^3} \left(2mE_F\right)^{\frac{3}{2}}$$

という関係がえられる。

　いままで、フェルミ粒子は、1個のエネルギー準位を1個の粒子しか占有できないという前提で解析をしてきたが、前述したように、電子の場合には、ひとつのエネルギー準位に2個入ることができる。

　これは、スピン (spin)という性質に由来する。電子のスピンにはアップ(+)とダウン(−)の2種類があり、このおかげで、ひとつのエネルギー準位を、+のスピンを持った電子と、−のスピンを持った電子の2個が占有できるのである。したがって、電子系の場合の状態数は

$$N = \frac{8\pi}{3} \frac{V}{h^3} \left(2mE_F\right)^{\frac{3}{2}}$$

と修正されることになる。

　これから、金属中の電子が有するフェルミエネルギーE_Fは

$$\left(2mE_F\right)^{\frac{3}{2}} = \frac{3Nh^3}{8\pi V}$$

から

$$E_F = \frac{1}{2m} \left(\frac{3Nh^3}{8\pi V} \right)^{\frac{2}{3}}$$

と与えられる。さらに、フェルミエネルギーは

$$E_F = \frac{1}{2m} \left(\frac{3h^3}{8\pi} \left(\frac{N}{V} \right) \right)^{\frac{2}{3}}$$

と変形できる。ここに $n = N/V$ は、単位体積あたりの電子数、つまり、キャリア濃度 (carrier density) に相当する。これは、よく知られた物性値であり、金属の種類によって決まる。一般的には $10^{28} - 10^{29} \,[\mathrm{m}^{-3}]$ のオーダーとなる。したがって、絶対零度におけるフェルミエネルギー

66

第 3 章　自由電子モデル

$$E_F = \frac{1}{2m}\left(\frac{3h^3}{8\pi}n\right)^{\frac{2}{3}}$$

は、金属の種類によって一義的に決まる値となるのである。

演習 3-3　銅のキャリア濃度は $n = 8.46 \times 10^{28}$ [m^{-3}] である。銅のフェルミエネルギーE_F の値を求めよ。ただし、電子の質量を $m = 9.1 \times 10^{-31}$ [kg]，プランク定数を $h = 6.6 \times 10^{-34}$ [Js] とする。

解）

$$E_F = \frac{1}{2m}\left(\frac{3h^3}{8\pi}n\right)^{\frac{2}{3}} = \frac{h^2}{2m}\left(\frac{3}{8\pi}n\right)^{\frac{2}{3}} = \frac{(6.6\times10^{-34})^2}{2\times9.1\times10^{-31}}\times\left(\frac{3}{8\times3.14}\times8.46\times10^{28}\right)^{\frac{2}{3}}$$

$$= \frac{43.56\times10^{-68}}{18.2\times10^{-31}}\left(1.01\times10^{28}\right)^{\frac{2}{3}} \cong 2.41\times10^{-37}\times\sqrt[3]{10^{56}}$$

$$\cong 2.41\times10^{-37}\times\sqrt[3]{100}\times10^{18} \cong 1.11\times10^{-18} \quad [\text{J}]$$

となる。

フェルミエネルギーE_Fに対応した温度を**フェルミ温度** (Fermi temperature): T_F と呼び、$E_F = k_B T_F$ から

$$T_F = \frac{E_F}{k_B}$$

と与えられる。ここで、ボルツマン定数は $k_B = 1.38 \times 10^{-23}$ [J/K] であるから、銅のフェルミ温度は

$$T_F = \frac{E_F}{k_B} = \frac{1.11\times10^{-18}}{1.38\times10^{-23}} \cong 8.04\times10^4 \quad [\text{K}]$$

となり、80400 [K] という非常に高い温度となる。

3.2. 電子系のエネルギー分布

電子はフェルミ粒子であり、そのエネルギー分布は**フェルミ分布関数**(Fermi distribution function) である

$$f(E) = \frac{1}{1+\exp\left(\dfrac{E-\mu}{k_B T}\right)}$$

に従う。この関数は実は、E だけでなく温度 T の関数でもあり、そのグラフを描くと、図 3-3 のようになる。

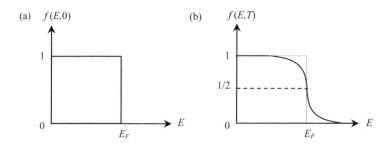

図 3-3 フェルミ分布関数 : (a) 絶対零度と (b) 有限温度。有限温度では、E_F 以下のエネルギーを有する電子が、E_F 以上の準位に励起される。

絶対零度 $T = 0$ では、E_F 以下では 1、E_F 以上の値は 0 となるステップ関数となる。しかし、有限温度 $T \neq 0$ では、E_F 以下の電子が E_F 以上にわずかに励起され、右図のようになる。

ここで、フェルミ分布関数 $f(E)$ に、電子の状態数のエネルギー依存性 $D(E)$ をかけた $f(E)D(E)$ が、電子系のエネルギー分布を与えることになる。それでは、$D(E)$ が、どのようなかたちになるかを求めよう。

まず、エネルギー E と関係のある運動量 p を考えてみる。運動量空間において p から $p+\Delta p$ という範囲を考え、この範囲にある

$$4\pi p^2 \Delta p$$

という体積の中に状態がいくつあるかを求める。そして、この領域にある状態数は、この体積と、エネルギーに対応した状態密度をかけるとえられる。よって

第3章　自由電子モデル

$$W(p+\Delta p)-W(p)=4\pi p^2\Delta p\cdot D_E=4\pi p^2\Delta p\frac{V}{h^3}$$

となる。さらに、これを、運動量 p からエネルギーE の関数に変換すると

$$W(E+\Delta E)-W(E)=\frac{4\pi V}{h^3}(2mE)\left(\frac{1}{2}\sqrt{\frac{2m}{E}}\right)\Delta E$$

となるが、整理すると

$$W(E,\Delta E)=W(E+\Delta E)-W(E)=\frac{2\pi V}{h^3}(2m)^{\frac{3}{2}}\sqrt{E}\Delta E$$

となる。ここで、$W(E,\Delta E)$ は、エネルギーが E から $E+\Delta E$ の範囲にある状態数に対応する。ΔE が十分小さいとすると、微分の定義から

$$\frac{W(E+\Delta E)-W(E)}{\Delta E}=\frac{dW(E)}{dE}$$

となるが、これを $D(E)$ と置くと

$$W(E,\Delta E)=W(E+\Delta E)-W(E)=D(E)\Delta E$$

となり

$$D(E)=\frac{2\pi V}{h^3}(2m)^{\frac{3}{2}}\sqrt{E}$$

と与えられる。

$D(E)$ をエネルギーに関する**状態密度** (density of state) と呼んでいる。つまり、単位体積あたりの状態数に相当する。このとき、$D(E)\,dE$ は、エネルギーが E と $E+dE$ の範囲にある状態の数に対応する。

ところで、状態密度の意味は、積分表示によって、より明確となる。つまり、0 から E までの範囲にある状態数 $W_0(E)$ が E の関数とみなすと

$$W_0(E)=\int_0^E D(E)dE$$

と与えられるからである。ここで、エネルギーE と状態密度 $D(E)$ のグラフは図 3-4 のようになる。

この図で、$W_0(E)$ は 0 から E まで $D(E)$ を積分したもの、つまり、グラフ $D(E)$ の 0 から E までの面積となり、E 以下の単位胞の総数に相当する。さらに

$$W(E,\Delta E)=W_0(E+\Delta E)-W_0(E)=\int_E^{E+\Delta E}D(E)dE$$

69

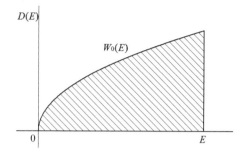

図 3-4　エネルギー E とエネルギー状態密度 $D(E)$ の関係

という関係にある。

よって、図 3-5 の射影を施した領域の面積 $D(E)\Delta E$ が、エネルギーが E から $E + \Delta E$ の範囲にある状態数 $W(E, \Delta E)$ となる。

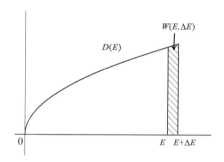

図 3-5　エネルギー E の近傍の E から $E + \Delta E$ の範囲にある状態数 $W(E, \Delta E)$ は図の射影部に対応し、$D(E)\Delta E$ によって与えられる。

ただし、電子はひとつの量子状態に 2 個まで粒子が占有できるので、その状態密度は

$$D(E) = \frac{4\pi V}{h^3}(2m)^{\frac{3}{2}}\sqrt{E}$$

となる。この状態密度 $D(E)$ とフェルミ分布関数 $f(E)$ の積が、電子系のエネルギー分布を与えることになる。その様子を図 3-6 に示す。

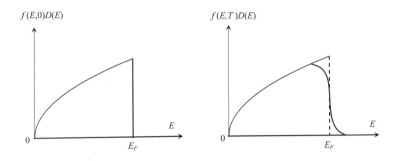

図 3-6 電子系のエネルギー分布を示す $f(E)D(E)$ のグラフ。左図は絶対零度、右図は有限の温度に対応する。

ここで、いずれの場合も、つぎの積分によって粒子数 N がえられる。

$$N = \int_0^\infty f(E)D(E)\,dE$$

ここで、エネルギーに上限は設けていないので、積分範囲は 0 から ∞ になる。また、つぎの積分

$$U = \int_0^\infty Ef(E)D(E)\,dE$$

によって、エネルギーの和である内部エネルギー U がえられる。

演習 3-4 次式を利用して、絶対零度におけるフェルミ分布の粒子数とエネルギーの関係式を導出せよ。

$$N = \int_0^\infty f(E)D(E)\,dE$$

解) 絶対零度では、$0 < E < E_F$ では $f(E) = 1$、$E > E_F$ では $f(E) = 0$ とみなすことができる。したがって

$$N = \int_0^{E_F} D(E)\,dE$$

ここで、フェルミ粒子の状態密度は

$$D(E) = \frac{4\pi V}{h^3}(2m)^{\frac{3}{2}}\sqrt{E}$$

であるから

$$N = \frac{4\pi V}{h^3}(2m)^{\frac{3}{2}}\int_0^{E_F} E^{\frac{1}{2}}dE = \frac{4\pi V}{h^3}(2m)^{\frac{3}{2}}\left[\frac{2}{3}E^{\frac{3}{2}}\right]_0^{E_F} = \frac{8\pi V}{3h^3}(2mE_F)^{\frac{3}{2}}$$

となる。

演習 3-5　次式を利用して、絶対零度におけるフェルミ粒子系の内部エネルギーを求めよ。

$$U = \int_0^\infty E f(E)D(E)\,dE$$

解）　絶対零度では、$0 < E < E_F$ では $f(E) = 1$, $E > E_F$ では $f(E) = 0$ であるので

$$U = \int_0^{E_F} ED(E)\,dE$$

ここで、フェルミ粒子の状態密度は

$$D(E) = \frac{4\pi V}{h^3}(2m)^{\frac{3}{2}}\sqrt{E}$$

であるから

$$U = \frac{4\pi V}{h^3}(2m)^{\frac{3}{2}}\int_0^{E_F} E^{\frac{3}{2}}dE = \frac{4\pi V}{h^3}(2m)^{\frac{3}{2}}\left[\frac{2}{5}E^{\frac{5}{2}}\right]_0^{E_F} = \frac{8\pi V}{5h^3}E_F(2mE_F)^{\frac{3}{2}}$$

となる。

ちなみに

$$N = \frac{8\pi}{3}\frac{V}{h^3}(2mE_F)^{\frac{3}{2}}$$

であったので

第 3 章 自由電子モデル

$$U = \frac{8\pi V}{5h^3} E_F \left(2mE_F\right)^{\frac{3}{2}} = \frac{3}{5} N E_F$$

となることがわかる。ところで、統計力学によると、一般の理想気体においては

$$U = \frac{3}{2} RT = \frac{3}{2} N k_B T$$

という関係のあることが知られている。したがって、絶対零度 $T = 0$ [K] では、内部エネルギーが 0 となるはずである。フェルミ粒子である電子では、1 個の量子状態に 2 個の電子しか入れないという制約により、絶対零度においても、これだけのエネルギーを有するのである。しかも、そのエネルギーは温度換算で、80000 [K] というとてつもない高温となる。これが、金属物性にとって重要な因子となっている。この温度から判断すると、室温の 300 [K] などは、金属の自由電子集団からみると、極低温の世界ということになる。

3.3. 有限温度におけるフェルミ分布

フェルミ分布に従うミクロ粒子の数は

$$N = \int_0^\infty f(E) D(E) \, dE$$

に従い、温度 T の影響は $f(E)$ に含まれているので、われわれは任意の温度におけるマクロな物性を計算することができる。しかし、問題がないわけではない。実は、この積分は、初等関数で解くことができないという問題である。

具体的に見てみよう。状態密度は、定数部を A とまとめると

$$D(E) = A\sqrt{E} = A E^{\frac{1}{2}}$$

となる。ただし、フェルミ粒子では

$$A = \frac{4\pi V}{h^3} (2m)^{\frac{3}{2}}$$

である。したがって

73

$$N = A \int_0^\infty \frac{E^{\frac{1}{2}}}{\exp\left(\dfrac{E-\mu}{k_B T}\right)+1} dE$$

となるが、この積分は簡単に解くことはできない。そのため、いろいろな工夫を施しながら近似的な解を求めていくことになる。

3.3.1. フェルミ分布関数の温度依存性

フェルミ分布関数をつぎのように置く。

$$f(E) = \frac{1}{1+\exp\left(\dfrac{E-\mu}{k_B T}\right)} = \frac{1}{\exp\{\beta(E-\mu)\}+1}$$

これは、$\beta = 1/k_B T$ を使って、分布関数を表示したものである。ここで、β を逆温度 (inverse temperature) と呼ぶ。

絶対零度では、$\beta \to \infty$ となるので、フェルミ分布関数がステップ関数になることは、すでに確認している。有限の温度では、図 3-7 に示すように、この分布からずれが生じることになる。

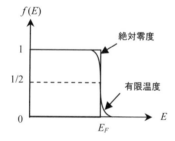

図 3-7　絶対零度と有限温度のフェルミ分布関数

そこで、有限温度での $f(E)$ の変化の様子を探るため E に関して微分してみる。すると

$$\frac{df(E)}{dE} = f'(E) = -\frac{\beta \exp\{\beta(E-\mu)\}}{[\exp\{\beta(E-\mu)\}+1]^2}$$

となる。ここで $\beta(E-\mu) = t$ と置くと

第 3 章　自由電子モデル

$$-f'(E) = \frac{\beta e^t}{(e^t+1)^2} = \frac{\beta e^t}{(e^t+1)(e^t+1)} = \frac{\beta}{(e^t+1)(e^{-t}+1)}$$

となる。

演習 3-6　関数　$g(t) = \dfrac{\beta}{(e^t+1)(e^{-t}+1)}$ のグラフを描け。

解）　$g(t) = g(-t)$であるので、この関数は偶関数である。よって、そのグラフは $t = 0$ を中心として左右対称となる。さらに $g(t)$ をつぎのように変形しよう。

$$g(t) = \frac{\beta}{(e^t+1)(e^{-t}+1)} = \frac{\beta}{e^t+e^{-t}+2}$$

この導関数は

$$g'(t) = -\frac{\beta(e^t-e^{-t})}{(e^t+e^{-t}+2)^2}$$

から $g'(0) = 0$ であるから、$t = 0$ で極値をとることがわかる。その値は

$$g(0) = \frac{\beta}{e^0+e^0+2} = \frac{\beta}{4}$$

となる。さらに、$t = 0$ に関して、左右対称であるので、$t > 0$ の領域を見てみよう。まず $t \to \infty$ では $e^t \to \infty$ かつ $e^{-t} \to 0$ であるから　$g(t) \to 0$ となる。さらに、t が大きいと $e^t \gg e^{-t}$ から

$$g(t) = \frac{\beta}{e^t+e^{-t}+2} \cong \frac{\beta}{e^t+2}$$

となるが、さらに e^t は 2 に比べて大きいとすると $g(t) \cong \dfrac{\beta}{e^t} = \beta e^{-t}$ となり、t の増加とともに指数関数的に減少していき、0 に漸近する。したがって、$g(t)$ のグラフは図 3-8 のようになる。

75

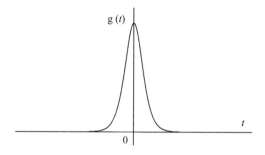

図 3-8　$g(t)$ の t 依存性

以上の結果をもとに

$$f'(E) = -\frac{\beta}{(e^t+1)(e^{-t}+1)}$$

のグラフを考えてみよう。ただし

$$\beta(E-\mu) = t \quad から \quad E = \mu + \frac{t}{\beta} = \mu + t(k_B T)$$

という関係にある。

まず、$t=0$ に関して対称ということは、$E=\mu$ に関して対称なグラフとなり、ちょうど図 3-8 を上下に反転したものとなる。また、ピークは $\beta/4 = 1/4k_B T$ となる。よって、$f'(E)$ は、図 3-9 のようなグラフとなる。

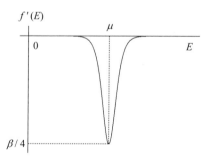

図 3-9　フェルミエネルギー近傍の $f'(E)$ の変化

第3章　自由電子モデル

図3-9をみてわかるように、$f(E)$は$E=\mu$近傍のみで変化する。ここで
$$E = \mu + t(k_B T)$$
から、この関数は、tに対して$1/(e^t+2)$のように低下するから、エネルギーEは、μから$k_B T$離れれば$1/(e+2) = 0.2$となり、$2k_B T$離れれば$1/(e^2+2) = 0.1$程度となり、$3k_B T$では$1/(e^3+2) = 0.045$と急激に低下していくことがわかる。つまり、μのまわりの近傍でのみ変化が生じることになる。

ということは、図3-10のように、有限温度の分布は、絶対零度におけるフェルミ分布から、フェルミ面近傍がわずかに変化するだけなのである。この図では、変化の様子を少々誇張して描いているが、実際には、このスケールでは変化が見えないほど小さな変化なのである。

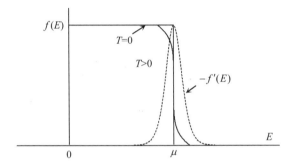

図3-10　絶対零度と有限温度におけるフェルミ分布関数の変化

これは、ひとつのエネルギー準位に1個の粒子しか占有できないというフェルミ粒子の特殊性により、絶対零度においても、かなりの高エネルギー準位を粒子が占有するという理由によっている。

3.4.　電子のエネルギー分布

3.4.1.　部分積分

それでは、いよいよ積分に挑戦してみよう。まず
$$N = \int_0^\infty f(E)D(E)dE \quad において \quad G(x) = \int_0^x D(E)dE$$

という関係にある関数 $G(x)$ を考える。$W(E) = \int_0^E D(E)\,dE$ とすると、この積分は状態数に相当する。すると

$$N = \int_0^\infty f(E)G'(E)\,dE$$

となるので、部分積分を利用できることになる。よって

$$N = [f(E)G(E)]_0^\infty - \int_0^\infty f'(E)G(E)\,dE$$

となる。ここで

$$G(0) = \int_0^0 D(E)\,dE = 0$$

となる。また、$E \to \infty$ で $f(E)G(E) \to 0$ となる。これを示そう。ます、$D(E)$ は A を定数として $AE^{1/2}$ であったので $G(E)$ は $(2/3)AE^{3/2}$ となる。一方、$f(E)$ は B を定数として $B\exp(-E)$ となる。したがって、C を定数として

$$f(E)G(E) = C\frac{E^{\frac{3}{2}}}{\exp E}$$

となるが、分母は

$$\exp E = 1 + E + \frac{1}{2}E^2 + \frac{1}{3!}E^3 + \dots$$

と級数展開できるので、$E \to \infty$ で $f(E)G(E) \to 0$ となり

$$[f(E)G(E)]_0^\infty = 0 - 0 = 0$$

となる。したがって $N = \int_0^\infty f(E)D(E)\,dE$ は

$$N = -\int_0^\infty f'(E)G(E)\,dE$$

と変換できる。

3.4.2. テーラー展開

先ほど見たように、$f'(E)$ は $E = \mu$ にピークを有し、そのごく近傍だけに値を

第 3 章　自由電子モデル

有する関数である。そこで、$G(E)$ を $E = \mu$ のまわりでテーラー展開してみよう。すると

$$G(E) = G(\mu) + (E - \mu)G'(\mu) + \frac{(E - \mu)^2}{2}G''(\mu) + \frac{(E - \mu)^3}{3!}G'''(\mu) + \frac{(E - \mu)^4}{4!}G^{(4)}(\mu)...$$

となる。すると

$$N = -\int_0^\infty f'(E)G(E)\,dE$$

$$= -G(\mu)\int_0^\infty f'(E)\,dE - G'(\mu)\int_0^\infty (E - \mu)f'(E)\,dE - \frac{G''(\mu)}{2}\int_0^\infty (E - \mu)^2 f'(E)\,dE$$

$$- \frac{G'''(\mu)}{6}\int_0^\infty (E - \mu)^3 f'(E)\,dE - \frac{G^{(4)}(\mu)}{24}\int_0^\infty (E - \mu)^4 f'(E)\,dE - ...$$

となる。ここで

$$\int_0^\infty f'(E)\,dE = \big[f(E)\big]_0^\infty = f(\infty) - f(0) = 0 - 1 = -1$$

となるので、第 1 項は

$$-G(\mu)\int_0^\infty f'(E)\,dE = G(\mu)$$

となる。つぎに、第 2 項

$$-G'(\mu)\int_0^\infty (E - \mu)f'(E)\,dE$$

についてみてみよう。まず

$$f'(E) = -\frac{\beta \exp\{\beta(E - \mu)\}}{[\exp\{\beta(E - \mu)\} + 1]^2}$$

であったが、$\beta(E - \mu) = t$ と置くと

$$-f'(E) = \frac{\beta e^t}{(e^t + 1)^2} = \frac{\beta}{(e^t + 1)(e^{-t} + 1)}$$

となる。ここで、$\beta(E - \mu) = t$ から $dE = \dfrac{dt}{\beta}$ また $E = 0$ のとき $t = -\beta\mu$ であるから

$$\int_0^\infty (E - \mu)f'(E)\,dE = -\int_{-\beta\mu}^\infty \frac{t}{\beta}\frac{\beta}{(e^t + 1)(e^{-t} + 1)}\frac{dt}{\beta} = -\frac{1}{\beta}\int_{-\beta\mu}^\infty \frac{t}{(e^t + 1)(e^{-t} + 1)}dt$$

79

となる。ここで、被積分関数は奇関数であり、β は $k_B T$ の逆数であるから 10^{21} から 10^{24} 程度の巨大な数であるので

$$\int_{\beta\mu}^{\infty} \frac{t}{(e^t+1)(e^{-t}+1)} dt \cong \int_{-\infty}^{\infty} \frac{t}{(e^t+1)(e^{-t}+1)} dt$$

のように積分範囲を $-\infty$ から ∞ までとしてもよい。すると、奇関数の性質から、この積分は 0 となる。よって、第2項は消えることになる。

3.4.3. 展開第3項の計算
つぎに、第3項

$$-\frac{G''(\mu)}{2} \int_0^{\infty} (E-\mu)^2 f'(E) dE$$

を求めよう。ここでは、次の積分

$$\int_0^{\infty} (E-\mu)^2 f'(E) dE$$

を考える。ふたたび $\beta(E-\mu)=t$ と置くと

$$\int_0^{\infty} (E-\mu)^2 f'(E) dE = -\int_{-\beta\mu}^{\infty} \frac{t^2}{\beta^2} \frac{\beta e^t}{(e^t+1)^2} \frac{dt}{\beta} = -\frac{1}{\beta^2} \int_{-\infty}^{\infty} \frac{t^2 e^t}{(e^t+1)^2} dt$$

となる。ここでも、β が大きいということで、積分範囲の下限の $-\beta\mu$ を $-\infty$ としている。被積分関数は偶関数であるから

$$\int_0^{\infty} (E-\mu)^2 f'(E) dE = -\frac{2}{\beta^2} \int_0^{\infty} \frac{t^2 e^t}{(e^t+1)^2} dt$$

さらに、被積分関数の分子分母を e^{2t} で除すと

$$\int_0^{\infty} (E-\mu)^2 f'(E) dE = -\frac{2}{\beta^2} \int_0^{\infty} \frac{t^2 e^{-t}}{(e^{-t}+1)^2} dt$$

となる。ここで、$t>0$ のときは $e^{-t}<1$ であるから

$$\frac{1}{1+e^{-t}} = 1 - e^{-t} + e^{-2t} - e^{-3t} + e^{-4t} - \ldots$$

と級数展開できる。

$$\frac{1}{(1+e^{-t})^2} = (1 - e^{-t} + e^{-2t} - e^{-3t} + e^{-4t} - \ldots)^2 = 1 - 2e^{-t} + 3e^{-2t} - 4e^{-3t} + \ldots$$

となる。したがって

第 3 章　自由電子モデル

$$\int_0^\infty \frac{t^2 e^{-t}}{(e^{-t}+1)^2}\,dt = \int_0^\infty t^2 e^{-t}(1-2e^{-t}+3e^{-2t}-4e^{-3t}+...)\,dt$$

$$= \int_0^\infty t^2 (e^{-t}-2e^{-2t}+3e^{-3t}-4e^{-4t}+...)\,dt$$

と展開できる。ここで　$\int_0^\infty t^2 e^{-nt}\,dt$　という積分を考える。$x=nt$ と置くと

$$\int_0^\infty t^2 e^{-nt}\,dt = \int_0^\infty \left(\frac{x}{n}\right)^2 e^{-x}\,\frac{dx}{n} = \frac{1}{n^3}\int_0^\infty x^2 e^{-x}\,dx$$

となるが、この積分はガンマ積分であり

$$\int_0^\infty t^2 e^{-nt}\,dt = \frac{1}{n^3}\Gamma(3) = \frac{2}{n^3}$$

となる。（拙著『なるほど整数論』（海鳴社）を参照）したがって

$$\int_0^\infty \frac{t^2 e^{-t}}{(e^{-t}+1)^2}\,dt = 2\left(\frac{1}{1^3}-\frac{2}{2^3}+\frac{3}{3^3}-\frac{4}{4^3}+...\right) = 2\left(\frac{1}{1^2}-\frac{1}{2^2}+\frac{1}{3^2}-\frac{1}{4^2}+...\right)$$

となる。

演習 3-7　ゼータ関数　$\zeta(2) = \frac{1}{1^2}+\frac{1}{2^2}+\frac{1}{3^2}+\frac{1}{4^2}+\frac{1}{5^2}+... = \frac{\pi^2}{6}$ を利用して

$\frac{1}{1^2}-\frac{1}{2^2}+\frac{1}{3^2}-\frac{1}{4^2}+\frac{1}{5^2}-...$ の値を求めよ。

解）　　　$\frac{1}{1^2}-\frac{1}{2^2}+\frac{1}{3^2}-\frac{1}{4^2}+\frac{1}{5^2}-...$

$$= \frac{1}{1^2}+\frac{1}{2^2}+\frac{1}{3^2}+\frac{1}{4^2}+\frac{1}{5^2}+... -2\left(\frac{1}{2^2}+\frac{1}{4^2}+\frac{1}{6^2}...\right)$$

$$= \frac{1}{1^2}+\frac{1}{2^2}+\frac{1}{3^2}+\frac{1}{4^2}+\frac{1}{5^2}+... -\frac{1}{2}\left(\frac{1}{1^2}+\frac{1}{2^2}+\frac{1}{3^2}+...\right) = \frac{\pi^2}{6}-\frac{\pi^2}{12} = \frac{\pi^2}{12}$$

よって

$$\int_0^\infty (E-\mu)^2 f'(E)\,dE = -\frac{2}{\beta^2}\int_0^\infty \frac{t^2 e^{-t}}{(e^{-t}+1)^2}\,dt = -\frac{2}{\beta^2}\frac{\pi^2}{6} = -(k_B T)^2\frac{\pi^2}{3}$$

となる。よって第3項は

$$-\frac{G''(\mu)}{2}\int_0^\infty (E-\mu)^2 f'(E)dE = \frac{\pi^2}{6}(k_B T)^2 G''(\mu)$$

と与えられる。第4項については、第2項と同じように、被積分関数が奇関数となるので、その積分は0となる。ここで使ったゼータ関数については、拙著『なるほど整数論』(海鳴社) を参照いただきたい。

3.4.4. 展開第5項の計算
その次の第5項

$$-\frac{G^{(4)}(\mu)}{24}\int_0^\infty (E-\mu)^4 f'(E)dE$$

はどうであろうか。

演習 3-8　つぎの積分値を求めよ。

$$\int_0^\infty (E-\mu)^4 f'(E)dE$$

解)　$\beta(E-\mu)=t$ と置くと

$$\int_0^\infty (E-\mu)^4 f'(E)dE = -\frac{2}{\beta^4}\int_0^\infty \frac{t^4 e^{-t}}{(e^{-t}+1)^2}dt$$

となる。分母を級数展開すると

$$\int_0^\infty \frac{t^4 e^{-t}}{(e^{-t}+1)^2}dt = \int_0^\infty t^4 e^{-t}(1-2e^{-t}+3e^{-2t}-4e^{-3t}+...)dt$$

となる。ここで　$\int_0^\infty t^4 e^{-nt}dt$　という積分を考える。$x=nt$ と置くと

$$\int_0^\infty t^4 e^{-nt}dt = \int_0^\infty \left(\frac{x}{n}\right)^4 e^{-x}\frac{dx}{n} = \frac{1}{n^5}\int_0^\infty x^4 e^{-x}dx$$

となるが、この積分はガンマ積分であり

$$\int_0^\infty t^4 e^{-nt}dt = \frac{1}{n^5}\Gamma(5) = \frac{24}{n^5}$$

となる。したがって

第3章　自由電子モデル

$$\int_0^\infty \frac{t^4 e^{-t}}{(e^{-t}+1)^2}dt = 24\left(\frac{1}{1^5} - \frac{2}{2^5} + \frac{3}{3^5} - \frac{4}{4^5} + ...\right) = 24\left(\frac{1}{1^4} - \frac{1}{2^4} + \frac{1}{3^4} - \frac{1}{4^4} + ...\right)$$

$$= 24 \cdot \frac{7\pi^4}{720} = \frac{7}{30}\pi^4$$

となり、結局

$$\int_0^\infty (E-\mu)^4 f'(E)dE = -\frac{2}{\beta^4}\int_0^\infty \frac{t^4 e^{-t}}{(e^{-t}+1)^2}dt = -\frac{7}{15}\pi^4 (k_B T)^4$$

となる。

ただし、ここでもゼータ関数の　$\zeta(4) = \frac{1}{1^4} + \frac{1}{2^4} + \frac{1}{3^4} + \frac{1}{4^4} + ... = \frac{\pi^4}{90}$　という関係を利用して $\frac{1}{1^4} - \frac{1}{2^4} + \frac{1}{3^4} - \frac{1}{4^4} + ... = \frac{\pi^4}{90} - \frac{1}{8}\frac{\pi^4}{90} = \frac{7\pi^4}{720}$ を導いている。

よって、第5項は

$$-\frac{G^{(4)}(\mu)}{24}\int_0^\infty (E-\mu)^4 f'(E)dE = \frac{7}{360}\pi^4 (k_B T)^4 G^{(4)}(\mu)$$

と計算できる。この後、第6項は、第2, 4項と同様に0となり、第7項以降は、順次、同様の手法で求めいけばよい。しかし、これでは、計算が延々と続いていくことになる。

3.4.5.　粒子数 N の温度依存性

ここで、ボルツマン定数は $k_B = 1.3 \times 10^{-23}$ [J/K] 程度と非常に小さいことに注目しよう。このため、第7項にあらわれる $(k_B T)^6$ という項は、$T = 10^4$ [K] の超高温としても、10^{-114} となるので、無視してもよい。したがって

$$N = G(\mu) + \frac{\pi^2}{6}(k_B T)^2 G''(\mu) + \frac{7}{360}\pi^4 (k_B T)^4 G^{(4)}(\mu)$$

と近似してよいことになる。

実は、ボルツマン定数が非常に小さいことから、もともと、$(k_B T)^4$ の項は $(k_B T)^2$ に比べて無視できるくらい小さい。T を 10^4 [K] としても、10^{-38} 程度の大きさであるから、一般的には第5項も無視して

$$N \cong G(\mu) + \frac{\pi^2}{6}(k_B T)^2 G''(\mu)$$

という近似式が採用される。ここで、この式の意味するところを少し考察してみよう。$G(\mu)$は

$$G(\mu) = \int_0^\mu D(E)\,dE$$

であり、μ以下のエネルギーを占める粒子数に対応する。全体の粒子数はNのままで変化しないので、結局 $\frac{\pi^2}{6}(k_B T)^2 G''(\mu)$ は、温度によってμ以上に熱的に励起された粒子数と考えられるのである。

3.4.6. フェルミエネルギーの変化

ここで、さらなる考察を続けよう。まず、議論を明確にするために、絶対零度におけるフェルミエネルギーをμ_0とし、有限温度Tにおけるフェルミエネルギーをμとしよう。その関係を図3-11に模式的に示している。

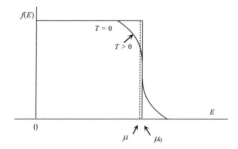

図3-11 絶対零度と有限温度Tのフェルミ分布とフェルミエネルギー

もちろん、μ_0とμの差はごくわずかである。ここで、粒子数は

$$N = \int_0^{\mu_0} D(E)\,dE$$

から、表記の式は

$$\int_0^{\mu_0} D(E)\,dE = \int_0^\mu D(E)\,dE + \frac{\pi^2}{6}(k_B T)^2 G''(\mu)$$

と変形できる。よって

$$\int_0^\mu D(E)\,dE - \int_0^{\mu_0} D(E)\,dE + \frac{\pi^2}{6}(k_B T)^2 G''(\mu) = 0$$

から

$$\int_{\mu_0}^\mu D(E)\,dE = -\frac{\pi^2}{6}(k_B T)^2 G''(\mu)$$

という関係式がえられる。あるいは

$$\int_\mu^{\mu_0} D(E)\,dE = \frac{\pi^2}{6}(k_B T)^2 G''(\mu)$$

とし、右辺が正とすれば $\mu_0 > \mu$ となることが予想される。

ここで、積分 $\int_{\mu_0}^\mu D(E)\,dE$ を考えよう。

$$\int_{\mu_0}^\mu D(E)\,dE = G(\mu) - G(\mu_0)$$

であるが、μ と μ_0 の値は非常に近いので、微分の定義を思い出すと

$$\frac{G(\mu) - G(\mu_0)}{\mu - \mu_0} \cong \frac{dG(\mu)}{d\mu} = D(\mu)$$

から

$$\int_{\mu_0}^\mu D(E)\,dE \cong (\mu - \mu_0)D(\mu) \cong (\mu - \mu_0)D(\mu_0)$$

と近似できる。よって

$$(\mu - \mu_0)D(\mu_0) = -\frac{\pi^2}{6}(k_B T)^2 G''(\mu)$$

という関係がえられる。これを変形して

$$\mu = \mu_0 - \frac{\pi^2}{6}(k_B T)^2 \frac{G''(\mu)}{D(\mu_0)}$$

さらに

$$G''(E) = D'(E) \qquad \text{から} \qquad G''(\mu) = \left.\frac{dD(E)}{dE}\right|_{E=\mu}$$

とし

$$D(E) = \frac{4\pi V}{h^3}(2m)^{\frac{3}{2}}\sqrt{E} \qquad \text{から} \qquad D'(E) = \frac{2\pi V}{h^3}(2m)^{\frac{3}{2}}E^{-\frac{1}{2}}$$

となり

$$G''(\mu) = D'(\mu) = \frac{2\pi V}{h^3}(2m)^{\frac{3}{2}}\mu^{-\frac{1}{2}} \cong \frac{2\pi V}{h^3}(2m)^{\frac{3}{2}}\mu_0^{-\frac{1}{2}}$$

となる。また

$$D(\mu_0) = \frac{4\pi V}{h^3}(2m)^{\frac{3}{2}}\mu_0^{\frac{1}{2}}$$

から、結局、有限温度 T の化学ポテンシャルμは

$$\mu = \mu_0 - \frac{\pi^2}{12}(k_B T)^2 \frac{1}{\mu_0} = \mu_0\left\{1 - \frac{\pi^2}{12}\left(\frac{k_B T}{\mu_0}\right)^2\right\}$$

となる。あるいは、フェルミ粒子系の化学ポテンシャルμはフェルミエネルギー E_Fに対応するので

$$E_F(T) = E_F(0)\left\{1 - \frac{\pi^2}{12}\left(\frac{k_B T}{E_F(0)}\right)^2\right\}$$

とすることもできる。ここで、フェルミ温度 T_Fを使うと

$$E_F(0) = k_B T_F$$

という関係にあるから

$$E_F(T) = E_F(0)\left\{1 - \frac{\pi^2}{12}\left(\frac{k_B T}{k_B T_F}\right)^2\right\} = E_F(0)\left\{1 - \frac{\pi^2}{12}\left(\frac{T}{T_F}\right)^2\right\}$$

となる。このように、フェルミエネルギーは温度上昇とともに、ごくわずかではあるが、減るという結果となる。

演習 3-9 銅のフェルミ温度は、すでに求めたように $T_F = 80400$ [K] 程度である。銅の融点は、1085°C 程度である。この温度がフェルミエネルギーに与える影響を求めよ。

解） 銅の融点は、$T = 1085 + 273 = 1358$ [K] 程度である。よって

$$E_F(T) = E_F(0)\left\{1 - \frac{\pi^2}{12}\left(\frac{T}{T_F}\right)^2\right\} = E_F(0)\left\{1 - \frac{3.14^2}{12}\left(\frac{1358}{80400}\right)^2\right\} = E_F(0)(1 - 2.3 \times 10^{-4})$$

となる。

このように、融点近傍の高温であっても、フェルミエネルギーを、わずか0.02%程度下げるだけである。金属においては、そもそも、絶対零度のフェルミエネルギー E_F が非常に高いため、かなり高温であっても、温度による影響は小さいのである。

3. 5.　内部エネルギーと電子比熱

それでは、有限温度におけるフェルミ粒子系の内部エネルギーを求めてみよう。この場合の積分は

$$U = <E> = \int_0^\infty E\,f(E)D(E)\,dE$$

となる。ここで

$$J(x) = \int_0^x E\,D(E)\,dE$$

という関係にある関数 $J(x)$ を考える。すると

$$U = \int_0^\infty f(E)J(E)\,dE$$

となり、N の場合と同様の取り扱いができ

$$U \cong J(\mu) - \frac{J''(\mu)}{2}\int_0^\infty (E-\mu)^2 f'(E)\,dE = J(\mu) + \frac{\pi^2}{6}(k_B T)^2 J''(\mu)$$

となる。ここで

$$J(\mu) = \int_0^\mu ED(E)\,dE = \int_0^{\mu_0} ED(E)\,dE + \int_{\mu_0}^\mu ED(E)\,dE$$

$$= U_0 + (\mu - \mu_0)\mu D(\mu) \cong U_0 + (\mu - \mu_0)\mu_0 D(\mu_0)$$

となる。ただし、U_0 は $T = 0\,[\mathrm{K}]$ におけるフェルミ粒子系の内部エネルギーである。また

$$J''(\mu) = \frac{d}{dE}(ED(E))\bigg|_{E=\mu}$$

という関係にある。

$$\frac{d}{dE}(ED(E)) = D(E) + E\frac{dD(E)}{dE}$$

であるから

$$J''(\mu) = D(\mu) + \mu\frac{dD(E)}{dE}\bigg|_{E=\mu} \cong D(\mu_0) + \mu_0 D'(\mu_0)$$

となる。したがって、内部エネルギーは

$$U = U_0 + (\mu - \mu_0)\mu_0 D(\mu_0) + \frac{\pi^2}{6}(k_B T)^2 J''(\mu)$$

$$= U_0 + (\mu - \mu_0)\mu_0 D(\mu_0) + \frac{\pi^2}{6}(k_B T)^2\{D(\mu_0) + \mu_0 D'(\mu_0)\}$$

ここで

$$(\mu - \mu_0)D(\mu_0) = -\frac{\pi^2}{6}(k_B T)^2 D'(\mu_0)$$

であったから

$$U = U_0 + \frac{\pi^2}{6}(k_B T)^2 D(\mu_0)$$

となる。フェルミ粒子のエネルギー状態密度 $D(E)$ は

$$D(E) = \frac{4\pi V}{h^3}(2m)^{\frac{3}{2}}E^{\frac{1}{2}}$$

から

$$U = U_0 + \frac{\pi^2}{6}(k_B T)^2 \cdot \frac{4\pi V}{h^3}(2m)^{\frac{3}{2}}\mu_0^{\frac{1}{2}} = U_0 + \frac{2\pi^3 V}{3h^3}(2m)^{\frac{3}{2}}\mu_0^{\frac{1}{2}}(k_B T)^2$$

となる。

　このように、理想フェルミ気体の内部エネルギーU は、温度に対してのT^2 の依存性を有する。理想気体では

$$U = \frac{3}{2}Nk_B T$$

のように、温度 T に比例していたので、挙動が異なるのである。

第 3 章　自由電子モデル

演習 3-10　理想フェルミ気体とみなせる自由電子からなる系の定積比熱 C_V を求めよ。

解）　定積比熱は、内部エネルギー U を、体積 V が一定という条件下で、温度 T で偏微分したものであるから

$$C_V = \left(\frac{\partial U}{\partial T}\right)_V = \frac{4\pi^3 V}{3h^3}(2m)^{\frac{3}{2}}\mu_0^{\frac{1}{2}}k_B^{2}T$$

となる。

このように、フェルミ粒子系の比熱は、温度 T に比例する。理想気体の場合には

$$C_V = \left(\frac{\partial U}{\partial T}\right)_V = \frac{3}{2}Nk_B$$

となって、比熱は温度に関係なく、常に一定となるが、フェルミ気体である金属の自由電子による比熱は、温度依存性を示す。実際に、金属の比熱では、このような温度依存性が観察されている。（実際には、格子振動に付随した格子比熱が電子系の比熱に加わることになる。）

ここで、絶対零度におけるフェルミエネルギー E_F は

$$E_F = \frac{1}{2m}\left(\frac{3Nh^3}{8\pi V}\right)^{\frac{2}{3}}$$

であったので、これを利用して、内部エネルギー U および比熱 C_V を求めてみよう。上の関係を変形して

$$E_F^{\frac{3}{2}} = \left(\frac{1}{2m}\right)^{\frac{3}{2}}\frac{3Nh^3}{8\pi V}$$

とする。すると

$$\frac{N}{4E_F^{\frac{3}{2}}} = (2m)^{\frac{3}{2}}\frac{2\pi V}{3h^3}$$

となるから

89

$$U = U_0 + \frac{2\pi^3 V}{3h^3}(2m)^{\frac{3}{2}} \mu_0^{\frac{1}{2}}(k_B T)^2 = U_0 + \frac{\pi^2 N}{4E_F^{\frac{3}{2}}} \mu_0^{\frac{1}{2}}(k_B T)^2 = U_0 + \frac{\pi^2 N}{4E_F}(k_B T)^2$$

という関係がえられる。ただし、$\mu_0 = E_F$という関係を使っている。

したがって、比熱は

$$C_V = \frac{\pi^2 N}{2E_F} k_B^2 T$$

となる。あるいは、フェルミ温度 T_F を使うと

$$E_F = k_B T_F$$

という関係にあるから

$$C_V = \frac{\pi^2 N}{2T_F} k_B T$$

となる。

第4章　結晶構造

4.1. 座標とベクトル

多くの固体は、構成原子が規則正しく3次元に配列された構造をとっている。これを結晶 (crystal) と呼んでいる。3次元空間における位置を決めるためには、3変数が必要となる。通常は、x, y, z の3軸からなる直交座標系を使い、3個の数値で空間の位置を示す。図 4-1 に、その例を示す。

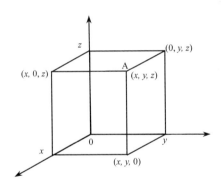

図 4-1　直交3次元座標と位置座標

3次元空間の任意の位置は、3個の数字 (x, y, z) によって指定できる。これは、3次元ベクトルであり、位置ベクトル $\vec{r}$ と呼ばれており

$$\vec{r} = (x \quad y \quad z)$$

と表記する。この表記は横ベクトルであるが、数字を縦に並べて

$$\vec{r} = \begin{pmatrix} x \\ y \\ z \end{pmatrix}$$

のように、縦ベクトルとして表示する場合もある。ここで、x, y, z 方向で長さが 1 の単位ベクトル (unit vector) を考える。

単位ベクトルは

$$\vec{e}_x = \begin{pmatrix} 1 \\ 0 \\ 0 \end{pmatrix} \qquad \vec{e}_y = \begin{pmatrix} 0 \\ 1 \\ 0 \end{pmatrix} \qquad \vec{e}_z = \begin{pmatrix} 0 \\ 0 \\ 1 \end{pmatrix}$$

となる。

これら単位ベクトルを使うと、位置ベクトルは

$$\vec{r} = \begin{pmatrix} x \\ y \\ z \end{pmatrix} = \begin{pmatrix} x \\ 0 \\ 0 \end{pmatrix} + \begin{pmatrix} 0 \\ y \\ 0 \end{pmatrix} + \begin{pmatrix} 0 \\ 0 \\ z \end{pmatrix} = x \begin{pmatrix} 1 \\ 0 \\ 0 \end{pmatrix} + y \begin{pmatrix} 0 \\ 1 \\ 0 \end{pmatrix} + z \begin{pmatrix} 0 \\ 0 \\ 1 \end{pmatrix} = x\vec{e}_x + y\vec{e}_y + z\vec{e}_z$$

となる。単位ベクトル間には

$$\vec{e}_x . \vec{e}_x = 1 \qquad \vec{e}_y . \vec{e}_y = 1 \qquad \vec{e}_z . \vec{e}_z = 1$$

$$\vec{e}_x . \vec{e}_y = 0 \qquad \vec{e}_y . \vec{e}_z = 0 \qquad \vec{e}_z . \vec{e}_x = 0$$

のような内積の関係が成立する。

演習 4-1 　$\vec{e}_x . \vec{e}_x = 1$ および $\vec{e}_x . \vec{e}_y = 0$ となることを確かめよ。

解）　　　$\vec{e}_x . \vec{e}_x = (1 \quad 0 \quad 0) \begin{pmatrix} 1 \\ 0 \\ 0 \end{pmatrix} = 1 \times 1 + 0 \times 0 + 0 \times 0 = 1$

$\vec{e}_x . \vec{e}_y = (1 \quad 0 \quad 0) \begin{pmatrix} 0 \\ 1 \\ 0 \end{pmatrix} = 1 \times 0 + 0 \times 1 + 0 \times 0 = 0$ 　　　となる。

また、外積に関しては

$$\vec{e}_x \times \vec{e}_y = \vec{e}_z \qquad \vec{e}_y \times \vec{e}_z = \vec{e}_x \qquad \vec{e}_z \times \vec{e}_x = \vec{e}_y$$

という関係が成立する。

演習 4-2 　$\vec{e}_x \times \vec{e}_y = \vec{e}_z$ となることを確かめよ。

解）　　$\vec{e}_x \times \vec{e}_y = \begin{pmatrix} 1 \\ 0 \\ 0 \end{pmatrix} \times \begin{pmatrix} 0 \\ 1 \\ 0 \end{pmatrix} = \begin{pmatrix} 0 \times 0 - 0 \times 1 \\ 0 \times 0 - 1 \times 0 \\ 1 \times 1 - 0 \times 0 \end{pmatrix} = \begin{pmatrix} 0 \\ 0 \\ 1 \end{pmatrix} = \vec{e}_z$

一般的には、直交系座標を使うのが便利であるが、互いに直交していなくとも、互いに平行ではない3個の単位ベクトルを使えば

$$\vec{r} = a\vec{e}_1 + b\vec{e}_2 + c\vec{e}_3$$

のように、位置ベクトルを表現できる。あるいは、単位ベクトルではない任意の互いに平行ではない3個のベクトルを使って

$$\vec{r} = d\vec{a} + e\vec{b} + f\vec{c}$$

と表すことができる。

4.2. 結晶構造とベクトル

それでは、3次元空間で規則性を有する結晶構造をベクトルによって表示する方法を考えてみよう。まず、もっとも簡単な**単純立方格子** (simple cubic lattice) を例にとる。単純立方格子とは、図4-2に示すように、立方体の頂点に原子が配列するような構造である。

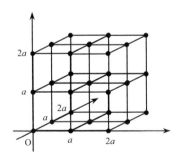

図 4-2　単純立方格子

この結晶では、各原子間の距離はすべて等しい。これを a と置いている。ある原子を3次元空間の原点にとると、この格子の任意位置の原子は

$$\vec{r} = l \begin{pmatrix} a \\ 0 \\ 0 \end{pmatrix} + m \begin{pmatrix} 0 \\ a \\ 0 \end{pmatrix} + n \begin{pmatrix} 0 \\ 0 \\ a \end{pmatrix} = l\vec{a}_x + m\vec{a}_y + n\vec{a}_z$$

というベクトルによって与えられる。ただし、l, m, n は整数(integer)である。ここで、1 辺が長さ a の立方体を考えてみよう。すると、格子を含む体積として、これが最小であり、しかも、この立方体の積み重ねで、すべての固体結晶を網羅することができる。このような単位を**単位胞** (unit cell) と呼んでいる。

つぎに、それぞれの辺の長さが a, b, c と異なる**正方格子** (orthorhombic lattice) の場合を考えてみよう。この場合には、格子の位置ベクトルは

$$\vec{r} = l \begin{pmatrix} a \\ 0 \\ 0 \end{pmatrix} + m \begin{pmatrix} 0 \\ b \\ 0 \end{pmatrix} + n \begin{pmatrix} 0 \\ 0 \\ c \end{pmatrix} = l\vec{a}_x + m\vec{b}_y + n\vec{c}_z$$

となる。

また、単純正方格子の単位胞は、辺の長さが、a, b, c の直方体となることも自明であろう。

ここで、正方格子の任意のふたつの格子点を

$$\vec{r}_1 = l_1 \vec{a}_x + m_1 \vec{b}_y + n_1 \vec{c}_z \quad \text{および} \quad \vec{r}_2 = l_2 \vec{a}_x + m_2 \vec{b}_y + n_2 \vec{c}_z$$

としよう。すると

$$\vec{r}_2 - \vec{r}_1 = (l_2 - l_1)\vec{a}_x + (m_2 - m_1)\vec{b}_y + (n_2 - n_1)\vec{c}_z$$

となる。ここで、係数はすべて整数なので l', m', n' と置くと

$$\vec{r}_2 = \vec{r}_1 + l'\vec{a}_x + m'\vec{b}_y + n'\vec{c}_z$$

となる。つまり、これら 3 個のベクトルで、すべての格子点を網羅することができるのである。このようなベクトルを基本並進ベクトル (primitive translation vector) と呼んでいる。

3 次元空間に周期的に配列された結晶格子では、3 個の基本並進ベクトル $\vec{a}_1, \vec{a}_2, \vec{a}_3$ が存在し、任意の格子点の位置ベクトルは

$$\vec{r} = n_1\vec{a}_1 + n_2\vec{a}_2 + n_3\vec{a}_3$$

によって与えられる。ただし、n_1, n_2, n_3 は整数である。

ところで、単純立方格子や、単純正方格子の場合には、基本並進ベクトルは、直交座標の x, y, z 軸に平行にとれば良いので、比較的単純であり、直感でもわかりやすい。

ただし、多くの結晶は、より複雑な構造をとり、基本並進ベクトルが、直交軸に平行ではない場合もある。例として、**体心立方格子** (body centered cubic structure) の場合を見てみよう。

4.3. 体心立方格子

体心立方格子は、図 4-3 に示すように、単純立方格子の中心に原子が 1 個位置する構造をしている。この単位胞の中には、原子が 2 個含まれる。まず、中心に位置する 1 個は問題ないであろう。一方、各稜に存在する 8 個の原子はどうであろうか。実は、これら原子は、その周りにある 8 個の単位胞にも属している。したがって、1 個の寄与は 1/8 であり、それが 8 個あるので、原子 1 個に相当し、併せて 2 個なのである。

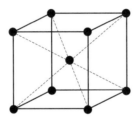

図 4-3　体心立方格子

それでは、体心立方格子の基本並進ベクトルを求めてみよう。**格子定数** (lattice constant)（立方体の一辺の長さ）を a とする。このとき、立方体の各辺を x, y, z 軸にとって、単純立方格子と同じように

$$\vec{a}_x = \begin{pmatrix} a \\ 0 \\ 0 \end{pmatrix} \qquad \vec{a}_y = \begin{pmatrix} 0 \\ a \\ 0 \end{pmatrix} \qquad \vec{a}_z = \begin{pmatrix} 0 \\ 0 \\ a \end{pmatrix}$$

を基本ベクトルと置いてよいであろうか。これならば簡単である。

結論からいうと、これらベクトルは基本並進ベクトルとはならない。なぜなら、

立方格子の中心位置にある原子の座標を、これらベクトルの整数倍の合成では表示できないからである。例えば、x, y, z が正の領域で、格子の中心にある原子の位置ベクトルは

$$\vec{a} = \frac{1}{2}\begin{pmatrix} a \\ a \\ a \end{pmatrix} = \frac{1}{2}\begin{pmatrix} a \\ 0 \\ 0 \end{pmatrix} + \frac{1}{2}\begin{pmatrix} 0 \\ a \\ 0 \end{pmatrix} + \frac{1}{2}\begin{pmatrix} 0 \\ 0 \\ a \end{pmatrix} = \frac{1}{2}\vec{a}_x + \frac{1}{2}\vec{a}_y + \frac{1}{2}\vec{a}_z$$

のように、係数が整数とならない。

ここで、ひとつの稜を原点にとると、この点からもっとも近い位置にある原子は、図 4-4 に示すように稜ではなく、中心にある原子である。

いま求めたように、このベクトルは

$$\vec{a}_1 = \frac{a}{2}\vec{e}_x + \frac{a}{2}\vec{e}_y + \frac{a}{2}\vec{e}_z$$

と与えられ、これを、基本ベクトルのひとつに据えればよいと考えられる。

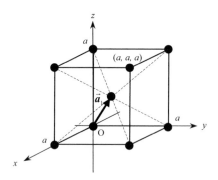

図 4-4　体心立方格子における基本並進ベクトル

つぎの問題は、残り 2 個の基本並進ベクトルをどう選ぶかになる。このとき、これは、3 次元構造をもう少し俯瞰しないとわからない。そこで、図 4-5 に単位胞を原点まわりに並べた図を示した。この図を参考にしながら、残りのベクトルを選んでいこう。

3 個の基本ベクトルが重ならないように、バランスを考えて配置する。すると、ベクトル $\vec{a}_2$ は x, y が負で z が正の領域にある。よって

第 4 章　結晶構造

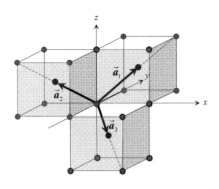

図 4-5　体心立方格子の複数の単位胞の配列

$$\vec{a}_2 = -\frac{a}{2}\vec{e}_x - \frac{a}{2}\vec{e}_y + \frac{a}{2}\vec{e}_z$$

となる。最後のベクトル $\vec{a}_3$ は、x が正で、y, z が負の領域にある。よって

$$\vec{a}_3 = \frac{a}{2}\vec{e}_x - \frac{a}{2}\vec{e}_y - \frac{a}{2}\vec{e}_z$$

となる。あらためて、体心立方格子の基本並進ベクトルを並べると

$$\vec{a}_1 = \frac{a}{2}\vec{e}_x + \frac{a}{2}\vec{e}_y + \frac{a}{2}\vec{e}_z = \frac{a}{2}\begin{pmatrix}1\\1\\1\end{pmatrix} \quad \vec{a}_2 = -\frac{a}{2}\vec{e}_x - \frac{a}{2}\vec{e}_y + \frac{a}{2}\vec{e}_z = \frac{a}{2}\begin{pmatrix}-1\\-1\\1\end{pmatrix}$$

$$\vec{a}_3 = \frac{a}{2}\vec{e}_x - \frac{a}{2}\vec{e}_y - \frac{a}{2}\vec{e}_z = \frac{a}{2}\begin{pmatrix}1\\-1\\-1\end{pmatrix}$$

となる。

演習 4-3　いま求めた 3 個のベクトル $\vec{a}_1$, $\vec{a}_2$, $\vec{a}_3$ が体心立方格子の基本並進ベクトルとなることを確かめよ。

解）　まず、格子の中心にある原子は、これらベクトルで表現できることは明らかである。つぎに、これらベクトルの和をとると

$$\vec{a}_1+\vec{a}_2=\frac{a}{2}\begin{pmatrix}1\\1\\1\end{pmatrix}+\frac{a}{2}\begin{pmatrix}-1\\-1\\1\end{pmatrix}=a\begin{pmatrix}0\\0\\1\end{pmatrix}=\vec{a}_z \qquad \vec{a}_1+\vec{a}_3=\frac{a}{2}\begin{pmatrix}1\\1\\1\end{pmatrix}+\frac{a}{2}\begin{pmatrix}1\\-1\\-1\end{pmatrix}=a\begin{pmatrix}1\\0\\0\end{pmatrix}=\vec{a}_x$$

$$\vec{a}_2+\vec{a}_3=\frac{a}{2}\begin{pmatrix}-1\\-1\\1\end{pmatrix}+\frac{a}{2}\begin{pmatrix}1\\-1\\-1\end{pmatrix}=-a\begin{pmatrix}0\\1\\0\end{pmatrix}=-\vec{a}_y$$

となって、$\vec{a}_x, \vec{a}_y, \vec{a}_z$ を合成することができる。これが確認できれば、すべての格子点が、$\vec{a}_1, \vec{a}_2, \vec{a}_3$ の整数倍の和で与えられる。

ところで、いま求めた基本並進ベクトルは、このままでもよいのであるが、対称性という点からは少し問題がある。このため、一般的には、別のベクトルの組合せが採用される。ここで、図 4-5 の座標系のみを xy 平面に沿って、時計まわりに $\pi/2$ だけ回転してみよう。すると、図 4-6 となる。

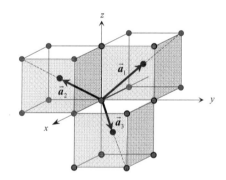

図 4-6 図 4-5 の座標系を xy 平面に沿って、時計まわりに $\pi/2$ だけ回転した系

この図をもとに、もういちど基本並進ベクトルを設定しなおす。するとベクトル $\vec{a}_1$ の x は負の領域にあり、y, z は正の領域にあるので

$$\vec{a}_1=-\frac{a}{2}\vec{e}_x+\frac{a}{2}\vec{e}_y+\frac{a}{2}\vec{e}_z$$

となる。同様にして、$\vec{a}_2$ および $\vec{a}_3$ を設定しなおすと

$$\vec{a}_2=\frac{a}{2}\vec{e}_x-\frac{a}{2}\vec{e}_y+\frac{a}{2}\vec{e}_z \qquad \vec{a}_3=\frac{a}{2}\vec{e}_x+\frac{a}{2}\vec{e}_y-\frac{a}{2}\vec{e}_z$$

となる。縦ベクトルで示すと

$$\vec{a}_1 = \frac{a}{2}\begin{pmatrix}-1\\1\\1\end{pmatrix} \qquad \vec{a}_2 = \frac{a}{2}\begin{pmatrix}1\\-1\\1\end{pmatrix} \qquad \vec{a}_3 = \frac{a}{2}\begin{pmatrix}1\\1\\-1\end{pmatrix}$$

となって、すべてのベクトルに平等に一項が1つずつ入り、対称性がよいことがわかる。これらベクトルにおいても、2個ずつ足すと

$$\vec{a}_1 + \vec{a}_2 = \frac{a}{2}\begin{pmatrix}-1\\1\\1\end{pmatrix} + \frac{a}{2}\begin{pmatrix}1\\-1\\1\end{pmatrix} = a\begin{pmatrix}0\\0\\1\end{pmatrix} = \vec{a}_z \qquad \vec{a}_2 + \vec{a}_3 = \frac{a}{2}\begin{pmatrix}1\\-1\\1\end{pmatrix} + \frac{a}{2}\begin{pmatrix}1\\1\\-1\end{pmatrix} = a\begin{pmatrix}1\\0\\0\end{pmatrix} = \vec{a}_x$$

$$\vec{a}_3 + \vec{a}_1 = \frac{a}{2}\begin{pmatrix}1\\1\\-1\end{pmatrix} + \frac{a}{2}\begin{pmatrix}-1\\1\\1\end{pmatrix} = a\begin{pmatrix}0\\1\\0\end{pmatrix} = \vec{a}_y$$

となって、この場合も基本並進ベクトルとなることがわかる。一般的には、こちらの組合せを採用している。

4.4. 面心立方格子

それでは、つぎに、**面心立方格子** (face centered cubic structure) の場合の基本並進ベクトルを求めてみよう。面心立方格子は図 4-7 に示すように、立方格子の各面の中心に原子がある構造を有する。

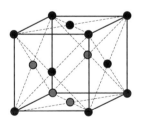

図 4-7　面心立方格子

まず、面心立方格子の単位胞に含まれる原子数を考えてみよう。まず、各稜にある原子は、1/8×8 = 1 個となる。つぎに、面心にある原子は 6 個あるが、この

原子は2個の単位胞によって共有されているので1/2×6 = 3となり、計4個の原子が含まれることになる。

つぎに、面心立方格子の基本並進ベクトルを求めてみよう。この場合は、原点からいちばん近いのは面心にある原子である。よって、ここでは、図4-8のような座標系をとり、yz平面、zx平面、およびxy平面にある最近接原子までのベクトルを$\vec{a}_1, \vec{a}_2, \vec{a}_3$と選ぼう。すると

$$\vec{a}_1 = \frac{a}{2}\vec{e}_y + \frac{a}{2}\vec{e}_z = \frac{a}{2}\begin{pmatrix} 0 \\ 1 \\ 1 \end{pmatrix}$$

となる。同様にして

$$\vec{a}_2 = \frac{a}{2}\vec{e}_z + \frac{a}{2}\vec{e}_x = \frac{a}{2}\begin{pmatrix} 1 \\ 0 \\ 1 \end{pmatrix} \qquad \vec{a}_3 = \frac{a}{2}\vec{e}_x + \frac{a}{2}\vec{e}_y = \frac{a}{2}\begin{pmatrix} 1 \\ 1 \\ 0 \end{pmatrix}$$

となる。

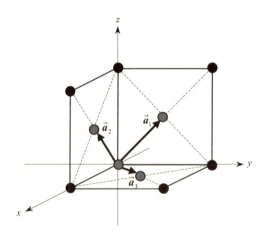

図4-8 面心立方格子における基本並進ベクトル

演習 4-4 $\vec{a}_1, \vec{a}_2, \vec{a}_3$の整数倍の和からベクトル$\vec{a}_x$を合成せよ。

解) l, m, nを整数とし$l\vec{a}_1 + m\vec{a}_2 + n\vec{a}_3$を計算し、それが$\vec{a}_x$となるようにする。すると

第4章　結晶構造

$$l\vec{a}_1 + m\vec{a}_2 + n\vec{a}_3 = \frac{al}{2}\begin{pmatrix}0\\1\\1\end{pmatrix} + \frac{am}{2}\begin{pmatrix}1\\0\\1\end{pmatrix} + \frac{an}{2}\begin{pmatrix}1\\1\\0\end{pmatrix} = \frac{a}{2}\begin{pmatrix}m+n\\l+n\\l+m\end{pmatrix} = \vec{a}_x\begin{pmatrix}1\\0\\0\end{pmatrix}$$

よって

$$m+n=2 \qquad l+n=0 \qquad l+m=0$$

から

$$l=-1, \quad m=1, \quad n=1$$

となる。

このように、基本並進ベクトルによって$\vec{a}_x$を合成することができる。同様にして

$$\vec{a}_1 - \vec{a}_2 + \vec{a}_3 = \frac{a}{2}\begin{pmatrix}0\\1\\1\end{pmatrix} - \frac{a}{2}\begin{pmatrix}1\\0\\1\end{pmatrix} + \frac{a}{2}\begin{pmatrix}1\\1\\0\end{pmatrix} = a\begin{pmatrix}0\\1\\0\end{pmatrix} = a\vec{e}_y = \vec{a}_y$$

$$\vec{a}_1 + \vec{a}_2 - \vec{a}_3 = \frac{a}{2}\begin{pmatrix}0\\1\\1\end{pmatrix} + \frac{a}{2}\begin{pmatrix}1\\0\\1\end{pmatrix} - \frac{a}{2}\begin{pmatrix}1\\1\\0\end{pmatrix} = a\begin{pmatrix}0\\0\\1\end{pmatrix} = a\vec{e}_z = \vec{a}_z$$

のように、$\vec{a}_x, \vec{a}_y, \vec{a}_z$を合成できる。

したがって、面心立方格子の構成原子の格子点をすべて、これら基本並進ベクトルで表示できることになる。

4.5.　結晶の積層構造

いままでは、結晶中の原子の位置ベクトルなどをわかりやすくするために、図4-9(a)に示すように、原子を小さい丸として扱ってきたが、実際の結晶中では、原子はある大きさを持った球として、図4-9(b)に示すように、ちょうどピンポン玉を積層したような構造をとっていると考えられる。

そこで、本節では、原子を球とみなして、その積層という観点から結晶格子について整理してみたい。まず、土台として、ある面に球状原子を配列する方法を考えてみよう。この場合、球が互いに接触することを前提とすると、図4-10に示したように、正方形状に配列する方法と、三角形状（六角形状とみることもで

きる）に配列する方法の 2 通りが考えられる。

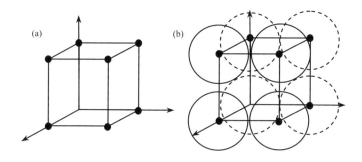

図 4-9 結晶の積層構造

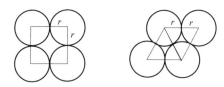

図 4-10 原子の平面への積層方法

演習 4-5　球状原子を正方形状に並べた場合と、三角形状にならべた場合の 4 個の球がつくる面積を比較せよ。

解）　図 4-10 を参考にしよう。原子球の半径を r とすると、正方形状に並べた場合、中心点を結んでできる正方形の面積は $4r^2$ となる。

一方、三角形に並べたときに、4 個の原子の中心点を結んでできる平行四辺形の面積は

$$2r \times 2r \sin\left(\frac{\pi}{3}\right) = 2\sqrt{3}r^2$$

となる。

したがって、三角形状に並べたほうが、密度が高いことがわかる。実際に三角

形状 (六角形状) に並べる方法が**最稠密** (most closely packing) となることが知られている。ここで、この正方形状の原子配列が、そのまま積み重なったものが単純立方格子と考えられる。その様子を図 4-11 に示す。

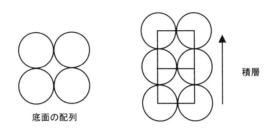

図 4-11 単純立方格子

単純立方格子は、構造そのものは単純で、わかりやすいが、このような格子を組む元素はほとんどなく、ポロニウム (Po: polonium) のみが知られている。

それでは、同じ立方格子の体心立方格子 (body centered cubic: bcc) の積層はどうなるであろうか。底面を正方形配列とすると、第 2 列めと第 3 列めは、図 4-12 のような配置が考えられる。

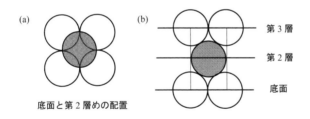

図 4-12 正方格子を底面に体心立方格子を目指した積層

しかし、図 4-12(b) からわかるように、このままでは立方格子にならずに縦長の構造となる。結局、bcc 格子を形成するためには、底面の正方格子は最密状態では成立せず、図 4-13 のような修正が必要となる。

すなわち、底面となる正方格子は互いに接触せずに、ある間隔をもって配列される。それでは、どの方向の原子が接触するかというと、図 4-14 に示すように対角線に沿った (1, 1, 1) 方向となる。

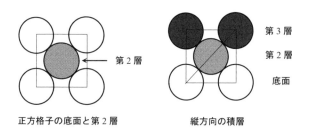

図 4-13　体心立方格子を形成するための原子配置

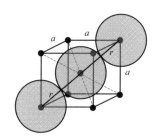

図 4-14　体心格子において近接原子が接触している方向は(1, 1, 1) 方向である。

それでは、同様の解析を面心立方格子(face centered cubic: fcc) に対しても行ってみよう。

図 4-15 に示すように、面心立方格子の場合に原子どうしが互いに接触して配列されるのは (0, 1, 1) 方向、つまり面の対角線である。これは、 (1, 0, 1) あるいは (1, 1, 0) 方向などでもよい。

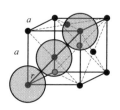

図 4-15　面心立方格子における積層

第4章　結晶構造

それでは、いま見た積層構造を参考にしながら、bcc 格子と fcc 格子の充填率を計算してみよう。

演習 4-6　図 4-16 を参考にして bcc 格子の格子定数 a と原子半径 r の関係を導出せよ。

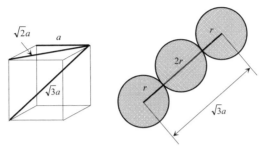

図 4-16　bcc 格子における格子定数 a と原子半径 r の関係

解)　格子定数 a の立方体の、まず面の対角線の長さは $\sqrt{2}a$ である。したがって、立方体としての対角線の長さ c は

$$c^2 = \left(\sqrt{2}a\right)^2 + a^2 = 3a^2 \quad \text{から} \quad c = \sqrt{3}a$$

図から、c は原子半径の4倍の長さと等価であるので

$$\sqrt{3}a = 4r \quad \text{より} \quad r = \frac{\sqrt{3}}{4}a$$

となる。

ここで、単位格子の体積は a^3 である。この体積内に原子は 2 個あり、原子 1 個の体積は

$$\frac{4}{3}\pi r^3 = \frac{4}{3}\pi\left(\frac{\sqrt{3}}{4}a\right)^3 = \frac{\sqrt{3}}{16}\pi a^3$$

充填率は、原子 2 個の体積を a^3 で除せばよい。よって

$$\frac{\frac{\sqrt{3}}{16}\pi a^3 \times 2}{a^3} = \frac{\sqrt{3}}{8}\pi \cong 0.68$$

となる。同様にして、fcc 構造の場合の充填率を求めてみよう。図 4-17 を参考にすると、図からわかるように $\sqrt{2}a = 4r$ となる。よって $r = \frac{\sqrt{2}}{4}a$ という関係がえられる。

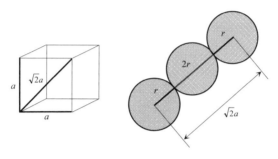

図 4-17　fcc 格子における格子定数 a と原子半径 r の関係

演習 4-7　面心立方格子における充填率を求めよ。

解）　格子定数が a の立方格子の体積は a^3 である。この体積内に原子は 4 個あり、原子 1 個の体積は、原子半径を r とすると

$$\frac{4}{3}\pi r^3 = \frac{4}{3}\pi \left(\frac{\sqrt{2}}{4}a\right)^3 = \frac{\sqrt{2}}{24}\pi a^3$$

充填率は、原子 4 個の体積を、単位格子の体積 a^3 で除せばよい。よって

$$\frac{\frac{\sqrt{2}}{24}\pi a^3 \times 4}{a^3} = \frac{\sqrt{2}}{6}\pi \cong 0.74$$

となる。

以上のように、fcc 格子の充填率は 74%程度、bcc 格子の充填率は 68%程度で、

fcc 格子の方が密度が高いのである。実は、fcc 格子は、すべての結晶の中で最も密度が高く、**最稠密構造** (most closely packed structure) をとることが知られている。

ここで、図 4-17 に示したように、この構造で原子が近接しているのは、単位格子を構成する面の対角線に沿っている。実は、最も原子が密に配列されているのは、この対角線に並んだ原子を含む (1 1 1) 面である。この表示は**面指数** (plane index) と呼ばれている。

4.6. 面指数

ここで、結晶内の面を指定する方法について、紹介しておこう。図 4-18 に立方格子の面指数の例を示す。

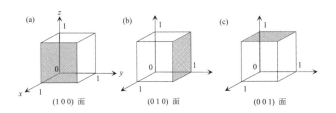

図 4-18　立方格子における面指数の例

まず、3 次元空間の (1 0 0) 方向を考える。これは x 軸の正の方向である。そして、ベクトル (1 0 0) に垂直な面が (1 0 0) 面となる。これは、図 4-18(a)の射影を施した面となる。

つぎに (0 1 0) 方向を考えよう。これは、y 軸の方向である。そして、この方向ベクトルの(0 1 0)、すなわち y 軸に垂直な面が (0 1 0) 面となる。これが図 4-18 (b) の射影面となる。同様にして、図 4-18 (c) の射影面が (0 0 1) 面となることは明らかであろう。

演習 4-8　立方格子において、(1 1 0)、(1 0 1) および (0 1 1) 方向に対応した面（これら方向に垂直な面）を描け。

解） (1 1 0)方向は、xy 面の対角線方向となる。この方向ベクトルに垂直となるのは、図 4-19(a) の射影面となる。

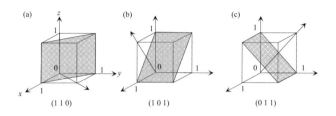

図 4-19　立方格子における (1 1 0), (1 0 1), (0 1 1) 面

つぎに、(1 0 1)は xz 方向、(0 1 1) は zy 方向であるから、 (1 0 1)面と(0 1 1)面は、これら方向ベクトルに垂直となり図 4-19(b), (c)のようになる。

それでは、 (1 1 1)面はどうであろうか。(1 1 1) 方向は、図 4-20(a)の方向である。このベクトルに垂直な面なので、図 4-20(b)に示した射影面となる。

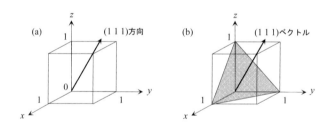

図 4-20　立方格子の(1 1 1)方向と(1 1 1)面

ところで、いままでは指数として 1 しか使用していないが、(2 0 0) 面、(3 0 0) 面、(2 2 0) 面のように、指数が 1 よりも、大きい場合にはどうなるであろうか。

基本的には、(2 0 0)方向は、(1 0 0) 方向と等価である。よって、(1 0 0) 面と等価となる。ただし、結晶格子としては、図 4-21 に示すように、(1 0 0)面と平行ではあるが、格子定数の 1/2 で (1 0 0)軸を切る面となる。これは波数ベクトルが有する性質とよく似ている。

第4章　結晶構造

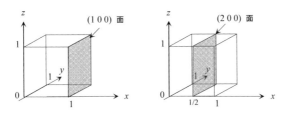

図4-21　立方格子の(1 0 0) 面と(2 0 0) 面

　これを一般化すると、(m 0 0) 面とは、x軸と点 1/m で交わる面となるのである。ここで、m は一般的には整数であるが、あえて、分数の場合を考えてみる。とすると、(1/m 0 0)面とは、x 軸と点 m で交わる面となる。その様子を図 4-22 に示す。

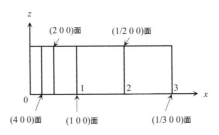

図4-22　(b 0 0)面

　このように、(b 0 0) 面において、b が真分数になると、単位格子の範囲から外れた領域に位置することになる。ところで、結晶には、並進対称性があり、(1/2 0 0)面は、ちょうど結晶を1個ずらした場合の (1 0 0)面である。本来、結晶内で存在可能な面は、ひとつの単位格子内ですべて表現できるはずである。よって、面指数は整数となるのである。

　この考えは、(1 1 0) 面や (1 1 1) 面などにも適用できる。そして、これを一般化すると (h k l) 面とは立方格子の場合、格子定数 a とすると (x y z) 軸と

$$(x \quad y \quad z) = \left(\frac{a}{h} \quad \frac{a}{k} \quad \frac{a}{l} \right)$$

で交わる面となることがわかるであろう。

109

さらに、立方格子ではなく、格子定数が$(a\ b\ c)$ からなる正方格子の場合の$(h\ k\ l)$ 面は $(x\ y\ z)$ 軸と

$$(x\ \ y\ \ z) = \left(\frac{a}{h}\ \ \frac{b}{k}\ \ \frac{c}{l}\right)$$

において交わる面となる。

4.7. 最稠密構造

あらゆる結晶構造のなかで、面心立方格子がもっとも密度が高く、その稠密面が(1 1 1)面であることを紹介した。ここでは、原子の積層という観点から、最稠密構造 (most closely packed structure) を見てみよう。

まず、底面の並べ方として、もっとも密度が高いのは、三角格子あるいは六角格子であることを説明した。この様子を図4-23(a)に示す。

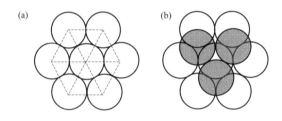

図4-23 最稠密構造の積層: (a) 第1層; (b) 第2層

それでは、この場合の第2層の積層をどうなるであろうか。これは、ちょうど、第1層の配置で生じた隙間を埋めるように積めばよいので、図4-23(b)のようになる。ここまでは、問題ないのであるが、問題は第3層めである。実は、図4-24に示すように、2通りの積層が存在するのである。

第1層上に積層したときと同様に、この第2層の隙間を埋めるように積層しようとすると、図4-24(a)と(b)のような異なる配置が存在するのである。よく見ると、(a)の場合は、第1層と原子配置が重なっている。いわばABAという積層となる。つぎに、(b)の場合は第1層と原子配置が重なっていない。よってABCという積層となる。

第 4 章　結晶構造

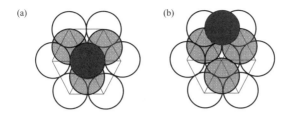

図 4-24　最稠密構造における第 3 層の配置

このように、最稠密構造には 2 種類あり、前者が**最密六方格子** (hexagonal closely packed structure; hcp) に相当する。そして、後者が面心立方格子である。ここで、面心立方格子では、最稠密面が (1 1 1) 面であるということを、すでに紹介した。その様子を、原子の積層も含めて図 4-25 に示す。

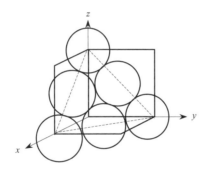

図 4-25　fcc 格子における(1 1 1) 面の原子の配列

この図で、端部の 3 個の原子が、先ほど示した面の対角線に並んだものとなる。それでは、最後に、もうひとつの最稠密構造である hcp 格子について紹介しておこう。この格子の積層は、ABA となっている。この積層の様子を図 4-26 に示そう。

ここでは、最稠密の積層となる底面が 6 角形 (図 4-26(a)の ABCKLM) となるように選ぶ。3 層目は、1 層目の底面と重なる。2 層目は図 4-26(a)に示すように、原子間の隙間を埋めるように積層されるが、図のように一つ置きの配置をとる。ここには描いていないが、4 層目は、この 2 層目を上方に平行移動したものとなる。

111

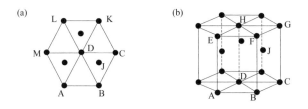

図 4-26　最密六方格子 (hcp) 構造の模式図

　六方格子 (hexagonal lattice) と呼ばれるのは、このように基本単位が図 4-26(b) のように六角柱となるからである。ただし、最小の基本格子は、ABCDEFGH の四角柱となる。これは、この四角柱を 3 個並べれば六角柱となるからである。

　さらに、2 層目の原子 J は、この四角柱を半分に分割した三角柱 BCDFGH の中心に位置する。この三角柱の部分の積層を剛体球の積層モデルで示すと図 4-27 のようになる。

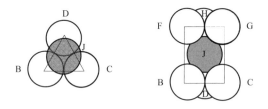

図 4-27　最密六方格子を構成する三角柱 BCDFGH 部分の積層

それでは、最密六方格子の充填率を計算してみよう。

演習 4-9　図 4-26 を参考にしながら、六角柱からなる格子に含まれる原子数を求めよ。

　解）　まず、図 4-26 の J と等価の位置にある 3 個の原子は、格子内に存在するので、そのまま 3 個となる。

　つぎに、六角柱の底面と上面の六角形を形成する頂点となる ABCKLM の 6 個の原子については、まわりの 6 個の単位格子と共有しているので、実質的には

112

1/6 となる。これが上下面で、計 12 個あるので、個数として(1/6)×12＝2 個となる。

最後に上下面の中心にある 2 個の原子であるが、それぞれさらに上下の面の格子と共有されているので、実質的には 1/2 であり、個数は計 2 個であるので、(1/2)×2=1 となる。

したがって、六角柱からなる単位格子に含まれる原子数は 6 個となる。

ただし、この単位格子は、最小の基本格子 3 個からできているので、四角柱 ABCDEFGH が含む原子数は 2 個となる。

演習 4-10 四角柱 ABCDEFGH の体積は、図 4-27 に示した三角柱の 2 倍の体積となる。この関係を利用して四角柱の体積を求めよ。

解） 原子半径を r とする。図 4-27(a)からわかるように、底面は 1 辺の長さが $2r$ からなる正三角形であるので、その面積は

$$S = 2r \times \frac{\sqrt{3}}{2}r = \sqrt{3}r^2$$

となる。つぎに高さは、まさに六角柱の高さである。これを求めるために、図 4-28 に示した BCDJ の三角錐に注目する。

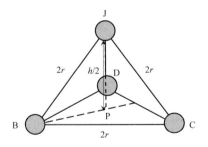

図 4-28 hcp 構造の底面(BCD)と第 2 層(J)の幾何学関係。正三角錐を形成する。

この三角錐はすべての辺の長さが $2r$ であり正四面体とも呼ばれる。また、その高さの 2 倍が六角柱の高さ h となる。まず、BP の長さを求めてみよう。これ

は、重心の性質より、1 辺が $2r$ の正三角形の高さの 2/3 となるから

$$BP = 2r \times \frac{\sqrt{3}}{2} \times \frac{2}{3} = \frac{2}{\sqrt{3}}r$$

となる。つぎに、三角形 BPJ は直角三角形となるので

$$(2r)^2 = \overline{PJ}^2 + \left(\frac{2}{\sqrt{3}}r\right)^2 \quad となり \quad \overline{PJ}^2 = \frac{8}{3}r^2 \quad から$$

$$\overline{PJ} = \frac{2\sqrt{2}}{\sqrt{3}}r = \frac{h}{2} \quad となり \quad h = \frac{4\sqrt{2}}{\sqrt{3}}r$$

となる。よって、三角柱の体積 $V/2$ は

$$\frac{V}{2} = \frac{4\sqrt{2}}{\sqrt{3}}r \times \sqrt{3}r^2 = 4\sqrt{2}r^3$$

となり、基本単位格子である四角柱の体積 V は

$$V = 8\sqrt{2}r^3$$

となる。

この体積中に半径 r の原子が 2 個含まれているので、充填率は

$$p = \frac{4\pi r^3}{3} \times 2 \Big/ 8\sqrt{2}r^3 = \frac{8\pi}{24\sqrt{2}} = \frac{\pi}{3\sqrt{2}} \cong 0.74$$

となる。これは、fcc 格子と同じ値であり、両者が最稠密構造であることに対応している。

さらに、最密六方格子の格子定数についても紹介しておこう。立方格子と異なり、2 個の異なる値が必要となる。ひとつは、底面の六角形の 1 辺の長さ、すなわち $a = 2r$ と、六角柱の高さ h に相当する c 軸である。この場合

$$\frac{c}{a} = \frac{4\sqrt{2}}{\sqrt{3}}r \Big/ 2r = \frac{2\sqrt{2}}{\sqrt{3}} \cong 1.633$$

が理想的な比となる。実際の hcp 構造を有する金属では、この比からわずかにずれる場合が多いことが知られている。

最後に、hcp 格子の基本並進ベクトルを紹介しておこう。座標系としては xyz の直交座標を六方格子との対応で、図 4-29 のようにとる。

114

第4章　結晶構造

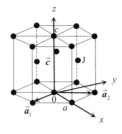
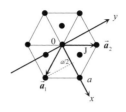

図 4-29　hcp 構造の並進ベクトル。図のような直交座標をとる。

このとき、基本並進ベクトルとして、底面の中心から頂点に向かう2個のベクトル $\vec{a}_1$ と $\vec{a}_2$ を図のようにとり、さらに、c 軸方向に格子の高さに相当するベクトル $\vec{c}$ を採用する。すると、これらベクトルは、それぞれの軸の基本ベクトルを使って

$$\vec{a}_1 = \frac{a}{2}\vec{e}_x - \frac{\sqrt{3}}{2}a\vec{e}_y = \frac{a}{2}\begin{pmatrix}1\\0\\0\end{pmatrix} - \frac{\sqrt{3}}{2}a\begin{pmatrix}0\\1\\0\end{pmatrix} = \frac{a}{2}\begin{pmatrix}1\\-\sqrt{3}\\0\end{pmatrix}$$

$$\vec{a}_2 = \frac{a}{2}\vec{e}_x + \frac{\sqrt{3}}{2}a\vec{e}_y = \frac{a}{2}\begin{pmatrix}1\\0\\0\end{pmatrix} + \frac{\sqrt{3}}{2}a\begin{pmatrix}0\\1\\0\end{pmatrix} = \frac{a}{2}\begin{pmatrix}1\\\sqrt{3}\\0\end{pmatrix}$$

$$\vec{c} = c\vec{e}_z = c\begin{pmatrix}0\\0\\1\end{pmatrix} = \frac{2\sqrt{2}}{\sqrt{3}}a\vec{e}_z = \frac{2\sqrt{2}}{\sqrt{3}}a\begin{pmatrix}0\\0\\1\end{pmatrix}$$

と与えられることになる。

演習 4-11　第2層目に位置する原子 J に対応した位置ベクトルを求めよ。

解）　まず、底面内における位置のベクトル合成は x 軸に沿った大きさ a のベクトルである $\vec{a}_1 + \vec{a}_2$ と $\vec{a}_2$ の合成ベクトルの 1/3 であるから

$$\frac{1}{3}\{(\vec{a}_1 + \vec{a}_2) + \vec{a}_2\} = \frac{1}{3}\vec{a}_1 + \frac{2}{3}\vec{a}_2$$

となる。さらに、c 軸方向の成分は $\vec{c}/2$ であるので

$$\overrightarrow{OJ} = \frac{1}{3}\vec{a}_1 + \frac{2}{3}\vec{a}_2 + \frac{1}{2}\vec{c}$$

となる。

　いままで紹介してきた結晶構造以外にも、数多くの結晶構造が存在する。ただし、単一元素からなる金属では、fcc, hcp, bcc 構造がほとんどであるし、これら結晶構造に関する理解が進めば、他の構造に関しては、その応用問題として対処できる。

第 5 章　逆格子空間

5. 1. ブラッグ反射

　多くの固体は、構成原子が規則正しく 3 次元に配列された構造をとっている。ある格子点を原点にとると、この点から任意の格子点への位置ベクトルは

$$\vec{r} = n_1 \vec{a}_1 + n_2 \vec{a}_2 + n_3 \vec{a}_3$$

によって与えられる。ただし、n_1, n_2, n_3 は整数 (integer) であり、$\vec{a}_1, \vec{a}_2, \vec{a}_3$ は並進ベクトルである。

　固体の構造を調べる一般的な方法は、**X 線回折** (X ray diffraction) である。これは、X 線を固体に入射したときに、構成原子の規則配列に対応して、ある**結晶面** (crystal plane) からの反射光 (reflected light) が強めあうことによって生じる回折現象に基づいている。この手法が重要であるのは、固体の回折パターンを解析することで、固体の構造を知ることができることにある。

　この X 線回折において、有名なものが、次の**ブラッグの法則** (Bragg's law) である。

$$2d \sin \theta = n\lambda$$

ここで、θ は、X 線の入射角 (incident angle)、d は X 線が反射される結晶面の面間距離 (lattice spacing) であり、λ は X 線の波長 (wave length) である。また、n は整数となる。この法則は、図 5-1 によって説明される。

　つまり、ある結晶面での反射波 (reflected wave) と、その直下の結晶面による反射波の行路の長さの差が、X 線の波長の整数倍であれば、反射波が互いに強めあい、回折現象が観察されるというものである。

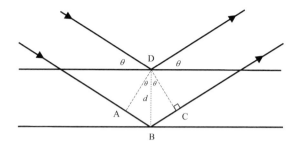

図 5-1　ブラッグ条件の説明図

演習 5-1　図 5-1 をもとに、結晶面で反射された X 線において、回折現象が生じるためのブラッグ条件を求めよ。

解）　図 5-1 において、上の結晶面によって反射された X 線と下の結晶面によって反射された X 線の行路の差は、線分 AB と線分 BC の和となる。
　入射角と反射角が等しく θ となる場合、それぞれの長さは等しく $d\sin\theta$ と与えられるので、トータルの行路差は $2d\sin\theta$ となる。回折が生じるためには、この行路差が、X 線の波長 λ の整数倍でなければならないので
$$2d\sin\theta = n\lambda$$
が条件となる。ただし、n は整数である。

演習 5-2　ブラッグ条件をもとに、X 線回折が生じる波長 λ の最大値を求めよ。

解）　ブラッグ条件を変形すると
$$\frac{n\lambda}{2d} = \sin\theta$$
となる。ここで、$\sin\theta \leq 1$ であるから $\frac{n\lambda}{2d} \leq 1$ となり $\lambda \leq \frac{2d}{n}$ となるが、n は整数であるので、右辺の最大値は $n = 1$ のときなので
$$\lambda \leq 2d$$

第5章　逆格子空間

となる。したがって、回折が生じる X 線の波長 λ の限度は面間距離 d の 2 倍となる。

これは、$\lambda > 2d$ の波長の長い電磁波では回折現象が生じないことを意味している。固体の原子間距離 (inter-atomic distance) は 2-3 nm 程度であり、X 線の波長は 0.1 - 10 nm 程度なので、使用する X 線の波長を調整すれば、上記の回折条件をうまく満足するのである。

この式からは、λ が $2d$ よりも短ければ回折現象を満足することになるが、実際には、波長の短い電磁波では、波どうしの干渉が起こりにくくなるので、鮮明な回折像はえにくくなる。

図 5-1 の説明図およびブラッグ条件は非常にわかりやすく、一般の教科書や解説書に必ず登場する。しかし、ここで、疑問が生じる。結晶面での反射とはいったいどういう現象なのであろうか。光が鏡面で反射されるという現象と同じものと考えてよいのであろうか。本来、固体内の原子は、図 5-2 のように離散的に分布しているはずである。

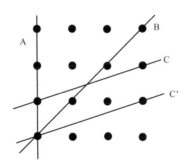

図 5-2　固体の結晶構造と結晶面

原子が密につまっている結晶面 A や B を見ても、原子が反射面を形成しているとはいえないのではなかろうか。ましてや、結晶面 C などは原子密度が低く、X 線が、この面から光のように反射されるとは考えにくい。つまり、ブラッグ反射の考えはわかりやすいが、結晶面からの X 線の反射にそのまま適用するには無理がある。

そこで、まず、平面波について復習し、結晶面ではなく、固体を構成する

原子との相互作用という観点から、ブラッグ反射を見直してみたい。

5.2. ホイヘンスの原理

X線は、**電磁波** (electromagnetic wave) の一種であり、**可視光** (visible light) と同じ仲間である。光は、直進性のある波であり、$\exp(ikx)$ という式で表現できる。より一般的には $\exp(i\boldsymbol{k}\cdot\boldsymbol{r})$ という表式によって与えられる平面波 (plane wave) である。これについては、第1章で詳しく説明した。

ところで、図 5-3 に示すように、平面波を小さな穴の開いたスリットを通すと、球面波が発生する。この事実は、水面の波で経験ずみであろう。

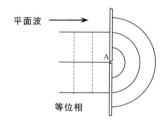

図 5-3 右方向に進む平面波が狭いスリットAを通ると球面波を発生する。

ホイヘンス (Huygens) は、この現象をもとに以下のことを考えた。平面波は、ある瞬間における波面上の各点が新しい波源となって、球面波を生みだしていると。彼は、この点源から発生する球面波を**素元波** (elementary wave) と名づけた。そして、平面波の先頭の波面上のすべての点から発生される素元波が合成されたものが、新たな平面波を形成する。その様子を図 5-4 に示す。

平面波が無限個の点を波源とした素元波の合成であるという考えは、**ホイヘンスの原理** (Huygens' principle) と呼ばれる。この原理により、光の屈折 (refraction) や反射 (reflection) など、いろいろな現象をうまく説明することができる。例として、屈折の場合を図 5-5 に示す。

図に示すように、光（平面波）が屈折率 (refractive index)（すなわち光速および波長）の異なる媒質2に入射したとしよう。この図は、媒質1よりも

第 5 章　逆格子空間

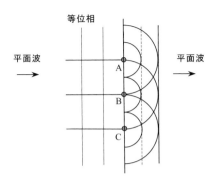

図 5-4　平面波の先頭の点 A, B, C を波源として、球面波（素元波）が発生する。これら球面波の包絡線 (envelope) が新たな平面波となる。実際には、点 A, B, C だけでなく、無限個の点が波源となる。

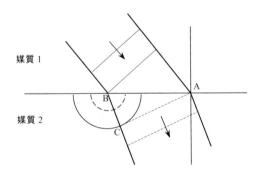

図 5-5　ホイヘンスの原理による屈折現象の説明。図は媒質 2 の屈折率が媒質 1 よりも大きい場合に相当する。

媒質 2 の屈折率が大きい場合に相当する。まず、平面波である光の先端は点 B で先に媒質 2 に到達する。この点は、波源として媒質 2 の屈折率にしたがった素元波を発生し、その波長は短くなる。この現象は、B から A へと順次、移動していく。光が A 点に到達したとき、点 B からの素元波が点 C に到達したとすると、このとき、媒質 2 を通る光すなわち平面波の進行面は、AC を結ぶ直線となる。これは、光が屈折することを示している。

演習 5-3 ホイヘンスの原理を利用して、光（平面波）の鏡面反射現象を説明せよ。

解） 図 5-6 に示すように、鏡面の左上方から平面波が入射する場合を考えてみよう。

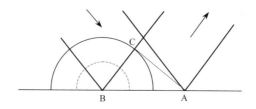

図 5-6 ホイヘンスの原理を利用した光の反射

平面波である光が反射面に斜め横から入射したとしよう。このとき、まず点 B が反射面に達し、反射される。このとき、ホイヘンスの原理により、点 B から素元波が発生したとしよう。この波長は入射波とまったく変わらない。この素元波が点 C に達したときに入射波の点 A が反射面に到達したとしよう。このとき、AC 面が、反射波としての平面波の進行面 (wave front) となる。図からわかるように、入射角と反射角は同じ大きさとなる。

以上のように、ホイヘンスの原理によって、光の挙動が、ほぼすべて、うまく説明できるのである。

5.3. ホイヘンスの原理とブラッグ反射

ここで、ブラッグ反射を再び考えてみよう。ホイヘンスの原理によって、ある平らな面によって反射される平面波の挙動が説明できることを示した。それでは、結晶の場合はどうであろうか。

固体の場合の結晶面は、図 5-2 にも示したように平らな面ではなく、原子が離散的に分散しているだけである。したがって、結晶面による X 線の反射を、単純な光の反射と同等に扱うことはできないことがわかる。

第 5 章　逆格子空間

　それでは、結晶を構成している原子と平面波の相互作用をどのように考えたらよいのだろうか。基本的にはホイヘンスの原理を応用すればよいのである。ここで、図 5-7 を参照いただきたい。

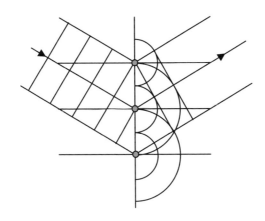

図 5-7　結晶を構成している原子と平面波の相互作用

　結晶に入射された平面波である X 線は、図 5-7 に示すように、結晶を構成している原子（正しくは、原子核のまわりの電子）と相互作用する。このとき、原子は X 線のエネルギーを吸収して、原子内の電子が励起される。励起状態 (excitation state) は不安定であり、電子はもとの安定な基底状態 (ground state) に戻る。このとき、吸収したエネルギーと同じ電磁波を発生する。もちろん、相互作用によりエネルギーが変化する場合もあり、非弾性散乱 (inelastic scattering) として知られている。ここでは、エネルギー散逸のない一般的な**弾性散乱** (elastic scattering) の場合を考える。

　このとき、ホイヘンスの原理を援用して、図 5-7 に示すように、入射した X 線と同じ周波数の素元波を原子が発生すると考えるのである。つまり、各原子がちょうど、平面波の点波源として働くと考えれば、光の場合と同様の扱いが可能となるのである。そして、各原子から発生した素元波の**包絡面** (envelope) が反射された平面波の進行面 (wave front) と考えればよいのである。

　このとき、図 5-7 の原子間距離を d とすれば、ブラッグ反射の場合と同様

の式がえられることは明らかであろう。

このように、固体内に侵入したX線は、結晶を構成する原子と相互作用し、素元波を発生する。ただし、多くの原子から発生する素元波は位相が異なり、互いに打ち消しあうものと考えられる。そして、ごくまれに、X線の入射角 θ と面間距離 d と波長 λ がブラッグ条件にマッチした場合にのみ、回折現象が観察されると考えられるのである。

ここで、回折現象をより一般化するために、図 5-8 に示すように、波数ベクトルを利用してみよう。

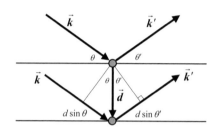

図 5-8　波数ベクトルを用いたブラッグ反射

すなわち、入射する平面波の波数ベクトルを $\vec{k}$ とし、格子によって反射された平面波の波数ベクトルを $\vec{k}'$ と置く。すると、まず

$$\left|\vec{k}'\right| = \left|\vec{k}\right| = k$$

という関係にある。

さらに、原子間を結ぶベクトルを図のような方向で $\vec{d}$ と置くと

$$d\sin\theta = \vec{d}\cdot\frac{\vec{k}}{k} \qquad d\sin\theta' = -\vec{d}\cdot\frac{\vec{k}'}{k}$$

という関係にあることがわかる。$\vec{k}/k$ および $\vec{k}'/k$ は、それぞれの方向の単位ベクトルに相当する。ここでは、より一般化するために、入射角と反射角を θ と θ' と区別している。鏡面反射であれば、これら角の大きさは必ず一致するが、原子との相互作用によって生じる素元波の場合には、同じ大きさになると限らないからである。

この場合のブラッグ条件は、$2d\sin\theta = n\lambda$ から

第5章　逆格子空間

$$d\sin\theta + d\sin\theta' = n\lambda$$

へと変わり

$$\vec{d}\cdot\frac{\vec{k}}{k} - \vec{d}\cdot\frac{\vec{k}'}{k} = \frac{1}{k}\vec{d}\cdot(\vec{k}-\vec{k}') = n\lambda$$

となる。ここで、波長 λ と波数 k は

$$k = \frac{2\pi}{\lambda}$$

という関係にあるので、結局

$$\vec{d}\cdot(\vec{k}-\vec{k}') = 2n\pi$$

という関係がえられる。ここで

$$\vec{G} = \vec{k}' - \vec{k}$$

と置く。$\vec{G}$ は、散乱ベクトルと呼ばれるベクトルであり、図示すると図 5-9 のようになる。

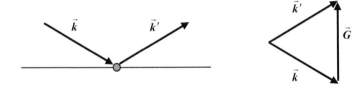

図 5-9　X 線回折における散乱ベクトル

この $\vec{G}$ が有する特徴を解析していけば、ブラッグ条件よりも、さらに一般的な回折条件が導出できるはずである。まず、$\vec{G}$ の満足すべき条件は

$$\vec{d}\cdot\vec{G} = 2n\pi$$

であった。つまり、波数ベクトル $\vec{k}$ の平面波が、ある原子と相互作用し、波数ベクトル $\vec{k}'$ を放出したとしよう。この組合せの $\vec{G} = \vec{k}' - \vec{k}$ は無数にあるが、このうち上記の条件を満足する $\vec{G}$ の場合のみ回折が生じるという考えである。また、$n=0$ とすると、$\vec{d}\cdot\vec{G}=0$ となり、これらベクトルは直交することもわかる。

ここで、$\vec{d}$ についても少し考察してみよう。図 5-8 では $\vec{d}$ は隣接する原子間をむすぶベクトルとしているが、より一般的には、原子の位置ベクトルと

なるはずである。例えば、図 5-10 の上下面の原子の位置ベクトルを $\vec{r}_1$, $\vec{r}_2$ とすると

$$\vec{d} = \vec{r}_2 - \vec{r}_1$$

となる。

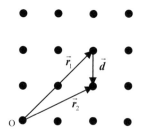

図 5-10　格子ベクトルの対応

よって、先ほどの条件は

$$\vec{d} \cdot \vec{G} = (\vec{r}_2 - \vec{r}_1) \cdot \vec{G} = \vec{r}_2 \cdot \vec{G} - \vec{r}_1 \cdot \vec{G} = 2n\pi$$

となるが、これが成立するためには

$$\vec{r}_2 \cdot \vec{G} = 2n_2\pi \qquad \vec{r}_1 \cdot \vec{G} = 2n_1\pi$$

となる必要がある。よって、$\vec{d}$ のかわりに原子の位置ベクトル

$$\vec{r} = n_1\vec{a}_1 + n_2\vec{a}_2 + n_3\vec{a}_3$$

を使ってもよく、結局

$$\vec{r} \cdot \vec{G} = 2n\pi$$

という条件がえられる。

演習 5-4　X 線の回折条件である $\vec{r} \cdot \vec{G} = 2n\pi$ が $\exp(i\vec{G} \cdot \vec{r}) = 1$ と等価であることを示せ。

解）　第 1 章で紹介した、$\exp i(2n\pi) = 1$ という関係を思い出してほしい。この式に、$2n\pi = \vec{r} \cdot \vec{G}$ を代入すれば、$\exp(i\vec{r} \cdot \vec{G}) = 1$ となるが、この式は

第5章　逆格子空間

$$\exp(i\vec{G}\cdot\vec{r}) = 1$$

とも書ける。

この左辺は、まさに平面波の表式 $\exp(i\vec{k}\cdot\vec{r})$ の波数ベクトル $\vec{k}$ に、$\vec{G}$ を代入したかたちをしている。もともと $\vec{G} = \vec{k}' - \vec{k}$ という対応関係にあるので、確かに $\vec{G}$ は波数ベクトルに対応している。

よって、$\vec{r}\cdot\vec{G} = 2n\pi$ という条件を満足するベクトル $\vec{G}$ を求めれば、一般の回折現象を解析できることになる。そして、これは、結晶構造、すなわち、$\vec{r}$ が決まれば一義的に決定されることになる。

5. 4.　逆格子ベクトル

それでは、$\vec{r}\cdot\vec{G} = 2n\pi$ を満足するベクトル $\vec{G}$ がどのようなものかを検討してみよう。

$$\vec{r} = n_1\vec{a}_1 + n_2\vec{a}_2 + n_3\vec{a}_3$$

にならって

$$\vec{G} = l_1\vec{b}_1 + l_2\vec{b}_2 + l_3\vec{b}_3$$

と置く。ここで、前述したように、$n = 0$ の場合 $\vec{r}\cdot\vec{G} = 0$ となり、これら2つのベクトルは直交する。ということは、$\vec{b}_1$ は、$\vec{a}_2$ および $\vec{a}_3$ に直交することになる。よって、外積の特徴を考えると

$$\vec{b}_1 = C_1\,\vec{a}_2 \times \vec{a}_3$$

と置けることになる。ただし、C_1 は定数である。同様にして

$$\vec{b}_2 = C_2\,\vec{a}_3 \times \vec{a}_1 \qquad\qquad \vec{b}_3 = C_3\,\vec{a}_1 \times \vec{a}_2$$

と置くことができる。

演習 5-5　ベクトル $\vec{b}_1 = C_1\,\vec{a}_2 \times \vec{a}_3$ とベクトル $\vec{a}_1$、$\vec{a}_2$ および $\vec{a}_3$ との内積を計算せよ。

解）　$\vec{a}_1 \cdot \vec{b}_1 = C_1 \vec{a}_1 \cdot (\vec{a}_2 \times \vec{a}_3)$ 　　　　$\vec{a}_2 \cdot \vec{b}_1 = C_1 \vec{a}_2 \cdot (\vec{a}_2 \times \vec{a}_3) = 0$

$$\vec{a}_3 \cdot \vec{b}_1 = C_1 \vec{a}_3 \cdot (\vec{a}_2 \times \vec{a}_3) = 0$$

となる。

ここでえられた $\vec{a}_1 \cdot (\vec{a}_2 \times \vec{a}_3)$ は**スカラー3重積** (scalar triple product) と呼ばれるものであり、ベクトル $\vec{a}_1$、$\vec{a}_2$ および $\vec{a}_3$ がつくる平行六面体 (parallelepiped) の体積を与える。そして、演算結果はベクトルではなく、スカラーとなる。

演習 5-6　ベクトル $\vec{a}_1 = (a_1 \quad 0 \quad 0)$, $\vec{a}_2 = (0 \quad a_2 \quad 0)$, $\vec{a}_3 = (0 \quad 0 \quad a_3)$ と与えられるとき、これらベクトルのスカラー3重積を求めよ。

解）　　まず、外積を求めると

$$\vec{a}_2 \times \vec{a}_3 = \begin{pmatrix} 0 \\ a_2 \\ 0 \end{pmatrix} \times \begin{pmatrix} 0 \\ 0 \\ a_3 \end{pmatrix} = \begin{pmatrix} a_2 a_3 \\ 0 \\ 0 \end{pmatrix}$$

となるので、スカラー3重積は

$$\vec{a}_1 \cdot (\vec{a}_2 \times \vec{a}_3) = (a_1 \quad 0 \quad 0) \begin{pmatrix} a_2 a_3 \\ 0 \\ 0 \end{pmatrix} = a_1 a_2 a_3$$

となる。

これは、まさに平行六面体（この場合は直方体）の体積となる。

以上の結果を踏まえて、$\vec{r} \cdot \vec{G}$ を計算してみよう。すると

$$\vec{r} \cdot \vec{G} = n_1 l_1 C_1 \vec{a}_1 \cdot (\vec{a}_2 \times \vec{a}_3) + n_2 l_2 C_2 \vec{a}_2 \cdot (\vec{a}_3 \times \vec{a}_1) + n_3 l_3 C_3 \vec{a}_3 \cdot (\vec{a}_1 \times \vec{a}_2)$$

となる。ここで

$$\vec{r} \cdot \vec{G} = 2n\pi$$

が成立するということは、x 成分については、m を整数として

$$n_1 l_1 C_1 \vec{a}_1 \cdot (\vec{a}_2 \times \vec{a}_3) = 2m\pi$$

という条件を満足する必要が生じる。結局

$$C_1 = \frac{m}{n_1 l_1} \frac{2\pi}{\vec{a}_1 \cdot (\vec{a}_2 \times \vec{a}_3)}$$

となるが、最初の項はまとめて整数 m_1 と置くと

$$\vec{b}_1 = 2m_1\pi \frac{\vec{a}_2 \times \vec{a}_3}{\vec{a}_1 \cdot (\vec{a}_2 \times \vec{a}_3)}$$

と与えられる。ここで、基本ベクトルの場合は、$m_1 = 1$ と置いてよいので、結局

$$\vec{b}_1 = 2\pi \frac{\vec{a}_2 \times \vec{a}_3}{\vec{a}_1 \cdot (\vec{a}_2 \times \vec{a}_3)}$$

となる。同様にして

$$\vec{b}_2 = 2\pi \frac{\vec{a}_3 \times \vec{a}_1}{\vec{a}_2 \cdot (\vec{a}_3 \times \vec{a}_1)} \qquad \vec{b}_3 = 2\pi \frac{\vec{a}_1 \times \vec{a}_2}{\vec{a}_3 \cdot (\vec{a}_1 \times \vec{a}_2)}$$

と与えられる。

以上から、ベクトル $\vec{G}$ の一般式がえられることになる。このように、固体の結晶構造である

$$\vec{r} = n_1 \vec{a}_1 + n_2 \vec{a}_2 + n_3 \vec{a}_3$$

が決まれば

$$\vec{G} = l_1 \vec{b}_1 + l_2 \vec{b}_2 + l_3 \vec{b}_3$$

も自動的に決まるのである。そして、以上から、ベクトル $\vec{G}$ も一種の格子を組むことがわかる。これを**逆格子** (reciprocal lattice) と呼んでいる。

演習 5-7　格子定数が a の単純立方格子の逆格子ベクトルを求めよ。

解）　単純立方格子の基本ベクトルは

$$\vec{a}_1 = \begin{pmatrix} a \\ 0 \\ 0 \end{pmatrix} \qquad \vec{a}_2 = \begin{pmatrix} 0 \\ a \\ 0 \end{pmatrix} \qquad \vec{a}_3 = \begin{pmatrix} 0 \\ 0 \\ a \end{pmatrix}$$

と与えられる。ここで、逆格子ベクトルの x 方向の基本ベクトルは

$$\vec{b}_1 = 2\pi \frac{\vec{a}_2 \times \vec{a}_3}{\vec{a}_1 \cdot (\vec{a}_2 \times \vec{a}_3)}$$

であった。ここで

$$\vec{a}_2 \times \vec{a}_3 = \begin{pmatrix} 0 \\ a \\ 0 \end{pmatrix} \times \begin{pmatrix} 0 \\ 0 \\ a \end{pmatrix} = \begin{pmatrix} a^2 \\ 0 \\ 0 \end{pmatrix}$$

となり

$$\vec{a}_1 \cdot (\vec{a}_2 \times \vec{a}_3) = \begin{pmatrix} a & 0 & 0 \end{pmatrix} \begin{pmatrix} a^2 \\ 0 \\ 0 \end{pmatrix} = a^3$$

であるから

$$\vec{b}_1 = 2\pi \frac{\vec{a}_2 \times \vec{a}_3}{\vec{a}_1 \cdot (\vec{a}_2 \times \vec{a}_3)} = \frac{2\pi}{a^3} \begin{pmatrix} a^2 \\ 0 \\ 0 \end{pmatrix} = \frac{2\pi}{a} \begin{pmatrix} 1 \\ 0 \\ 0 \end{pmatrix}$$

となる。同様にして

$$\vec{b}_2 = \frac{2\pi}{a} \begin{pmatrix} 0 & 1 & 0 \end{pmatrix} \qquad \vec{b}_3 = \frac{2\pi}{a} \begin{pmatrix} 0 & 0 & 1 \end{pmatrix}$$

となる。

　このように、格子定数が a の単純立方格子の逆格子は、格子定数が $2\pi/a$ の単純立方格子となる。

　逆格子では、その格子定数が実空間のちょうど逆数（を 2π 倍したもの）となっており、その単位が長さの**逆数** (reciprocal)、つまり $m^{-1} = 1/m$ となっているので、逆格子と呼ばれている。この単位は、波数と同じである。実際に、逆格子空間は波数空間と等価である。

　第 1 章で紹介した $\exp(ikx)$ における位置座標 x と波数 k との関係と同様である。ここで、逆格子の「逆」は英語の reciprocal に対応する。日本語では、

第 5 章　逆格子空間

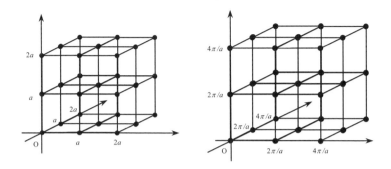

図 5-11　単純立方格子とその逆格子

a の逆数は $1/a$ であるが、英語では reciprocal となる。その援用で、逆格子と命名されたのであるが、この和訳はいささか初心者には混乱を与えると危惧される。

逆格子ベクトルが張る空間を**逆格子空間**あるいは、**逆空間**と呼ぶのに対し、ベクトル $\vec{r} = n_1\vec{a}_1 + n_2\vec{a}_2 + n_3\vec{a}_3$ で張られる空間を**実空間** (real space) と呼ぶ。実際に固体の中に存在する空間なので、こう呼ばれるのであるが、残念ながら、われわれは、この実空間を直接見ることができない。それは、固体の中にあり、外からは見えないからである。

一方、面白いことに逆空間は実在しない空間とされているが、われわれは、X 線回折という手法を使うことによって写真乾板に逆空間を映し出すことができるのである。そして、この手法によって、目では見ることのできない固体内の実空間を描くことができるのである。reciprocal には「逆」という意味だけではなく、「相補的な」「互恵的な」という意味合いがある。つまり、「逆」の空間というよりは、目には見えない実空間の位置情報を取り出すことのできる「相補的な」空間と捉えたほうがよいのである。

そして、この実空間と逆空間は、互いにフーリエ変換で結ばれているのである。ここで、結晶が周期 a で空間に広がっているとすると、第 1 章で示したように任意の周期関数は

$$F(x) = \sum_{-\infty}^{\infty} c(k) \exp\left(i\frac{2\pi}{a}kx\right)$$

と表現できる。これは、x の関数であり、実空間の関数に対応する。一方、この関数の中に登場する $c(k)$ は波数 k がどれくらい含まれているかを示す係数であり、次式

$$c(k) = \frac{1}{2\pi} \int_0^{2\pi} F(x) \exp\left(-i\frac{2\pi}{a}kx\right)dx$$

によって与えられるが、これは波数 k の関数とみなすことができる。そして、この関数が逆空間を表現しているのである。

5.5. 回折条件

固体の結晶構造、すなわち結晶格子の位置ベクトル $\vec{r} = n_1\vec{a}_1 + n_2\vec{a}_2 + n_3\vec{a}_3$ がわかれば、それに対応した $\vec{G} = l_1\vec{b}_1 + l_2\vec{b}_2 + l_3\vec{b}_3$ がえられ、逆格子空間を張ることが明らかとなった。これをもとに、回折条件について、さらに考察を進めていこう。逆格子ベクトルは

$$\vec{G} = \vec{k}' - \vec{k}$$

であった。したがって

$$\left|\vec{G}\right|^2 = \left|\vec{k}' - \vec{k}\right|^2$$

となるが、$G = \left|\vec{G}\right|$ と置こう。さらに、$k = \left|\vec{k}\right| = \left|\vec{k}'\right|$ であったので

$$G^2 = k^2 - 2\vec{k}\cdot\vec{k}' + k^2 \qquad から \qquad G^2 = 2k^2 - 2\vec{k}\cdot\vec{k}'$$

となる。

$\vec{G} = \vec{k}' - \vec{k}$ より $\vec{k}' = \vec{k} + \vec{G}$ となるから

$$G^2 = 2k^2 - 2\vec{k}\cdot\vec{k}' = 2k^2 - 2\vec{k}\cdot(\vec{k}+\vec{G}) = -2\vec{k}\cdot\vec{G}$$

ここで、ベクトル $\vec{k}$ と $\vec{G}$ のなす角は $\pi - \varphi$ であるから、

$$G^2 = -2\vec{k}\cdot\vec{G} = -2kG\cos(\pi - \varphi) = 2kG\cos\varphi \qquad より$$

$$\frac{1}{2}G = k\cos\varphi$$

となる。

第 5 章　逆格子空間

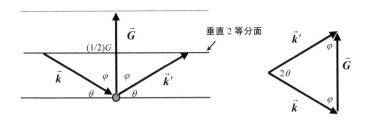

図 5-12　逆格子ベクトルと波数ベクトルの関係

つまり、逆格子空間において、散乱ベクトルとして任意の逆格子ベクトル $\vec{G}$ を選んだとしよう。このベクトルの垂直 2 等分線（3 次元空間では面）を引くと、格子の原点から、この面に向かって、その先端が面上にある大きさの同じ波数ベクトル $\vec{k}$ と $\vec{k}'$ が入射と反射ベクトルとなるのである。これを 3 次元空間に図示したものを図 5-13 に示す。

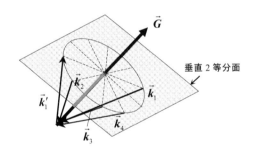

図 5-13　逆格子空間の散乱ベクトル $\vec{G}$ に対応した回折を生じる波数ベクトル

逆格子空間において、原点と、ある逆格子点を結ぶベクトル $\vec{G}$ をとる。この空間において、このベクトルの垂直 2 等分面を描こう。回折条件を満足する波数ベクトルは、この面上に、原点からの先端（あるいは後端）が位置する。ここで、波数ベクトルの大きさを k とすると、この面上の半径 $k \sin\varphi$ の円に先端が位置するベクトル群となる。さらに、回折が生じる入射ベクトルと反射ベクトル（例えば $\vec{k}_1$ と $\vec{k}_1'$）の組み合わせは、円の対称位置にあることになる。

ここで、冒頭で紹介した回折が生じるためには、X 線の波長は $\lambda \leq 2d$ でな

ければならないという事実を思い出してほしい。d を格子定数 a とすると、この条件は $\lambda \leq 2a$ となる。さらに、波数 k の条件に変えると $k = 2\pi/\lambda$ から

$$\lambda = \frac{2\pi}{k} \leq 2a \quad \text{より} \quad k \geq \frac{\pi}{a}$$

という条件となる。つまり、回折が生じるためには、波数ベクトルの大きさは π/a よりも大きいという条件となるのである。ここで、図 5-14 の単純格子の逆格子において、このことを確かめてみよう。

図に示すように、逆格子空間で原点から最近接の逆格子点までの距離は $2\pi/a$ である。回折条件を満足する波数ベクトルは、この垂直 2 等分面に先端があるから、その最小値は π/a となる。これは、回折が生じるための波数ベクトルの大きさが $k \geq \pi/a$ であることを示している。つまり、$k < \pi/a$ の波数ベクトルでは、回折は生じない。

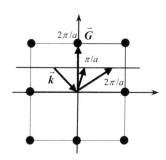

図 5-14　単純立方格子の逆格子における最小の $\vec{G}$ と最小の $\vec{k}$

ここで、X 線回折から少し離れて、電子の運動に目を移してみよう。実は、ミクロ世界では、電子も波の性質を有し、それを利用した電子線回折という技術が使われ、X 線と同様の回折現象が認められるのである。この現象は、電子顕微鏡にも応用されている。このとき、電子波も $\exp(ikx)$ という式によって与えられる。ここで、電子の運動量は、平面波表示の波数 k で表され、電子速度 v に比例している。

ここで、固体内の電子状態を考えたとき、k を増やした場合の様子を考える。最初は、単純に、エネルギーの増加とともに、電子の運動速度は増えていく。しかし、k の値が、固体内の平面波の回折が生じる条件に達したとき、

電子も大きく散乱されるのである。

ここで、逆格子空間のもっとも小さな $\vec{G}$ を想定し、k の大きさが増えたときに散乱が生じる境界を単純立方格子において描くと、図 5-15 のようになる。

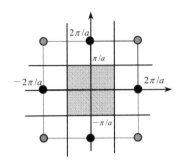

図 5-15 単純立方格子の逆格子空間において、平面波の k（電子であれば速度）を増やしたときに、最初に回折（散乱）が生じる境界。対応する逆格子点を黒塗りで示している。

ただし、実際には、逆格子空間は 3 次元空間であり、この境界は原点を中心とした 1 辺の長さが $2\pi/a$ の立方体の境界面となる。さらに、方位によって、限界の k の大きさは異なり $\dfrac{\pi}{a} \leq k \leq \dfrac{\sqrt{2}\pi}{a}$ の範囲となる。そして、この境界面に囲まれた図の射影部のことを**第 1 ブリルアンゾーン** (first Brillouin zone)と呼んでいる。この領域は、固体内の電子の運動を考える際に重要となる。

これよりも波数の大きい状態に至るために、この散乱を乗り越える必要があるが、これをエネルギーギャップと呼んでいる。これを克服すれば、つぎのエネルギーレベルの領域に入ることができるが、これを**第 2 ブリルアンゾーン** (second Brillouin zone)と呼んでいる。これを図示すると図 5-16 のようになる。

このように、固体内の電子は、ポテンシャルのない場で自由に運動できる電子と異なり、原子との相互作用により大きな散乱が生じることがある。この現象については、固体内の電子挙動を回折する章でふたたび論じることにしよう。

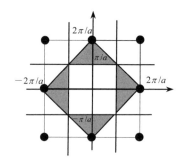

図 5-16　単純立方格子の逆空間における第 2 ブリルアンゾーン

5.6. エバルト球

　前節の手法では、結晶格子が決まれば、自動的にその逆格子空間 $\vec{G}$ が決まり、それをもとに、平面波の回折現象についての条件を考えた。本節では、入射波の波数ベクトル $\vec{k}$ をもとに回折が生じる条件を導出する方法を紹介する。

　図 5-17 に示すように、ある結晶構造に対応した逆格子空間を準備する。ここで、任意の点を原点 O として、大きさが k のベクトル $\vec{k}$ を、その先端が逆格子点 1 と一致するように描く。これを入射波の波数ベクトルとしよう。

　つぎに、原点 O を中心として半径 k の円を描く。ここでは、わかりやすいように 2 次元平面で描いているが、実際には、逆格子空間は 3 次元であり、半径 k の球を描くことになる。ここでは、簡単化のために、再び 2 次元平面に戻って考える。

　このとき、この円上に、もうひとつの逆格子点があれば、回折が生じることになる。図では、逆格子点 2 がこの円状にあるので、格子点 1 から 2 へ向かうベクトル $\vec{G}$ が回折の散乱ベクトルとなり、原点 O から格子点 2 へ向かうベクトルが反射波の波数ベクトル $\vec{k}'$ となる。

　この画期的な手法はエバルトによって導入されたものであり、この円（実際には球）のことを**エバルト球** (Ewald sphere) と呼んでいる。

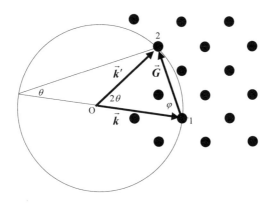

図 5-17 入射波の波数ベクトルと逆格子空間から回折条件を導出する方法

5.7. 逆格子ベクトルの導出

体心立方格子とその基本並進ベクトルを図 5-18 に示す。

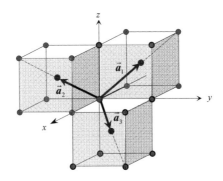

図 5-18 体心立方格子の基本並進ベクトル

これら基本並進ベクトルは

$$\vec{a}_1 = \frac{a}{2}\begin{pmatrix} -1 \\ 1 \\ 1 \end{pmatrix} \qquad \vec{a}_2 = \frac{a}{2}\begin{pmatrix} 1 \\ -1 \\ 1 \end{pmatrix} \qquad \vec{a}_3 = \frac{a}{2}\begin{pmatrix} 1 \\ 1 \\ -1 \end{pmatrix}$$

となる。

演習 5-8　逆格子ベクトルの基本ベクトルは

$$\vec{b}_1 = 2\pi \frac{\vec{a}_2 \times \vec{a}_3}{\vec{a}_1 \cdot (\vec{a}_2 \times \vec{a}_3)}$$

と与えられることをもとに、体心立方格子の逆格子ベクトルを求めよ。

解）　まず $\vec{a}_2 \times \vec{a}_3$ を求めると

$$\vec{a}_2 \times \vec{a}_3 = \frac{a^2}{4}\begin{pmatrix} 1 \\ -1 \\ 1 \end{pmatrix} \times \begin{pmatrix} 1 \\ 1 \\ -1 \end{pmatrix} = \frac{a^2}{4}\begin{pmatrix} 0 \\ 2 \\ 2 \end{pmatrix} = \frac{a^2}{2}\begin{pmatrix} 0 \\ 1 \\ 1 \end{pmatrix}$$

となる。つぎに

$$\vec{a}_1 \cdot (\vec{a}_2 \times \vec{a}_3) = \frac{a^3}{4}(-1 \quad 1 \quad 1)\begin{pmatrix} 0 \\ 1 \\ 1 \end{pmatrix} = \frac{a^3}{2}$$

となるから

$$\vec{b}_1 = 2\pi \frac{\vec{a}_2 \times \vec{a}_3}{\vec{a}_1 \cdot (\vec{a}_2 \times \vec{a}_3)} = \frac{2\pi}{a}\begin{pmatrix} 0 \\ 1 \\ 1 \end{pmatrix}$$

となる。同様にして

$$\vec{b}_2 = \frac{2\pi}{a}\begin{pmatrix} 1 \\ 0 \\ 1 \end{pmatrix} \qquad \vec{b}_3 = \frac{2\pi}{a}\begin{pmatrix} 1 \\ 1 \\ 0 \end{pmatrix}$$

となる。

　実は、体心立方格子の逆格子ベクトルは、格子定数を $4\pi/a$ とする面心立方格子の基本並進ベクトルとなるのである。

　つぎに、面心立方格子の逆格子を求めてみよう。まず、その基本並進ベクトルを図 5-19 に示す。ベクトルは

$$\vec{a}_1 = \frac{a}{2}\begin{pmatrix} 0 \\ 1 \\ 1 \end{pmatrix} \qquad \vec{a}_2 = \frac{a}{2}\begin{pmatrix} 1 \\ 0 \\ 1 \end{pmatrix} \qquad \vec{a}_3 = \frac{a}{2}\begin{pmatrix} 1 \\ 1 \\ 0 \end{pmatrix}$$

となる。

第 5 章 逆格子空間

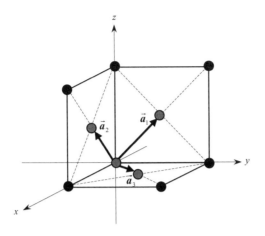

図 5-19　面心立方格子における基本並進ベクトル

逆格子ベクトルの基本ベクトルは

$$\vec{b}_1 = 2\pi \frac{\vec{a}_2 \times \vec{a}_3}{\vec{a}_1 \cdot (\vec{a}_2 \times \vec{a}_3)}$$

であった。ここで

$$\vec{a}_2 \times \vec{a}_3 = \frac{a^2}{4}\begin{pmatrix}1\\0\\1\end{pmatrix} \times \begin{pmatrix}1\\1\\0\end{pmatrix} = \frac{a^2}{4}\begin{pmatrix}-1\\1\\1\end{pmatrix}$$

となり

$$\vec{a}_1 \cdot (\vec{a}_2 \times \vec{a}_3) = \frac{a^3}{8}(0\ \ 1\ \ 1)\begin{pmatrix}-1\\1\\1\end{pmatrix} = \frac{a^3}{4}$$

であるから

$$\vec{b}_1 = 2\pi \frac{\vec{a}_2 \times \vec{a}_3}{\vec{a}_1 \cdot (\vec{a}_2 \times \vec{a}_3)} = \frac{2\pi}{a}\begin{pmatrix}-1\\1\\1\end{pmatrix}$$

となる。同様にして

$$\vec{b}_2 = \frac{2\pi}{a}\begin{pmatrix} 1 \\ -1 \\ 1 \end{pmatrix} \qquad \vec{b}_3 = \frac{2\pi}{a}\begin{pmatrix} 1 \\ 1 \\ -1 \end{pmatrix}$$

となる。

　実は、これら面心立方格子の逆格子ベクトルは、格子定数を $4\pi/a$ とする体心立方格子の基本並進ベクトルとなっている。

演習 5-9　最密六方格子の基本並進ベクトルは

$$\vec{a}_1 = \frac{a}{2}\vec{e}_x - \frac{\sqrt{3}}{2}a\vec{e}_y \qquad \vec{a}_2 = \frac{a}{2}\vec{e}_x + \frac{\sqrt{3}}{2}a\vec{e}_y \qquad \vec{a}_3 = \vec{c} = c\vec{e}_z = \frac{2\sqrt{2}}{\sqrt{3}}a\vec{e}_z$$

である。これをもとに、逆格子ベクトルを求めよ。

　解）　逆格子ベクトルの基本ベクトルは

$$\vec{b}_1 = 2\pi\frac{\vec{a}_2 \times \vec{a}_3}{\vec{a}_1 \cdot (\vec{a}_2 \times \vec{a}_3)}$$

である。ここで六方格子では

$$\vec{a}_2 \times \vec{a}_3 = \frac{ac}{2}\begin{pmatrix} 1 \\ \sqrt{3} \\ 0 \end{pmatrix} \times \begin{pmatrix} 0 \\ 0 \\ 1 \end{pmatrix} = \frac{ac}{2}\begin{pmatrix} \sqrt{3} \\ -1 \\ 0 \end{pmatrix}$$

となり

$$\vec{a}_1 \cdot (\vec{a}_2 \times \vec{a}_3) = \frac{a^2c}{4}(1 \quad -\sqrt{3} \quad 0)\begin{pmatrix} \sqrt{3} \\ -1 \\ 0 \end{pmatrix} = \frac{\sqrt{3}}{2}a^2c$$

であるから

$$\vec{b}_1 = 2\pi\frac{\vec{a}_2 \times \vec{a}_3}{\vec{a}_1 \cdot (\vec{a}_2 \times \vec{a}_3)} = \frac{2\pi}{\sqrt{3}a}\begin{pmatrix} \sqrt{3} \\ -1 \\ 0 \end{pmatrix} = \frac{2\pi}{a}\begin{pmatrix} 1 \\ -1/\sqrt{3} \\ 0 \end{pmatrix}$$

となる。同様にして

$$\vec{b}_2 = \frac{2\pi}{a}\begin{pmatrix} 1 \\ 1/\sqrt{3} \\ 0 \end{pmatrix} \qquad \vec{b}_3 = \frac{2\pi}{c}\begin{pmatrix} 0 \\ 0 \\ 1 \end{pmatrix}$$

となる。

　逆格子ベクトルが形成する空間は、実空間には存在せず、あくまでも仮想空間のベクトルである。ただし、実空間にある実格子は、固体の内部に構成されているため、われわれはそれを目で見ることができない。

　一方、X線回折や電子回折によって、逆格子を固体の外に取り出し、それを可視化することができるのである。つまり、逆格子空間こそが人類が目にすることができる空間なのである。そして、このおかげで、人類は数多くの物質の結晶構造を明らかにできたのである。この科学的成果がもたらした波及効果は計り知れない。

　さらに、実格子と逆格子は、実空間と k 空間の対になっている。そして、実空間から k 空間への変換はフーリエ変換によってなされる。よって、k 空間すなわち逆格子空間から逆フーリエ変換によって実空間の像がえられるのである。

　人類が、電子顕微鏡を使って原子像をはじめて観察した際には、不鮮明であった画像をフーリエ変換とフーリエ逆変換をうまく利用して補正することで、みごとな格子像をえることに成功したことを付記しておこう。

第6章　格子振動

6.1. 結晶格子の振動

結晶内の原子はたがいに連結しており、ちょうどバネでつながった格子の状態となっていると考えられる。そして、これら格子は、外部から力が加わったり、温度が上昇すると熱により振動することが知られている。これを**格子振動** (lattice vibration) と呼んでいる。

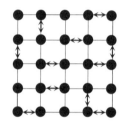

図 6-1　格子を構成する原子は互いに連結されて振動している。

格子振動は波として固体内を伝播する。例えば、金属中では、音が弾性波のように格子を伝播することが知られている。鉄では、音速は 5000m/s を超え、空気中の音速の 10 倍以上となる。

本章では、格子振動を考える基本として、バネでつながれた複数の物体の運動を解析してみる。

図 6-2 に示すように、質量 m[kg] の 3 個の物体をバネ定数 k[N/m] のバネで連結した場合の運動を解析してみよう。

図に示すように、それぞれの物体の平衡位置を P_1[m], P_2[m], P_3[m] とし、変位を q_1 [m], q_2 [m], q_3 [m] とする。すると、それぞれの物体に働く力は

第6章 格子振動

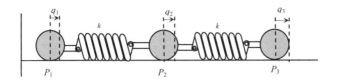

図6-2 バネで連結された3個の物体

$$F_1 = -k(q_1 - q_2) = k(q_2 - q_1)$$
$$F_2 = -k(q_2 - q_1) - k(q_2 - q_3) = -k(2q_2 - q_1 - q_3)$$
$$F_3 = -k(q_3 - q_2) = k(q_2 - q_3)$$

よって運動方程式は

$$m\frac{d^2 q_1}{dt^2} = k(q_2 - q_1) \qquad m\frac{d^2 q_2}{dt^2} = -k(2q_2 - q_1 - q_3) \qquad m\frac{d^2 q_3}{dt^2} = k(q_2 - q_3)$$

と与えられる。

ここで、これら物体が振動しているものとしよう。すると、3個の物体の運動は連動するはずなので、その振動数は、すべて同じになるはずである。そこで、角振動数をωと置く。すると解としては

$$q_1 = A_1 \exp i\omega t \qquad q_2 = A_2 \exp i\omega t \qquad q_3 = A_3 \exp i\omega t$$

が考えられる。よって

$$\frac{d^2 q_1}{dt^2} = -A_1 \omega^2 \exp i\omega t \qquad \frac{d^2 q_2}{dt^2} = -A_2 \omega^2 \exp i\omega t \qquad \frac{d^2 q_3}{dt^2} = -A_3 \omega^2 \exp i\omega t$$

となる。これら式を、運動方程式に代入して整理すると

$$(m\omega^2 - k)q_1 + kq_2 = 0 \qquad kq_1 + (m\omega^2 - 2k)q_2 + kq_3 = 0$$
$$kq_2 + (m\omega^2 - k)q_3 = 0$$

という連立方程式がえられる。

演習 6-1 表記の連立方程式が、$q_1 = 0$, $q_2 = 0$, $q_3 = 0$ という自明解以外の解を持つ条件は

$$\begin{vmatrix} m\omega^2 - k & k & 0 \\ k & m\omega^2 - 2k & k \\ 0 & k & m\omega^2 - k \end{vmatrix} = 0$$

となる。この条件をもとに連立方程式の解を求めよ。

解） 行列式を第 1 行の要素で余因子展開すると

$$(m\omega^2 - k)\begin{vmatrix} m\omega^2 - 2k & k \\ k & m\omega^2 - k \end{vmatrix} - k\begin{vmatrix} k & k \\ 0 & m\omega^2 - k \end{vmatrix} = 0$$

さらに展開すると

$$(m\omega^2 - k)\{(m\omega^2 - 2k)(m\omega^2 - k) - k^2\} - k^2(m\omega^2 - k) = 0$$

まとめると

$$(m\omega^2 - k)\{(m\omega^2 - 2k)(m\omega^2 - k) - 2k^2\} = 0$$

ここで

$$(m\omega^2 - 2k)(m\omega^2 - k) - 2k^2 = (m\omega^2 - k)^2 - k(m\omega^2 - k) - 2k^2$$

$$= \{(m\omega^2 - k) - 2k\}\{(m\omega^2 - k) + k\} = m\omega^2(m\omega^2 - 3k)$$

から

$$m\omega^2(m\omega^2 - k)(m\omega^2 - 3k) = 0$$

となり

$$\omega = 0, \quad \omega = \sqrt{\frac{k}{m}}, \quad \omega = \sqrt{\frac{3k}{m}}$$

が解となる。

それでは、これら解がどのような運動モードに対応するかを考えてみよう。まず、$\omega = 0$ のとき

$$-kq_1 + kq_2 = 0 \qquad kq_1 - 2kq_2 + kq_3 = 0 \qquad kq_2 - kq_3 = 0$$

から

$$q_1 = q_2 = q_3$$

となり、3 個が一体となって同方向に移動する並進運動に相当する。

第6章　格子振動

次に、$\omega = \sqrt{\dfrac{k}{m}}$ のとき　$kq_2 = 0$　　$kq_1 - kq_2 + kq_3 = 0$　から

$$q_1 = A_1 \exp\left(i\sqrt{\dfrac{k}{m}}t\right) \qquad q_2 = 0 \qquad q_3 = -A_1 \exp\left(i\sqrt{\dfrac{k}{m}}t\right)$$

となり、中心の物体が静止したまま、左右の物体が同期して振動する状態に相当する。

最後に、$\omega = \sqrt{\dfrac{3k}{m}}$ のとき

$$2kq_1 + kq_2 = 0 \quad kq_1 + kq_2 + kq_3 = 0 \quad kq_2 + 2kq_3 = 0 \quad \text{より}$$

$$q_1 = q_3 \qquad q_2 = -2q_1 = -2q_3 \qquad \text{となり}$$

$$q_1 = A_1 \exp\left(i\sqrt{\dfrac{3k}{m}}t\right) \qquad q_2 = -2A_1 \exp\left(i\sqrt{\dfrac{3k}{m}}t\right) \qquad q_3 = A_1 \exp\left(i\sqrt{\dfrac{3k}{m}}t\right)$$

となる。

以上が、バネにつながれた3個の物体の運動の解析である。それでは、この手法を結晶格子に応用してみよう。ここでは、1次元の結晶格子を考える。

図 6-3 に示すように、たくさんの原子がバネで連結された系について解析してみよう。すべての原子の質量を m[kg]とし、バネ定数は C[N/m]で一定とする。ただし、一般に用いられるバネ定数の表記である k を用いると、波数と混同するので、ここではバネ定数として C を用いる。

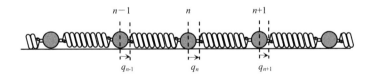

図 6-3　多原子からなる1次元格子

ここで、n 番目の原子の平衡位置からの変位を q_n[m]とすると、この原子に作用する力は

$$F_n = -C(q_n - q_{n-1}) - C(q_n - q_{n+1}) = C(q_{n+1} - 2q_n + q_{n-1})$$

となる。よって、運動方程式は

$$m\frac{d^2q_n}{dt^2} = C(q_{n+1} - 2q_n + q_{n-1})$$

と与えられる。

ここで、第1章の波の一般式を思い出してみよう。それは、$\exp i(kx - \omega t)$ であった。これは、波は空間的にも時間的にも振動していることに対応していることを意味する。

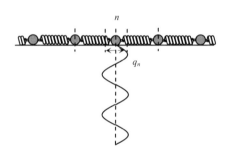

図 6-4 原子は、平衡位置を中心として、位置的にも時間的にも振動している。

図 6-4 に示すように、原子の平衡位置（本来の格子点）からのずれ q_n を位置の関数としてプロットすると、$\exp(ikx)$ となるが、この（空間的な）波の形状を保ったまま、時間的にも振動している。よって、一般式 $\exp(ikx)\exp(-i\omega t)$ を採用する必要がある。よって

$$q_n = A_n \exp i(kx_n - \omega t)$$

を仮定する。ただし、x_n は n 番目の原子の座標である。ここで、この結晶の格子定数を a とすると $x_n = na$ となるので

$$q_n = A \exp i(kna - \omega t)$$

となる。とすれば

$$q_{n-1} = A \exp i\{k(n-1)a - \omega t\} \qquad q_{n+1} = A \exp i\{k(n+1)a - \omega t\}$$

と与えられる。ここで、原子は連結されているので、その振幅は同じとなるはずなので、すべて A と置いている。

146

第 6 章　格子振動

演習 6-2　多原子が連結された 1 次元格子の運動方程式

$$m\frac{d^2 q_n}{dt^2} = C(q_{n+1} - 2q_n + q_{n-1}) \quad \text{を解法せよ。}$$

解）　いま求めた q_n, q_{n+1}, q_{n-1} を運動方程式に代入すると

$$\frac{d^2 q_n}{dt^2} = -A\omega^2 \exp i(kna - \omega t)$$

となり　$q_{n+1} - 2q_n + q_{n-1} = A\exp i(kna - \omega t)\{\exp(ika) - 2 + \exp(-ika)\}$

となるから　$-m\omega^2 = C\{\exp(ika) - 2 + \exp(-ika)\}$　より

$$m\omega^2 = C\{2 - \exp(ika) - \exp(-ika)\}$$

となる。ここで

$$\exp(ika) + \exp(-ika)\} = 2\cos(ka) \quad \text{という関係を使うと}$$

$$\omega^2 = \frac{2C}{m}\{1 - \cos(ka)\}$$

さらに倍角の公式を使って変形すると　$\omega^2 = \dfrac{4C}{m}\sin^2\left(\dfrac{ka}{2}\right)$ となる。

したがって　$\omega = \sqrt{\dfrac{4C}{m}}\left|\sin\left(\dfrac{ka}{2}\right)\right|$ となる。

　これは、角周波数 ω と波数 k の関係を示す式であり、**分散関係** (dispersion relation) と呼ばれている。ちなみに

$$\sqrt{\frac{m}{4C}}\omega = \frac{\omega}{(4C/m)^{1/2}} = \left|\sin\left(\frac{ka}{2}\right)\right|$$

として、グラフを描くと図 6-5 のようになる。

　このように、k に関する周期関数となり、その周期は $2\pi/a$ となる。つまり、k と

$$k \pm \frac{2\pi}{a}, \quad k \pm \frac{4\pi}{a}, \quad k \pm \frac{6\pi}{a}, \dots$$

はすべて等価となるのである。また、$\sqrt{\dfrac{m}{4C}}\omega = \dfrac{\omega}{(4C/m)^{1/2}}$ の最大値は 1 であるの

147

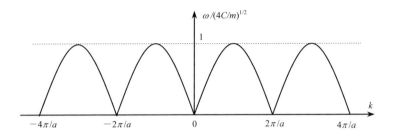

図 6-5　ω と k の分散関係

で、ω の最大値は　$\omega = \sqrt{\dfrac{4C}{m}}$　となる。

　この関数は、周期 $2\pi/a$ の周期関数であるので、正負に進む波を考え、周期 $2\pi/a$ を代表する範囲として

$$-\frac{\pi}{a} \leq k \leq \frac{\pi}{a}$$

を選べば、すべての ω をこの範囲で記述できることになる。このときのグラフは図 6-6 のようになる。

　まず、このグラフは正負の領域で左右対称となっている。結晶格子を伝わる波の場合、格子を正の方向に進む場合も負の方向に進む場合も、基本的には等価となるからである。これは、結晶の対称性を考えれば、当たり前のことであろう。

　また、この範囲は $|k| \leq \dfrac{\pi}{a}$ であるが、これを波長 λ に置き換えると

$$\frac{2\pi}{\lambda} \leq \frac{\pi}{a} \qquad \text{から} \qquad \lambda \geq 2a$$

となる。つまり、結晶格子を伝わる波の波長 λ は、格子定数 a の 2 倍以上となる。実際には、これ以下の波長も想定することは可能であるが、格子波は、原子が変位することで伝播する。波長が $2a$ 以下になると、図 6-7 に示すように、$2a$ より波長の短い波を仮定しても、それは（原子の変位で対応できる）$\lambda \geq 2a$ の波で置き換えられるのである。

　したがって、結晶格子を伝わる波の波長は $2a$ 以上ですべて対応できるのである。格子波の例を図 6-8 に示す。

第 6 章　格子振動

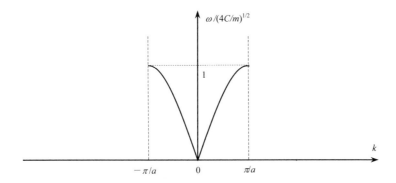

図 6-6　格子波の分散関係とブリルアンゾーン

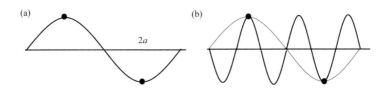

図 6-7　格子中を伝わる波の様子。(a)周期が $2a$ の波では、原子の変位が波の変位にぎりぎり対応できる。(b)一方、周期が $2/3a$ の波も原子の変位で対応が可能のように見えるが、実際には周期 $2a$ の波に対応している。

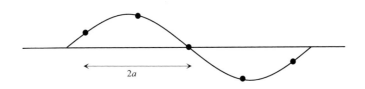

図 6-8　波長が $2a$ 以上の波ならば、各原子が変位に対応できる。

ところで、波数の範囲である $-\dfrac{\pi}{a} \leq k \leq \dfrac{\pi}{a}$ を見て、何か気づかないであろうか。そう、これは、1 次元格子のブリルアンゾーンに対応する。このブリルアンゾーン端では何が起きるのであろうか。X 線回折で説明した際には、電磁波が格子に

149

反射されて、X線が透過できないということを説明した。

実は、格子波の場合も同様であり、ブリルアンゾーンで端では、格子波が反射されて定在波になる。これを見てみよう。ゾーン端では

$$k = \frac{\pi}{a}$$

であった。このとき

$$q_{n+1} = A\exp i\{k(n+1)a - \omega t\} \qquad q_n = A\exp i(kna - \omega t)$$

であるので

$$\frac{q_{n+1}}{q_n} = \exp(ika) \quad から \quad q_{n+1} = \exp(ika)q_n$$

となり、ゾーン端では$k=\pi/a$であるから

$$q_{n+1} = \exp(i\pi)q_n = (-1)q_n$$

となる。よって、波は反転、すなわち反射しかない。結局、定在波となる。もうひとつのゾーン端$k=-\pi/a$でも同様の反射が生じ、結局、波は図6-9に示すような定在波となり、ゾーンを越えることができないのである。

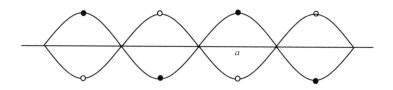

図6-9 波長が$2a$, すなわち、波数がπ/aの格子波は定在波をつくり、格子内を自由に伝播することができない。

6.2. 異種原子系の格子振動

いままでは、もっとも簡単な単原子が一列に規則的に並んだ1次元格子の振動を考えてきた。

ここでは、図6-10に示すような2種類の異なる原子が規則正しく配列した1次元格子の振動を考えてみよう。

第6章 格子振動

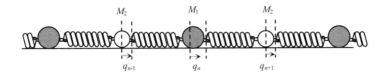

図 6-10 2 種類の原子が規則配列した 1 次元格子の振動

原子 1, 2 の質量をそれぞれ、M_1, M_2 とし、かつ $M_1 > M_2$ する。原子 1 が n 番目に位置しているとすると、原子 2 は $n-1$ および $n+1$ 番目を占めることになる。

単原子の場合と同様に、運動方程式を立ててみよう。n および $n+1$ 番目の原子に着目すると

$$M_1 \frac{d^2 q_n}{dt^2} = C(q_{n+1} - 2q_n + q_{n-1}) \qquad M_2 \frac{d^2 q_{n+1}}{dt^2} = C(q_{n+2} - 2q_{n+1} + q_n)$$

となる。つぎに

$$q_n = A_1 \exp i(kna - \omega t) \qquad q_{n+1} = A_2 \exp i\{k(n+1)a - \omega t\}$$

と置こう。同様にして

$$q_{n+2} = A_1 \exp i\{k(n+2)a - \omega t\} \qquad q_{n-1} = A_2 \exp i\{k(n-1)a - \omega t\}$$

となる。

ここで、2 個の原子は、連動しているので、その振動数 ω は同じはずであるが、質量が違うため、振幅は異なるので、A_1, A_2 としている。

すると

$$\frac{d^2 q_n}{dt^2} = -A_1 \omega^2 \exp i(kna - \omega t) \qquad \frac{d^2 q_{n+1}}{dt^2} = -A_2 \omega^2 \exp i\{k(n+1)a - \omega t\}$$

$$q_{n+1} - 2q_n + q_{n-1} = \exp i(kna - \omega t)\ \{A_2 \exp(ika) - 2A_1 + A_2 \exp(-ika)\}$$

$$q_{n+2} - 2q_{n+1} + q_n = \exp i\{k(n+1)a - \omega t\}\ \{A_1 \exp(ika) - 2A_2 + A_1 \exp(-ika)\}$$

であるから、表記の運動方程式に代入して、整理すると

$$A_1 M_1 \omega^2 = -C\{A_2 \exp(ika) - 2A_1 + A_2 \exp(-ika)\}$$

$$A_2 M_2 \omega^2 = -C\{A_1 \exp(ika) - 2A_2 + A_1 \exp(-ika)\}$$

となる。さらに

$$\exp(ika) + \exp(-ika) = 2\cos(ka)$$

を使い、整理すると

$$(2C - M_1\omega^2)A_1 - 2C\cos(ka)A_2 = 0$$

$$-2C\cos(ka)A_1 + (2C - M_2\omega^2)A_2 = 0$$

となり、A_1 と A_2 に関する連立方程式となる。これを行列で示せば

$$\begin{pmatrix} 2C - M_1\omega^2 & -2C\cos(ka) \\ -2C\cos(ka) & 2C - M_2\omega^2 \end{pmatrix}\begin{pmatrix} A_1 \\ A_2 \end{pmatrix} = 0$$

となる。

演習 6-3　表記の連立方程式が $A_1=A_2=0$ の自明解以外の解を持つのは

$$\begin{vmatrix} 2C - M_1\omega^2 & -2C\cos(ka) \\ -2C\cos(ka) & 2C - M_2\omega^2 \end{vmatrix} = 0$$

のときである。これを利用して解を求めよ。

解）　行列式を展開すると

$$(2C - M_1\omega^2)(2C - M_2\omega^2) - 4C^2\cos^2(ka) = 0$$

これを整理すると

$$M_1 M_2(\omega^2)^2 - 2C(M_1 + M_2)\omega^2 - 4C^2\sin^2(ka) = 0$$

となり、ω^2 に関する 2 次方程式となる。よって、解の公式から

$$\omega^2 = \frac{2C(M_1 + M_2)}{2M_1 M_2} \pm \frac{\sqrt{4C^2(M_1 + M_2)^2 - 16M_1 M_2 C^2 \sin^2(ka)}}{2M_1 M_2}$$

となって、整理すると

$$\omega^2 = C\left(\frac{1}{M_1} + \frac{1}{M_2}\right) \pm C\sqrt{\left(\frac{1}{M_1} + \frac{1}{M_2}\right)^2 - \frac{4\sin^2(ka)}{M_1 M_2}}$$

となる。つまり

$$\omega^2 = C\left(\frac{1}{M_1} + \frac{1}{M_2}\right) + C\sqrt{\left(\frac{1}{M_1} + \frac{1}{M_2}\right)^2 - \frac{4\sin^2(ka)}{M_1 M_2}}$$

と

第6章　格子振動

$$\omega^2 = C\left(\frac{1}{M_1}+\frac{1}{M_2}\right) - C\sqrt{\left(\frac{1}{M_1}+\frac{1}{M_2}\right)^2 - \frac{4\sin^2(ka)}{M_1 M_2}}$$

の2種類の解が存在することになる。左辺は平方であるので、右辺は必ず正でなければならない。後者では、引き算のかたちをしていて負となる可能性があるが、第2項が第1項よりも明らかに値が小さいので、正となり問題はない。結局、解は

$$\omega_+ = \sqrt{C\left(\frac{1}{M_1}+\frac{1}{M_2}\right) + C\sqrt{\left(\frac{1}{M_1}+\frac{1}{M_2}\right)^2 - \frac{4\sin^2(ka)}{M_1 M_2}}}$$

および

$$\omega_- = \sqrt{C\left(\frac{1}{M_1}+\frac{1}{M_2}\right) - C\sqrt{\left(\frac{1}{M_1}+\frac{1}{M_2}\right)^2 - \frac{4\sin^2(ka)}{M_1 M_2}}}$$

となる。

これら解をグラフにすると図6-11のようになる。

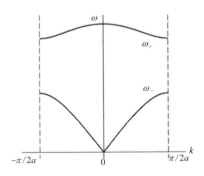

図6-11　1次元2原子格子の格子波の分散関係

まず、これら解の $k=0$ における値は

$$\omega_+ = \sqrt{C\left(\frac{1}{M_1}+\frac{1}{M_2}\right) + C\sqrt{\left(\frac{1}{M_1}+\frac{1}{M_2}\right)^2}} = \sqrt{2C\left(\frac{1}{M_1}+\frac{1}{M_2}\right)}$$

および

$$\omega_- = \sqrt{C\left(\frac{1}{M_1} + \frac{1}{M_2}\right) - C\sqrt{\left(\frac{1}{M_1} + \frac{1}{M_2}\right)^2}} = 0$$

となる。こちらは、単原子分子の振動と同様であり、図 6-11 に示した分散関係も、単原子分子の場合とよく似ている。

ここで、$k = 0$ においてゼロではない振動数を有する ω_+ について少し考えてみよう。A_1, A_2 が満足すべき連立方程式

$$\begin{pmatrix} 2C - M_1\omega^2 & -2C\cos(ka) \\ -2C\cos(ka) & 2C - M_2\omega^2 \end{pmatrix} \begin{pmatrix} A_1 \\ A_2 \end{pmatrix} = 0$$

において、$k = 0$ と $\omega = \omega_+$ を代入すれば

$$(2C - M_1\omega_+^2)A_1 - 2CA_2 = 0 \qquad -2CA_1 + (2C - M_2\omega_+^2)A_2 = 0$$

さらに $\omega_+ = \sqrt{2C\left(\frac{1}{M_1} + \frac{1}{M_2}\right)}$ であるので

$$\omega_+^2 = 2C\left(\frac{1}{M_1} + \frac{1}{M_2}\right) = \frac{2C(M_1 + M_2)}{M_1 M_2}$$

よって

$$2C\left(1 - \frac{M_1 + M_2}{M_2}\right)A_1 - 2CA_2 = 0 \quad \text{より} \quad \frac{M_1}{M_2}A_1 + A_2 = 0$$

となる。よって

$$A_2 = -\frac{M_1}{M_2}A_1$$

から、この振動モードでは、質量の異なる原子 1, 2 の変位 A_1 と A_2 の符号が逆、すなわち互いに変位の方向が逆であることがわかる。

つぎに

$$M_1 A_1 + M_2 A_2 = 0$$

から、その変位は、互いの重心が動かないように振動していることもわかる。

図 6-12 に 2 種の原子からなる 1 次元格子の振動の様子を示した。

第6章 格子振動

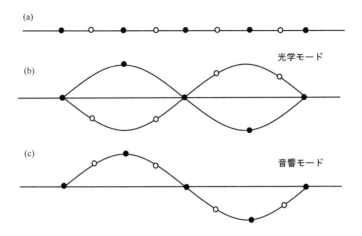

図 6-12 2種の原子からなる1次元格子の振動。黒と白は異種原子を意味する。
(a) 振動していない1次元格子; (b) ω_+に対応した振動（光学モード）; (c) ω_-に対応した振動（音響モード）

図 6-12(b)は、ω_+に対応しており、異種原子が逆方向に振動している。2 種の原子が規則正しく配列した構造は、イオン結晶にみられる。すなわち、+と-のイオンが交互に配列した構造である。この場合、(b)のような振動は、正負の電気分極 (electric polarization) を誘導する。そして、このような振動は電磁波（光）によって励起できることから、この振動モードを**光学モード** (optical mode) と呼んでいる。例えば、イオン結晶では、赤外光と相互作用し、赤外吸収が生じる。このとき、結晶内では電気分極をともなった格子振動が生じる。

一方、(c)の振動は、単原子格子の場合と同様であり、ちょうど音の伝播に対応するため**音響モード** (acoustic mode) と呼ばれる。

演習 6-4 2種類の原子からなる1次元格子の振動の光学モードにおいて、ゾーン端 $k = \dfrac{\pi}{2a}$ における角振動数の値を求めよ。

解） 光学モードの角振動数は

$$\omega_+ = \sqrt{C\left(\frac{1}{M_1}+\frac{1}{M_2}\right)+C\sqrt{\left(\frac{1}{M_1}+\frac{1}{M_2}\right)^2-\frac{4\sin^2(ka)}{M_1M_2}}}$$

であった。

$k=\dfrac{\pi}{2a}$　のとき　$\sin(ka)=\sin\dfrac{\pi}{2}=1$ であるから

$$\omega_+ = \sqrt{C\left(\frac{1}{M_1}+\frac{1}{M_2}\right)+C\sqrt{\left(\frac{1}{M_1}+\frac{1}{M_2}\right)^2-\frac{4}{M_1M_2}}}$$

$$= \sqrt{C\left(\frac{1}{M_1}+\frac{1}{M_2}\right)+C\sqrt{\left(\frac{1}{M_1}-\frac{1}{M_2}\right)^2}}$$

ここで、$M_1 > M_2$ であるから

$$\omega_+ = \sqrt{C\left(\frac{1}{M_1}+\frac{1}{M_2}\right)+\left(\frac{1}{M_2}-\frac{1}{M_1}\right)} = \sqrt{\frac{2C}{M_2}}$$

となる。

一方、音響モードでは

$$\omega_- = \sqrt{C\left(\frac{1}{M_1}+\frac{1}{M_2}\right)-C\sqrt{\left(\frac{1}{M_1}+\frac{1}{M_2}\right)^2-\frac{4}{M_1M_2}}}$$

$$= \sqrt{C\left(\frac{1}{M_1}+\frac{1}{M_2}\right)-C\sqrt{\left(\frac{1}{M_1}-\frac{1}{M_2}\right)^2}}$$

ここで、$M_1 > M_2$ とすると

$$\omega_- = \sqrt{C\left(\frac{1}{M_1}+\frac{1}{M_2}\right)-\left(\frac{1}{M_2}-\frac{1}{M_1}\right)} = \sqrt{\frac{2C}{M_1}}$$

となる。

第 6 章　格子振動

6.3.　熱振動

　いままでは、結晶中を伝わる格子波について解説してきた。これは、外部から
与えられた外乱に対して、格子の応答が波で伝わる場合と考えられる。例えば、
鉄琴や木琴のように、固体を叩いて音を出す場合や、音そのものが固体中を伝播
する現象などが対象となっている。

　一方、固体中の原子は、絶対零度では、格子の安定点である平衡位置に静止す
ることが知られているが、有限の温度では、**熱振動** (thermal vibration) すること
が知られている。

6.3.1.　調和振動子

　この熱振動は、平衡位置を中心にした原子の単振動とみなすことができ、量子
力学における**調和振動子** (harmonic oscillator) によって表現することができる。

　原子の熱振動は、温度とともに上昇する。この振動が激しくなり、もはや原子
が格子を組めなくなる温度が固体の融点である。したがって、融点よりも低い温
度では、調和振動子による解析が有効となる。

　もちろん、熱振動であっても、原子どうしの相互作用が考えられる。しかし、
ここでは、1 次近似として、原子どうしの相関はなく、個々の原子が独立して、
振動している場合を想定する。これを、**アインシュタインモデル** (Einstein model)
と呼んでいる。

　補遺に示すように、調和振動子のエネルギーは量子化されており

$$E_n = \left(n + \frac{1}{2} \right) \hbar \omega$$

と与えられる。そして、量子数 n= 0, 1, 2, 3, 4,...に対応して

$$E_0 = \frac{1}{2} \hbar \omega , \ \ E_1 = \frac{3}{2} \hbar \omega , \ \ E_2 = \frac{5}{2} \hbar \omega , \ \ E_3 = \frac{7}{2} \hbar \omega , \ \ E_4 = \frac{9}{2} \hbar \omega ,...$$

となる。

　このような系を解析する場合、**統計力学** (statistical mechanics) の**カノニカル分
布** (canonical distribution) に基づく手法が用いられる。絶対零度では、調和振動
子は、すべて最低エネルギー状態の $E_0 = (1/2)\hbar\omega$ を占めていると考えられる。

　温度上昇とともに、これら振動子のエネルギーはより高い側に励起される。こ

157

のとき、カノニカル集団では、温度 T においては、エネルギー E の状態の出現確率は、**ボルツマン因子** (Boltzman parameter)

$$\exp\left(-\frac{E}{k_B T}\right)$$

に比例する。ただし、k_B は**ボルツマン定数** (Boltzmann constant) である。この因子は、統計集団においてエントロピー最大の状態が平衡になるという条件から導かれる。(拙著『なるほど統計力学』(海鳴社) を参照されたい。)

図 6-13 に示すように、この分布では、エネルギー E が高い状態の存在確率が指数関数的に低下する。また、温度 T が高くなると、高エネルギー状態の存在確率は高くなる。

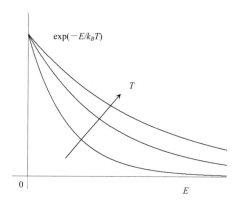

図 6-13 ボルツマン因子 $\exp(-E/k_B T)$ のエネルギーおよび温度依存性

これを格子振動に適用してみよう。ここでは、ひとつの原子に注目する。すると、この原子がとりうるエネルギーを E_n とすると、可能な n は 0 から ∞ となる。もちろん、∞ のエネルギーになることはなく、大きなエネルギーを有する確率はボルツマン因子によって、急激に小さくなる。

さらに、統計力学では**分配関数** (partition function) が主役を演じる。分配関数 Z は

$$Z = \exp\left(-\frac{E_0}{k_B T}\right) + \exp\left(-\frac{E_1}{k_B T}\right) + ... + \exp\left(-\frac{E_n}{k_B T}\right) + ...$$

となる。これは、エネルギー状態としてとりうるすべての確率の和をとったもの

第6章　格子振動

である。調和振動子の場合は

$$Z = \exp\left(-\frac{(1/2)\hbar\omega}{k_B T}\right) + \exp\left(-\frac{(3/2)\hbar\omega}{k_B T}\right) + ... + \exp\left(-\frac{(n+1/2)\hbar\omega}{k_B T}\right) + ...$$

となる。この和は初項が $\exp\left(-\dfrac{(1/2)\hbar\omega}{k_B T}\right)$ で公比が $\exp\left(-\dfrac{\hbar\omega}{k_B T}\right)$ の無限級数である

から

$$Z = \frac{\exp\left(-\dfrac{(1/2)\hbar\omega}{k_B T}\right)}{1 - \exp\left(-\dfrac{\hbar\omega}{k_B T}\right)}$$

となる。分配関数 Z を使えば、エネルギーが $E_n = \left(n+\dfrac{1}{2}\right)\hbar\omega$ となる確率 p_n は

$$p_n = \frac{1}{Z}\exp\left(-\frac{E_n}{k_B T}\right) = \frac{1}{Z}\exp\left(-\frac{(n+1/2)\hbar\omega}{k_B T}\right)$$

と与えられる。このように分配関数は、確率をえるための規格化定数ともなっているのである。

　ここで、調和振動子としての1個の原子の平均エネルギー<E>は

$$<E> = p_0 E_0 + p_1 E_1 + ... + p_n E_n + ... \quad <E> = \sum_{n=0}^{\infty} p_n E_n$$

と与えられる。よって

$$<E> = \frac{1}{Z}\left\{\frac{1}{2}\hbar\omega \cdot \exp\left(-\frac{(1/2)\hbar\omega}{k_B T}\right) + ... + \left(n+\frac{1}{2}\right)\hbar\omega \cdot \exp\left(-\frac{(n+1/2)\hbar\omega}{k_B T}\right) + ...\right\}$$

となる。

演習 6-5　固体を構成する原子を調和振動子とみなしたときの、1個の原子の平均エネルギー<E>を求めよ。

　解）　いまの式のままでは煩雑であるので、つぎのように置こう。

$x = \exp\left(-\dfrac{\hbar\omega}{k_B T}\right)$ とすると　　$Z = \dfrac{\exp\left(-\dfrac{(1/2)\hbar\omega}{k_B T}\right)}{1 - \exp\left(-\dfrac{\hbar\omega}{k_B T}\right)} = \dfrac{x^{\frac{1}{2}}}{1-x}$　　となり

$$< E > = \frac{\hbar\omega}{Z}\sum_{n=0}^{\infty}\left(nx^{n+\frac{1}{2}} + \frac{1}{2}x^{n+\frac{1}{2}}\right) = \frac{x^{\frac{1}{2}}\hbar\omega}{Z}\sum_{n=0}^{\infty}\left(nx^{n} + \frac{1}{2}x^{n}\right)$$

となる。ここで

$$W = \sum_{n=0}^{\infty} nx^{n} = x + 2x^2 + 3x^3 + ... + nx^n + ...$$

と置くと

$$(1-x)W = x + x^2 + x^3 + ... + x^n + ... = \frac{x}{1-x}　　\text{から}　　W = \frac{x}{(1-x)^2}$$

つぎに

$$\sum_{n=0}^{\infty}\left(\frac{1}{2}x^n\right) = \frac{1}{2}\frac{1}{(1-x)}$$

となるので

$$< E > = \frac{x^{\frac{1}{2}}\hbar\omega}{Z}\sum_{n=0}^{\infty}\left(nx^n + \frac{1}{2}x^n\right) = \frac{x^{\frac{1}{2}}\hbar\omega}{Z}\left\{\frac{x}{(1-x)^2} + \frac{1}{2}\frac{1}{(1-x)}\right\}$$

となる。ここで、$Z = \dfrac{x^{\frac{1}{2}}}{1-x}$ を代入すると　　$< E > = \hbar\omega\left\{\dfrac{x}{1-x} + \dfrac{1}{2}\right\}$

$$\frac{x}{1-x} = \frac{\exp\left(-\dfrac{\hbar\omega}{k_B T}\right)}{1 - \exp\left(-\dfrac{\hbar\omega}{k_B T}\right)} = \frac{1}{\exp\left(\dfrac{\hbar\omega}{k_B T}\right) - 1}$$

となるので、結局

$$< E > = \frac{1}{2}\hbar\omega + \frac{\hbar\omega}{\exp\left(\dfrac{\hbar\omega}{k_B T}\right) - 1}$$

第 6 章　格子振動

となる。

　ところで、いま求めたのは、1 個の原子が温度 T において有する平均エネルギーである。ここで、固体が N 個の原子を含むとしよう。すると、固体の全エネルギーは、1 個の原子の平均エネルギーを N 倍すればえられるはずである。

　ただし、1 次元格子ならば、これでよいが、3 次元格子を考えた場合、N 倍しただけでは不十分である。つまり、1 個の原子の運動に xyz 方向の 3 個の自由度があるから $3N$ 倍する必要がある。したがって、3 次元の固体においては、格子の運動による内部エネルギー U_{lattice} は

$$U_{\text{lattice}} = 3N < E > = \frac{3N}{2}\hbar\omega + \frac{3N\hbar\omega}{\exp\left(\dfrac{\hbar\omega}{k_B T}\right)-1}$$

と与えられる。

演習 6-6　原子の振動が調和振動子で近似できると仮定した場合の 3 次元格子からなる固体の格子比熱 C_{lattice} を求めよ。

　解）　格子比熱は $C_{\text{lattice}} = \dfrac{dU_{\text{lattice}}}{dT}$ によって与えられる。ここで

$$f(T) = \exp\left(\frac{\hbar\omega}{k_B T}\right)-1 = \exp(g(T))-1$$

と置くと

$$f'(T) = \frac{df(T)}{dT} = g'(T)\exp(g(T)) = -\frac{\hbar\omega}{k_B T^2}\exp\left(\frac{\hbar\omega}{k_B T}\right)$$

$$C_{\text{lattice}} = \frac{dU_{\text{lattice}}}{dT} = -3N\hbar\omega\frac{f'(T)}{\{f(T)\}^2}$$

よって

$$C_{\text{lattice}} = 3Nk_B\left(\frac{\hbar\omega}{k_B T}\right)^2\frac{\exp(\hbar\omega/k_B T)}{\{\exp(\hbar\omega/k_B T)-1\}^2}$$

となる。

このままでは、式が煩雑であるので、低温と高温の場合の近似を示しておこう。低温では　$\hbar\omega \gg k_B T$　であるので

$$T \to 0 \quad \text{のとき} \quad \exp\left(\frac{\hbar\omega}{k_B T}\right) - 1 \to \infty$$

から

$$U_{\text{lattice}} = \frac{3N}{2}\hbar\omega + \frac{3N\hbar\omega}{\exp\left(\dfrac{\hbar\omega}{k_B T}\right) - 1} \to \frac{3N}{2}\hbar\omega$$

となり、内部エネルギーの温度依存性はなくなり、その結果、比熱は

$$C_{\text{lattice}} = \frac{dU_{\text{lattice}}}{dT} \cong 0$$

となる。

　一方、高温では、$k_B T \gg \hbar\omega$ であるから $\dfrac{\hbar\omega}{k_B T} \ll 1$

$$e^x = \exp(x) = 1 + x + \frac{1}{2!}x^2 + \frac{1}{3!}x^3 + \ldots$$

において 2 次以降の項を無視でき

$$\exp\left(\frac{\hbar\omega}{k_B T}\right) \cong 1 + \frac{\hbar\omega}{k_B T} \quad \text{から} \quad \exp\left(\frac{\hbar\omega}{k_B T}\right) - 1 \cong \frac{\hbar\omega}{k_B T}$$

したがって

$$U_{\text{lattice}} = \frac{3N}{2}\hbar\omega + \frac{3N\hbar\omega}{\exp\left(\dfrac{\hbar\omega}{k_B T}\right) - 1} \cong \frac{3N}{2}\hbar\omega + \frac{3N\hbar\omega}{\dfrac{\hbar\omega}{k_B T}} = \frac{3N}{2}\hbar\omega + 3Nk_B T$$

よって

$$C_{\text{lattice}} = \frac{dU_{\text{lattice}}}{dT} \cong 3Nk_B = 3R$$

となる。ただし、R は**気体定数** (gas constant) である。

　アインシュタインモデルにおける高温域での比熱は、**デューロン・プチの法則** (Dulong-Peti's law)とよい一致を示す。気体分子運動論によると、ミクロ粒子が、温度 T で有する 1 自由度あたりのエネルギーは$(1/2)k_B T$ である。これを 3 次元の単振動にあてはめると、その自由度は 6 であるので、エネルギーは $3k_B T$ となり、

162

第 6 章　格子振動

全粒子数が N の場合には、その総エネルギーU は

$$U = 3Nk_B T$$

となる。よって、比熱は

$$C_{\text{lattice}} = \frac{dU_{\text{lattice}}}{dT} \cong 3Nk_B = 3R$$

と与えられる。実際に多くの金属のモル比熱は、種類に関係なく、一定である。

　一方、アインシュタインモデルによると、低温での比熱はゼロとなるが、実際の固体ではT^3 に比例することが知られている。

6.3.2. デバイ近似

　アインシュタインモデルでは、高温領域の比熱はうまく表現できたが、低温側では実験結果と一致しない。

　これは、原子の単振動が独立とみなしたことによる誤差と考えられる。したがって、原子間の相互作用を取り入れた比熱理論を確立する必要がある。

　これを格子波の波長で考えれば、アインシュタインモデルは、波長λ が最小の$2a$ の波（波数$k = 2\pi/a$　だけを考えていることになる。しかし、格子波としては、これよりも波長の長い（波数の小さい）波も多く存在する。このような波は、多くの原子が連動して生じる波である。波長の長い波のエネルギーは低いので、低温ほど誤差が顕著になると考えられる。

　ここで、1 辺の長さがL の立方体からなる固体を考えてみよう。そして、1 辺あたりに存在する原子数をN とする。（このとき、立方体中に存在する原子数はN^3 となる。）すると格子定数a は

$$a = \frac{L}{N}$$

となる。したがって、最も波長の短い波は

$$\lambda = 2a = \frac{2L}{N}$$

となる。この波数は

$$k = \frac{2\pi}{\lambda} = \frac{N\pi}{L}$$

となる。実際には、1 辺の長さL の固体の格子波がとりうる波長は

163

$$\lambda = 2L, \frac{2L}{2}, \frac{2L}{3}, \ldots, \frac{2L}{n}, \ldots, \frac{2L}{N}$$

となり、もっとも波長の長いものは $2L$ となる。このとき、可能な波（モード）の種類は N 個となる。

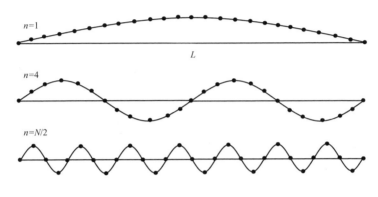

図 6-14　可能な格子波の例

これら波に対応する波数 k は

$$\frac{\pi}{L}, \frac{2\pi}{L}, \frac{3\pi}{L}, \ , \frac{n\pi}{L}, \ldots, \frac{N\pi}{L}$$

の N 個となる。ここで、われわれがほしいのは、波のエネルギー $E = \hbar\omega$ である。第 1 章で示したように、一般の波 $\exp i(kx-\omega t)$ の速度 v は

$$v = \frac{\omega}{k}$$

と与えられる。よって、k と v が判れば、ω が求まる。格子波の解析で示したように、ω と k の分散関係は線形ではないが、**デバイ** (Debye) は、これを単純化し、波の速度は音速の c_s で一定として

$$\omega = c_s k$$

という関係にあると仮定した。これをデバイ近似と呼んでいる。これは、図 6-6 の分散関係からわかるように、k が小さい領域ではよい近似となる。ただし、波数の大きい領域では誤差が生じる。

このような単純な分散関係を仮定すると、格子波のエネルギーは

第 6 章　格子振動

$$E_1 = \hbar\omega_1 = \hbar c_s k_1 = \frac{\pi \hbar c_s}{L}, \quad E_2 = \frac{2\pi \hbar c_s}{L}, \quad ..., \quad E_n = \frac{n\pi \hbar c_s}{L}, \quad ..., \quad E_{\text{max}} = \frac{\pi N\hbar c_s}{L}$$

と与えられる。

プランク定数 h を使えば

$$E_1 = \frac{hc_s}{2L}, \quad E_2 = \frac{2hc_s}{2L}, \quad ..., \quad E_n = \frac{nhc_s}{2L}, \quad ..., \quad E_{max} = \frac{Nhc_s}{2L}$$

となる。

演習 6-7　エネルギーの量子化条件を 1 次元の平面波である exp(*ikx*) から、3 次元空間の exp($i\vec{k}\cdot\vec{r}$) に拡張せよ。

解）　3 次元の平面波の波数は

$$\vec{k} = \begin{pmatrix} k_x & k_y & k_z \end{pmatrix} \qquad k = \left|\vec{k}\right| = \sqrt{k_x^{\,2} + k_y^{\,2} + k_z^{\,2}}$$

となる。1 次元の波数は

$$k_1 = \frac{\pi}{L}, \quad k_2 = \frac{2\pi}{L}, \quad k_3 = \frac{3\pi}{L}, \quad ..., \quad k_n = \frac{n\pi}{L}, \quad ...$$

であったが、3 次元の波に拡張すると

$$k_{nx} = \frac{n_x\pi}{L}, \quad k_{ny} = \frac{n_y\pi}{L}, \quad k_{nz} = \frac{n_z\pi}{L}$$

として

$$\vec{k}_n = \begin{pmatrix} k_{nx} \\ k_{ny} \\ k_{nz} \end{pmatrix} = \frac{\pi}{L}\begin{pmatrix} n_x \\ n_y \\ n_z \end{pmatrix} \qquad k_n = \left|\vec{k}_n\right| = \frac{\pi}{L}\sqrt{n_x^{\,2} + n_y^{\,2} + n_z^{\,2}}$$

となる。エネルギーは $E = \hbar c_s k$ であったので

$$E_n = \frac{\pi\hbar c_s}{L}\sqrt{n_x^{\,2} + n_y^{\,2} + n_z^{\,2}}$$

と与えられる。

　ここで、n 準位にある波の個数を $N(E_n)$ とすると、格子波の総エネルギー U は

$$U = \sum N(E_n)E_n$$

によって与えられることになる。ただし、この Σ は、(n_x, n_y, n_z) の可能なすべて
の組合せについて和をとったものとなる。これを示せば

$$U = \sum_{n_x=0}^{N}\sum_{n_y=0}^{N}\sum_{n_z=0}^{N} N(E_n)E_n$$

となる。n_x, n_y, n_z の最大値は、固体の 1 辺 L に含まれる原子数 N となる。

　この値を計算するためには、$N(E_n)$、すなわち、エネルギーが E_n となる格子波
の個数を知る必要がある。ここで、量子統計のフェルミ分布とボーズ分布を思い
出してほしい。フェルミ分布は、ひとつのエネルギー準位に 1 個の粒子しか占め
ることのできないフェルミ粒子の分布であり、電子が対象となる。

　一方、ひとつのエネルギー準位を粒子が何個でも占めることのできる場合の分
布がボーズ分布であり、格子振動はこちらに相当する。よって、そのエネルギー
分布はボーズ分布となり

$$f(E_n) = \frac{1}{\exp\left(\dfrac{E_n}{k_B T}\right) - 1}$$

という分布関数に従う。したがって

$$U = A\sum_{n_x=0}^{N}\sum_{n_y=0}^{N}\sum_{n_z=0}^{N} \frac{E_n}{\exp(E_n / k_B T) - 1}$$

となる。ただし $E_n = \dfrac{\pi \hbar c_s}{L}\sqrt{n_x^2 + n_y^2 + n_z^2} = n\dfrac{\pi \hbar c_s}{L}$ である。

　ここで、格子波は (n_x, n_y, n_z) というベクトルで指定できる。ただし、それぞれ
の成分は整数でなければならないので、格子波に対応した点は離散的な分布をす
ることになる。さらに、これら成分は、すべて正となる。

　ここで、これら成分を座標とする n 空間というものを想定してみよう。すると、
図 6-15 に示すように、格子波は、この空間の整数格子点によって表現でき、座
標がわかれば、エネルギーも指定できることになる。また、空間としては、$n_x, n_y,$
n_z がすべて正の領域を考えればよいことになる。

　この空間において、エネルギー E_n が一定の格子波に対応した点はどうなるで
あろうか。それは、半径が n の球面となる。この球面上にある格子点がエネルギ

166

―E_n の格子波に対応する。

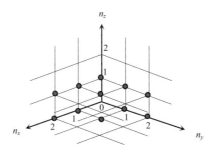

図 6-15 格子波を指定するための n 空間。格子波は座標が整数からなる格子点によって指定できる。

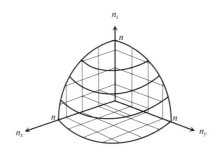

図 6-16 n 空間の 1/8 球と格子点

それでは、半径が n の 1/8 球に含まれる格子波の数 $G(n)$ はどの程度であろうか。それは、n 空間での体積に相当する。よって

$$G(n) = \frac{4\pi}{3}n^3 \times \frac{1}{8} = \frac{\pi}{6}n^3$$

となる。ここで、第 3 章で紹介した、自由電子気体においてエネルギーを積分によって求めた手法を援用する。そのためには、格子波の密度を求める必要がある。

演習 6-8 格子波の n 空間における密度 $D(n)$ が、n と $n+dn$ の範囲にある格子波の個数であることをもとに $D(n)$ を求めよ。

解）　0 から $n+dn$ の範囲にある格子波の個数 $G(n)$ は

$$G(n+dn) = \frac{\pi}{6}(n+dn)^3 = \frac{\pi}{6}\{n^3 + 3n^2dn + 3n(dn)^2 + (dn)^3\}$$

したがって

$$G(n+dn) - G(n) = \frac{\pi}{6}\{3n^2dn + 3n(dn)^2 + (dn)^3\}$$

ここで、dn が**無限小** (infinitesimal) とすると、高次の項は無視できるので

$$G(n+dn) - G(n) = \frac{\pi}{2}n^2 dn$$

となる。これは、微分の定義

$$\lim_{dn \to 0} \frac{G(n+dn) - G(n)}{dn} = \frac{dG(n)}{dn} = \frac{\pi}{2}n^2$$

からもわかる。よって

$$D(n) = \frac{dG(n)}{dn} = \frac{\pi}{2}n^2$$

となる。

　ここで、離散的な和を、積分に変えてみよう。このとき、n は連続と仮定する。金属 1[mol]の大きさは、一辺の長さ L が 1cm 程度の立方体である。この時、アボガドロ数である 6×10^{23} 個程度の原子からなるが、10^{24} とすると、1 辺に 10^8 個の原子が並ぶことになる。すると、その間隔は 10^{-10} [m]となり、ほぼ連続とみなしてよいのである。

　それでは、このときの n の最大値である n_{max} を求めてみよう。固体内の原子の総数は N^3 であるので、n_{max} は

$$G(n_{max}) = \frac{\pi}{6}n_{max}{}^3 = N^3$$

であるので　$n_{max} = \sqrt[3]{\frac{6}{\pi}}N$ となる。よって、格子波の総エネルギーU は

$$U = \int_0^{n_{max}} \frac{D(n)E_n}{\exp\left(\dfrac{E_n}{k_B T}\right) - 1} dn$$

と与えられる。

ただし、$E_n = n\dfrac{\pi \hbar c_s}{L}$, $D(n) = \dfrac{\pi}{2}n^2$, $n_{max} = \sqrt[3]{\dfrac{6}{\pi}}N$ である。ここで、アインシュタインモデルでの取り扱いを思い出してみよう。最初は 1 次元の振動を考えていたが、最後には 3 次元空間の振動を考えて、振動方向に 3 個の自由度があることから、調和振動子の個数を 3 倍した。ここでも同様の取り扱いが必要である。実は、格子波の場合にも、同じ n に対応して 3 種類のモードが存在するのである。その様子を図 6-17 に示した。

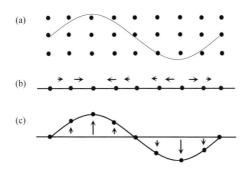

図 6-17　同じ n に対応した 3 種類の波。格子中をあるモード数で伝播する(a)波としては、(b)のたて波と(c)の横波が考えられ、さらに(c)の横波では紙面に垂直方向の振動も考えられるため、全部で 3 種類となる。

このように、同じ n に対して 3 種の格子波のモードがあることから、結局、総エネルギーは

$$U = \frac{3\pi}{2}\frac{\pi \hbar c_s}{L}\int_0^{n_{max}} \frac{n^3}{\exp\left(\dfrac{\pi \hbar c_s}{Lk_B T}n\right) - 1}dn$$

となる。ここで

$$x = \frac{\pi \hbar c_s}{Lk_B T}n$$

と変数変換しよう。すると

$$dx = \frac{\pi \hbar c_s}{Lk_B T} dn \quad \text{から} \quad dn = \frac{Lk_B T}{\pi \hbar c_s} dx \quad \text{また} \quad n^3 = \left(\frac{Lk_B T}{\pi \hbar c_s}\right)^3 x^3$$

となるので

$$U = \frac{3\pi}{2} \frac{\pi \hbar c_s}{L} \left(\frac{Lk_B T}{\pi \hbar c_s}\right)^4 \int_0^{\frac{\pi \hbar c_s}{Lk_B T} n_{\max}} \frac{x^3}{e^x - 1} dx$$

整理して

$$U = \frac{3\pi}{2} k_B T \left(\frac{Lk_B T}{\pi \hbar c_s}\right)^3 \int_0^{\frac{\pi \hbar c_s}{Lk_B T} n_{\max}} \frac{x^3}{e^x - 1} dx$$

となる。ここで $T_D = \frac{\pi \hbar c_s}{Lk_B} n_{\max}$ と置いてみよう。すると $n_{\max} = \sqrt[3]{\frac{6}{\pi}} N$ であるから

$T_D = \frac{\pi \hbar c_s}{k_B} \frac{N}{L} \sqrt[3]{\frac{6}{\pi}}$ となる。このとき

$$U = 9N^3 k_B T \left(\frac{T}{T_D}\right)^3 \int_0^{\frac{T_D}{T}} \frac{x^3}{e^x - 1} dx$$

となる。よって $y = x^3/(e^x - 1)$ が積分できればよいことになる。この関数のグラフは図 6-18 のようになる。

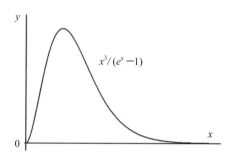

図 6-18　$y = x^3/(e^x - 1)$ のグラフ

第 6 章　格子振動

　実は、この関数は、任意の x の値に対して簡単に積分できないので、工夫が必要である。まず、被積分関数を級数展開を利用して変形してみよう。すると

$$e^x = 1 + x + \frac{x^2}{2} + \frac{x^3}{6} + \frac{x^4}{24} + \dots \quad より \quad e^x - 1 = x + \frac{x^2}{2} + \frac{x^3}{6} + \frac{x^4}{24} + \dots$$

であるので

$$\frac{x^3}{e^x - 1} = \frac{x^3}{x + (x^2/2) + (x^3/6) + \dots} = \frac{x^2}{1 + (x/2) + (x^2/6) + \dots}$$

となる。

演習 6-9　以下のように

$$\frac{x^2}{1 + (x/2) + (x^2/6) + \dots} = ax^2 + bx^3 + cx^4 + \dots$$

とおいて、左辺をべき級数に展開せよ。ただし、3 項までとする。

　解）　分母を移項すると

$$(ax^2 + bx^3 + cx^4 + \dots)\left(1 + \frac{x}{2} + \frac{x^2}{6} + \frac{x^3}{24} + \dots\right) = x^2$$

となる。ここで、この等式が成立するように係数 a, b, c を求める。

$$ax^2 = x^2 \qquad \frac{a}{2}x^3 + bx^3 = 0 \qquad \frac{a}{6}x^4 + \frac{b}{2}x^4 + cx^4 = 0 \quad \dots$$

すると　$a = 1$，$b = -\frac{1}{2}$，$c = \frac{1}{12}$　となり　$\dfrac{x^3}{e^x - 1} \cong x^2 - \dfrac{x^3}{2} + \dfrac{x^4}{12}$

となる。

　演習の結果を使うと

$$\int \frac{x^3}{e^x - 1} dx \cong \frac{x^3}{3} - \frac{x^4}{8} + \frac{x^5}{60}$$

と積分できるので

$$U = 9N^3 k_B T \left(\frac{T}{T_D}\right)^3 \left\{\frac{1}{3}\left(\frac{T_D}{T}\right)^3 - \frac{1}{8}\left(\frac{T_D}{T}\right)^4 + \frac{1}{60}\left(\frac{T_D}{T}\right)^5\right\}$$

171

$$= 9N^3 k_B T \left\{ \frac{1}{3} - \frac{1}{8}\left(\frac{T_D}{T}\right) + \frac{1}{60}\left(\frac{T_D}{T}\right)^2 \right\}$$

となる。ここで、高温においては $T \gg T_D$ であるので、$T_D/T \ll 1$ の項を無視すると

$$U \cong 3N^3 k_B T$$

から、R を気体定数として

$$C_l = \frac{dU}{dT} \cong 3N^3 k_B = 3R$$

となる。

　それでは、アインシュタインモデルでは、うまく再現できなかった低温領域ではどうなるであろうか。極低温では $T \ll T_D$ であるので $T_D/T \gg 1$ となる。よって、いまの級数展開では、高次の項を無視できないことになる。ここで $T_D/T \gg 1$ なので

$$\int_0^{\frac{T_D}{T}} \frac{x^3}{e^x - 1} dx \to \int_0^{\infty} \frac{x^3}{e^x - 1} dx$$

と置くことができるとしよう。すると、この積分は計算が可能となる。

$\dfrac{x^3}{e^x - 1} = \dfrac{x^3 e^{-x}}{1 - e^{-x}}$ と変形すると $e^{-x} < 1$ となるので

$$\frac{1}{1-t} = 1 + t + t^2 + t^3 + \dots$$

という級数展開が使える。これを使うと

$$\frac{x^3}{e^x - 1} = \frac{x^3 e^{-x}}{1 - e^{-x}} = x^3 e^{-x}(1 + e^{-x} + e^{-2x} + e^{-3x} + \dots)$$

$$= x^3(e^{-x} + e^{-2x} + e^{-3x} + \dots) = \sum_{n=1}^{\infty} x^3 e^{-nx}$$

となる。

$$\int_0^{\infty} \frac{x^3}{e^x - 1} dx = \sum_{n=1}^{\infty} \int_0^{\infty} x^3 e^{-nx} dx$$

となる。ここで、$nx = u$ と変数変換すると $x = u/n$ から

172

第 6 章　格子振動

$$\int_0^\infty x^3 e^{-nx} dx = \int_0^\infty \frac{u^3}{n^3} e^{-u} \frac{du}{n} = \frac{1}{n^4} \int_0^\infty u^3 e^{-u} du$$

と変形できる。この積分はよく知られたガンマ関数であり

$$\int_0^\infty u^3 e^{-u} du = \Gamma(4) = 3! = 6$$

となる。したがって

$$\int_0^\infty \frac{x^3}{e^x - 1} dx = 6 \sum_{n=1}^\infty \frac{1}{n^4}$$

となる。

この和はゼータ関数であり

$$\zeta(4) = \sum_{n=1}^\infty \frac{1}{n^4} = 1 + \frac{1}{2^4} + \frac{1}{3^4} + \frac{1}{4^4} + \ldots = \frac{\pi^4}{90}$$

となる。よって

$$\int_0^\infty \frac{x^3}{e^x - 1} dx = 6 \sum_{n=1}^\infty \frac{1}{n^4} = 6 \times \frac{\pi^4}{90} = \frac{\pi^4}{15}$$

と与えられる。図 6-18 からも、$x \to 0$ の極限で、この積分がある一定の値に収束することは明らかであろう。結局、低温では

$$U = 9N^3 k_B T \left(\frac{T}{T_D} \right)^3 \int_0^{\frac{T_D}{T}} \frac{x^3}{e^x - 1} dx \cong \frac{3\pi^4}{5} N^3 k_B T \left(\frac{T}{T_D} \right)^3$$

となり

$$C_l = \frac{dU}{dT} \cong \frac{12\pi^4}{5} N^3 k_B \frac{T^3}{T_D^{\,3}}$$

となり、比熱が T^3 に比例するという結果がえられるのである。

この温度依存性は、アインシュタインモデルではうまくいかなかった低温における比熱の温度依存性をよく再現しており、**デバイ比熱**と呼んでいる。

173

補遺　調和振動子

　ミクロ粒子に原点からの距離に比例して復元力が働く場合、距離を x、比例定数（あるいはばね定数）を k とすると、復元力は $F(x) = -kx$ となる。よって、そのポテンシャル場は

$$V(x) = -\int F(x)\,dx = \int kx\,dx = \frac{1}{2}kx^2$$

となる。したがって、シュレーディンガー方程式

$$-\frac{\hbar^2}{2m}\frac{d^2\varphi(x)}{dx^2} + V(x)\varphi(x) = E\varphi(x)$$

において、ポテンシャルを $V(x) = (1/2)\,kx^2$ と置いたものとなる。

　よって、シュレーディンガー方程式は

$$-\frac{\hbar^2}{2m}\frac{d^2\varphi(x)}{dx^2} + \frac{kx^2}{2}\varphi(x) = E\varphi(x)$$

となる。ここで、単振動の角周波数を ω とすると $\omega = \sqrt{k/m}$ という関係にあるから

$$-\frac{\hbar^2}{2m}\frac{d^2\varphi(x)}{dx^2} + \frac{m\omega^2 x^2}{2}\varphi(x) = E\varphi(x)$$

となる。変形すると

$$\frac{d^2\varphi(x)}{dx^2} - \frac{m^2\omega^2}{\hbar^2}x^2\varphi(x) = -\frac{2mE}{\hbar^2}\varphi(x)$$

さらに工夫して

$$\frac{\hbar}{m\omega}\frac{d^2\varphi(x)}{dx^2} - \frac{m\omega}{\hbar}x^2\varphi(x) = -\frac{2E}{\hbar\omega}\varphi(x)$$

第 6 章　格子振動

と変形する。ここで、$\xi = \sqrt{\dfrac{m\omega}{\hbar}}\,x$ の変数変換を行う。すると

$$\frac{d^2\varphi(x)}{dx^2} = \frac{m\omega}{\hbar}\frac{d^2\varphi(\xi)}{d\xi^2} \qquad \xi^2 = \frac{m\omega}{\hbar}x^2$$

となるから、表記の微分方程式は

$$\frac{d^2\varphi(\xi)}{d\xi^2} - \xi^2\varphi(\xi) = -\frac{2E}{\hbar\omega}\varphi(\xi)$$

と簡単となる。さらに $\varepsilon = \dfrac{2E}{\hbar\omega} = \dfrac{2E}{h\nu}$ と置きなおす[1]と

$$\frac{d^2\varphi(\xi)}{d\xi^2} - \xi^2\varphi(\xi) = -\varepsilon\varphi(\xi) \qquad \frac{d^2\varphi(\xi)}{d\xi^2} + \left(\varepsilon - \xi^2\right)\varphi(\xi) = 0$$

という簡単なかたちをした微分方程式がえられる。

　これは、2 階の線形微分方程式である。ただし、このかたちのままでは、簡単に解法することはできず、さらに工夫が必要となる。一般的には、フロベニウス法によって級数解を求めるが、それを、このまま行うと煩雑になる。　ここで、まず、$\varepsilon = 0$ の場合を想定してみよう。これは、$E = 0$ に相当し、表記の微分方程式は

$$\frac{d^2\varphi(\xi)}{d\xi^2} - \xi^2\,\varphi(\xi) = 0$$

となる。この特殊解は $\varphi(\xi) = \exp(-\xi^2/2)$ と与えられる。よって、もとの微分方程式の解として $\varphi(\xi) = f(\xi)\exp(-\xi^2/2)$ というかたちを仮定して代入してみよう。すると

$$\frac{d^2 f(\xi)}{d\xi^2}\exp\left(-\frac{\xi^2}{2}\right) - 2\xi\frac{df(\xi)}{d\xi}\exp\left(-\frac{\xi^2}{2}\right) + (\varepsilon-1)f(\xi)\exp\left(-\frac{\xi^2}{2}\right) = 0$$

となり $\dfrac{d^2 f(\xi)}{d\xi^2} - 2\xi\dfrac{df(\xi)}{d\xi} + (\varepsilon-1)f(\xi) = 0$　という 2 階線形微分方程式がえられ

る。この微分方程式の解を求めるために、級数を利用する。

$$f(\xi) = a_0 + a_1\xi + a_2\xi^2 + \dots + a_n\xi^n + \dots$$

というかたちの解を仮定し、微分方程式に代入して、方程式を満足するように係数を求める。

---

[1]　これは、エネルギーをエネルギー量子 $h\nu$ で規格化して無次元化したものとみなすことができる。

$$\frac{df(\xi)}{d\xi} = a_1 + 2a_2\xi + 3a_3\xi^2 + ... + na_n\xi^{n-1} + ...$$

$$\frac{d^2 f(\xi)}{d\xi^2} = 2a_2 + 3\cdot2a_3\xi + 4\cdot3a_4\xi^2 + ... + n(n-1)a_n\xi^{n-2} + ...$$

であるから、これらを微分方程式に代入すると

$$2a_2 + 3\cdot2a_3\xi + ... + n(n-1)a_n\xi^{n-2} + ... -2\xi(2a_2 + 3\cdot2a_3\xi + ... + n(n-1)a_n\xi^{n-2} + ...)$$
$$+(\xi-1)(a_0 + a_1\xi + a_2\xi^2 + ... + a_n\xi^n + ...) = 0$$

となる。この方程式が成立するためには、それぞれのべき項の係数が 0 でなければならない。よって、係数は

$$2a_2 + (\varepsilon-1)a_0 = 0 \qquad 3\cdot2a_3 - 2a_1 + (\varepsilon-1)a_1 = 0 \qquad 4\cdot3a_4 - 4a_2 + (\varepsilon-1)a_2 = 0$$

$$5\cdot4a_5 - 6a_3 + (\varepsilon-1)a_3 = 0 \quad ..... \quad (n+2)(n+1)a_{n+2} - 2na_n + (\varepsilon-1)a_n = 0$$

を満足しなければならない。すると

$$a_2 = \frac{1-\varepsilon}{2}a_0 \qquad a_3 = \frac{3-\varepsilon}{3\cdot2}a_1 \qquad a_4 = \frac{5-\varepsilon}{4\cdot3}a_2 = \frac{(5-\varepsilon)(1-\varepsilon)}{4\cdot3\cdot2}a_0$$

$$a_5 = \frac{7-\varepsilon}{5\cdot4}a_3 = \frac{(7-\varepsilon)(3-\varepsilon)}{5\cdot4\cdot3\cdot2}a_1 = \frac{(7-\varepsilon)(3-\varepsilon)}{5!}a_1 \qquad .....$$

から

$$f(\xi) = a_0 + a_1\xi + \frac{1-\varepsilon}{2!}a_0\xi^2 + \frac{3-\varepsilon}{3!}a_1\xi^3 + \frac{(5-\varepsilon)(1-\varepsilon)}{4!}a_0\xi^4 + \frac{(7-\varepsilon)(3-\varepsilon)}{5!}a_1\xi^5 + ...$$

という**無限べき級数** (infinite power series) となる。

　この式は無限級数であるため、いくらでも高次の ξ^n が現れる。ξ は距離に対応する変数であるから、このままでは発散する。よって、物理的な意味を持つためには、発散を回避する必要がある。ここで、エネルギーに相当する ε に注目しよう。例えば、$\varepsilon = 3$ とすると、これより高次の ξ に対応した a_1 項はすべて 0 となる。よって、$a_0 = 0$ とすれば、有限な解がえられ

$$f(\xi) = a_1\xi$$

となる。これは、シュレーディンガー方程式を満足する調和振動子の解は、エネルギー ε が離散的であるということを示している。

　つぎに、$\varepsilon = 5$ とすると、これより高次の ξ に対応した a_0 項はすべて 0 となる。よって、$a_1 = 0$ とすれば、物理的に意味のある解として

$$f(\xi) = a_0 - 2a_0\xi^2$$

がえられる。さらに、級数展開式からわかるように、ε は奇数しかとらないので、n を整数として、$\varepsilon = 2n+1$ となる。よって

$$\varepsilon = \frac{2E}{\hbar\omega} \quad \text{から} \quad E = \left(n + \frac{1}{2}\right)\hbar\omega$$

のように、飛び飛びの値をとる。具体的な解は

$n=0,\ \varepsilon=1$ で $E = \frac{1}{2}\hbar\omega$ のとき $\quad \varphi(\xi) = a_0 \exp\left(-\frac{\xi^2}{2}\right)$

$n=1,\ \varepsilon=3$ で $E = \frac{3}{2}\hbar\omega$ のとき $\quad \varphi(\xi) = a_1 \xi \exp\left(-\frac{\xi^2}{2}\right)$

$n=2,\ \varepsilon=5$ で $E = \frac{5}{2}\hbar\omega$ のとき $\quad \varphi(\xi) = a_0 (1 - 2\xi^2) \exp\left(-\frac{\xi^2}{2}\right)$

$n=3,\ \varepsilon=7$ で $E = \frac{7}{2}\hbar\omega$ のとき $\quad \varphi(\xi) = a_1 \left(\xi - \frac{2}{3}\xi^3\right) \exp\left(-\frac{\xi^2}{2}\right)$

となる。これらの解を図 A6-1 に示す。

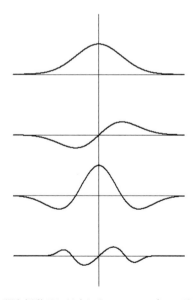

図 A6-1　調和振動子に対応したシュレーディンガー方程式の解

いちばんエネルギーが低い場合には、中心付近に波動関数のピークがあるが、

つぎのエネルギーレベルでは、逆に中心付近で波動関数はゼロとなっている。調和振動子では、中心方向に常に力が働いているので、直感では、中心近傍を振動しているように思われるが、実際にシュレーディンガー方程式を解いてみるとそうなっていない。

すでに示したように、調和振動子のエネルギーは、量子化されて

$$E_0 = \left(n + \frac{1}{2} \right) \hbar \omega$$

となる。

このとき、$n = 0$ という量子数に対して $E_0 = \left(0 + \frac{1}{2} \right) \hbar \omega = \frac{1}{2} \hbar \omega$ というエネルギーが対応する。

これより高いエネルギーレベルは、量子数 $n = 1, 2, 3, 4 \ldots$ に対応して

$$E_1 = \frac{3}{2} \hbar \omega \,, \quad E_2 = \frac{5}{2} \hbar \omega \,, \quad E_3 = \frac{7}{2} \hbar \omega \,, \quad E_4 = \frac{9}{2} \hbar \omega \,, \ldots$$

となる。

第7章　周期ポテンシャル

7.1.　自由電子

一辺の長さが L の立方体中にある**伝導電子** (conduction electron) の量子力学的状態を考えてみよう。

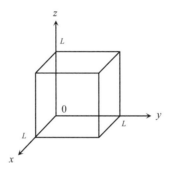

図 7-1　ミクロ粒子の閉じ込められている立方体

まず、伝導電子は、3 次元空間 (three dimensional space) を運動しているので、その**波動関数** (wave function): $\psi(x,y,z)$ は、つぎの 3 次元の**シュレーディンガー方程式** (Schrödinger's equation) に従う。

$$-\frac{\hbar^2}{2m}\left(\frac{\partial^2}{\partial x^2}+\frac{\partial^2}{\partial y^2}+\frac{\partial^2}{\partial z^2}\right)\psi(x,y,z)+V(x,y,z)\psi(x,y,z)=E\psi(x,y,z)$$

ただし、$\hbar$ はプランク定数 (Planck constant): h を 2π で除したものである。また、V はポテンシャルエネルギー (potential energy)、E は運動エネルギー (kinetic energy) に対応する。

この微分方程式を解くことによって、伝導電子の運動状態を解析できる。

ここで、伝導電子が動ける範囲は

$$0 \leq x \leq L, \quad 0 \leq y \leq L, \quad 0 \leq z \leq L$$

であり、伝導電子は自由に動くことができるので、この領域では、ポテンシャルエネルギーは$V(x,y,z) = 0$である。固体の外に電子は出ないので、この範囲外で、ポテンシャルエネルギーVは∞と考えることができる。

また、相互作用のない3次元のミクロ粒子の**波動関数** (wave function) は

$$\psi(x,y,z) = \varphi(x)\varphi(y)\varphi(z)$$

のように、3個の波動関数に変数分離することができる。また、エネルギーは$E = E_x + E_y + E_z$ となる。これは、x方向の運動は、yおよびz方向の影響を受けないからである。よって

$$-\frac{\hbar^2}{2m}\left(\frac{\partial^2}{\partial x^2} + \frac{\partial^2}{\partial y^2} + \frac{\partial^2}{\partial z^2}\right)\varphi(x)\varphi(y)\varphi(z) = (E_x + E_y + E_z)\varphi(x)\varphi(y)\varphi(z)$$

となる。

そこで、x方向にのみ注目して、まず解を求めよう。すると

$$-\frac{\hbar^2}{2m}\frac{\partial^2\varphi(x)}{\partial x^2}\varphi(y)\varphi(z) = E_x\varphi(x)\varphi(y)\varphi(z)$$

となるので、結局$-\dfrac{\hbar^2}{2m}\dfrac{\partial^2\varphi(x)}{\partial x^2} = E_x\varphi(x)$ という微分方程式となる。ここで、x方向の運動エネルギーは運動量をp_xとすると$E_x = \dfrac{p_x^2}{2m}$である。よって

$$\frac{\hbar^2}{2m}\frac{\partial^2\varphi(x)}{\partial x^2} + \frac{p_x^2}{2m}\varphi(x) = 0 \qquad \text{から} \qquad \hbar^2\frac{\partial^2\varphi(x)}{\partial x^2} + p_x^2\varphi(x) = 0 \quad \text{となる。}$$

演習 7-1 境界条件 $\varphi(0) = \varphi(L) = 0$ のもとで、2階線型微分方程式

$$\hbar^2\frac{\partial^2\varphi(x)}{\partial x^2} + p_x^2\varphi(x) = 0 \quad \text{の解を求めよ。}$$

解） $\varphi(x) = e^{\lambda x} = \exp(\lambda x)$ という解を有することが知られている。表記の微分方程式に代入すると

$$\hbar^2\lambda^2\exp(\lambda x) + p_x^2\exp(\lambda x) = 0$$

第 7 章　周期ポテンシャル

から、特性方程式 (characteristic equation) は

$$\hbar^2 \lambda^2 + {p_x}^2 = 0 \qquad となり \qquad \lambda = \pm i \frac{p_x}{\hbar}$$

と与えられる。よって、一般解は、A, B を定数として

$$\varphi(x) = A \exp\left(i \frac{p_x}{\hbar} x\right) + B \exp\left(-i \frac{p_x}{\hbar} x\right)$$

となる。

　ここで、境界条件 $\varphi(0) = 0$ から

$$\varphi(0) = A + B = 0$$

より $B = -A$ となり

$$\varphi(x) = A \exp\left(i \frac{p_x}{\hbar} x\right) - A \exp\left(-i \frac{p_x}{\hbar} x\right)$$

オイラーの公式 (Euler's formula) である

$$\exp\left(\pm i \frac{p_x}{\hbar} x\right) = \cos\left(\frac{p_x}{\hbar} x\right) \pm i \sin\left(\frac{p_x}{\hbar} x\right)$$

を使うと

$$\varphi(x) = A\left\{\cos\left(\frac{p_x}{\hbar} x\right) + i \sin\left(\frac{p_x}{\hbar} x\right)\right\} - A\left\{\cos\left(\frac{p_x}{\hbar} x\right) - i \sin\left(\frac{p_x}{\hbar} x\right)\right\} = 2Ai \sin\left(\frac{p_x}{\hbar} x\right)$$

となる。　i は虚数 (imaginary number) であるが、この実部 (real part) である

$2A \sin\left(\dfrac{p_x}{\hbar} x\right)$ が表記の微分方程式の解となることが確かめられる。つぎに、境界

条件 $\varphi(L) = 0$ から

$$\sin\left(\frac{p_x}{\hbar} L\right) = 0 \qquad より \qquad \frac{p_x}{\hbar} L = n\pi \qquad n = 0, \pm 1, \pm 2, \ldots$$

となる。よって、C を任意定数として

$$\varphi(x) = C \sin\left(\frac{n\pi}{L} x\right) \qquad n = 0, \pm 1, \pm 2, \ldots$$

が解となる。

___

　したがって、波動関数は図 7-2 のような sin 波となる。

181

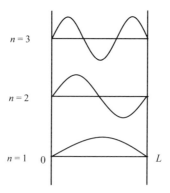

図 7-2　箱の中に閉じ込められたミクロ粒子の波動関数

演習 7-2　規格化条件 $\int_{-\infty}^{+\infty}|\varphi(x)|^2 dx = 1$ から定数 C の値を求めよ。

解)　規格化条件は

$$\int_{-\infty}^{+\infty}|\varphi(x)|^2 dx = \int_0^L \left|C\sin\left(\frac{n\pi}{L}x\right)\right|^2 dx = 1$$

となる。ここで、被積分関数は、倍角の公式を使って

$$\left|C\sin\left(\frac{n\pi}{L}x\right)\right|^2 = C^2 \sin^2\left(\frac{n\pi}{L}x\right) = \frac{C^2}{2}\left\{1-\cos\left(\frac{2n\pi}{L}x\right)\right\}$$

と変形できるので、規格化条件は

$$\int_0^L \left|C\sin\left(\frac{n\pi}{L}x\right)\right|^2 dx = \left[\frac{C^2}{2}\left\{x-\frac{L}{2n\pi}\sin\left(\frac{2n\pi}{L}x\right)\right\}\right]_0^L = \frac{LC^2}{2} = 1$$

よって、定数項 C は

$$C = \pm\sqrt{\frac{2}{L}}$$

となる。

第 7 章　周期ポテンシャル

したがって、規格化された波動関数は

$$\varphi(x) = \pm\sqrt{\frac{2}{L}}\sin\left(\frac{n\pi}{L}x\right)$$

と与えられる。

　ここで、状態数を求めるうえで重要な情報は、一辺の長さが L の立方体の箱に閉じ込められたミクロ粒子の運動量は

$$\frac{p_x}{\hbar}L = n_x\pi \qquad n = 0, \pm 1, \pm 2, \ldots$$

から

$$p_x = \frac{n_x\hbar\pi}{L} = \frac{n_x(h/2\pi)\pi}{L} = \frac{n_x h}{2L} \qquad n = 0, \pm 1, \pm 2, \ldots$$

のように量子化されるという事実である。このとき、エネルギーE も量子化されて

$$E_x = \frac{p_x^{\,2}}{2m} = n_x^{\,2}\frac{h^2}{8mL^2} \qquad n_x = 0, \pm 1, \pm 2, \ldots$$

となる。

　運動量が量子化されるという結果は、y および z 方向にも適用でき

$$p_x = \frac{n_x h}{2L} \qquad p_y = \frac{n_y h}{2L} \qquad p_z = \frac{n_z h}{2L}$$

となる。それぞれ、n_x, n_y, n_z は整数である。

　結局、一辺が L の立方体の中を自由に運動するミクロ粒子の波動関数は

$$\psi(x,y,z) = \varphi(x)\varphi(y)\varphi(z) = \pm\sqrt{\frac{8}{L^3}}\sin\left(\frac{n_x\pi}{L}x\right)\sin\left(\frac{n_y\pi}{L}y\right)\sin\left(\frac{n_z\pi}{L}z\right)$$

となり、エネルギーは

$$E = E_x + E_y + E_z = \frac{p_x^{\,2} + p_y^{\,2} + p_z^{\,2}}{2m} = (n_x^{\,2} + n_y^{\,2} + n_z^{\,2})\frac{h^2}{8mL^2}$$

となる。

　ここで、p_x, p_y, p_z を使うと、波動関数は

$$\psi(x,y,z) = \pm\sqrt{\frac{8}{L^3}}\sin\left(\frac{p_x}{\hbar}x\right)\sin\left(\frac{p_y}{\hbar}y\right)\sin\left(\frac{p_z}{\hbar}z\right)$$

と表記できる。ここで、$k_x = \dfrac{p_x}{\hbar}$ と置くと

$$\psi(x, y, z) = \pm\sqrt{\frac{8}{L^3}} \sin(k_x x) \sin(k_y y) \sin(k_z z)$$

となる。ここで、k_x, k_y, k_z は波数 (wave number) であり、運動量に比例する物理量であるが、単位長さあたりの波の数に相当する。つまり、波の運動を考えた場合、その波の数が多いほど、運動量が大きいことに対応する。

$$p_x = \frac{n_x h}{2L} \quad \text{であるから} \quad k_x = \frac{p_x}{\hbar} = \frac{\pi n_x}{L}$$

という対応関係にある。

演習 7-3　複素指数関数　$\varphi(x) = \sqrt{\dfrac{1}{L}} \exp(ik_x x)$ が波動関数

$$-\frac{\hbar^2}{2m}\frac{d^2\varphi(x)}{dx^2} = E_x\varphi(x)$$

の解となることを確かめよ。

解）　まず　$\dfrac{d^2\varphi(x)}{dx^2} = -\sqrt{\dfrac{1}{L}}k_x{}^2 \exp(ik_x x)$　から、左辺は $\dfrac{\hbar^2 k_x{}^2}{2m}\sqrt{\dfrac{1}{L}}\exp(ik_x x)$ となるが

$$E_x = \frac{p_x{}^2}{2m} = \frac{\hbar^2 k_x{}^2}{2m}$$

となり、$\varphi(x)$ は表記の微分方程式を満足することがわかる。

さらに　$|\varphi(x)|^2 = \left|\sqrt{\dfrac{1}{L}}\exp(ik_x x)\right|^2 = \dfrac{1}{L}$　であるから

$$\int_{-\infty}^{+\infty} |\varphi(x)|^2 \, dx = \int_0^L \frac{1}{L} dx = 1$$

となり、規格化条件も満足している。したがって

$$\varphi(x) = \sqrt{\frac{1}{L}} \exp(i k_x x)$$

184

は、一辺の長さが L の立方体に閉じ込められた自由粒子の x 方向の波動関数となる。

したがって、3 次元の波動関数は

$$\psi(x,y,z) = \varphi(x)\varphi(y)\varphi(z) = \sqrt{\frac{1}{L}}\exp(ik_x x)\sqrt{\frac{1}{L}}\exp(ik_y y) = \sqrt{\frac{1}{L}}\exp(ik_z z)$$

$$= \sqrt{\frac{1}{L^3}}\exp\left\{i\left(k_x x + k_y y + k_z z\right)\right\} = \sqrt{\frac{1}{V}}\exp\left\{i\left(k_x x + k_y y + k_z z\right)\right\}$$

となる。ただし、$V = L^3$ で立方体の体積である。

ここで、波数ベクトルと位置ベクトルをそれぞれ

$$\vec{k} = \begin{pmatrix} k_x \\ k_y \\ k_z \end{pmatrix} \qquad \vec{r} = \begin{pmatrix} x \\ y \\ z \end{pmatrix}$$

と置くと、その内積は

$$\vec{k}\cdot\vec{r} = (k_x \quad k_y \quad k_z)\begin{pmatrix} x \\ y \\ z \end{pmatrix} = k_x x + k_y y + k_z z$$

となるので

$$\psi(x,y,z) = \psi(\vec{r}) = \sqrt{\frac{1}{V}}\exp(i\vec{k}\cdot\vec{r})$$

となる。なお波数ベクトルと運動量ベクトルは

$$\vec{p} = \begin{pmatrix} p_x \\ p_y \\ p_z \end{pmatrix} = \hbar\vec{k} = \begin{pmatrix} \hbar k_x \\ \hbar k_y \\ \hbar k_z \end{pmatrix}$$

という対応関係にある。

より一般的には、シュレーディンガー方程式は 2 階の線型微分方程式であるので、線型独立な解が 2 個ある。それは $\exp(ik_x x)$ と $\exp(-ik_x x)$ となる。後者が方程式を満足することは容易に確かめられる。一般的に、$\exp(ik_x x)$ は x の正の方向に進む波であるが、$\exp(-ik_x x)$ は、その逆の方向に進む波と考えられ、一般解は

$$\varphi(x) = A\exp(ik_x x) + B\exp(-ik_x x)$$

と与えられる。同様にして、3 次元の場合の一般解も

$$\psi(\vec{r}) = A\exp(i\vec{k}\cdot\vec{r}) + B\exp(-i\vec{k}\cdot\vec{r})$$

と与えられる。

7.2. 周期ポテンシャル場の波動関数

前節では、固体内ではポテンシャルが 0 として、波動関数を求めたが、実際の固体では構成原子が規則的に配置された格子を形成しており、周期的なポテンシャル場が存在する。

そこで、簡単な例として 1 次元の cos 型ポテンシャルの中を運動する伝導電子の波動関数を求めてみよう。ポテンシャルとしては

$$V(x) = -A\cos\left(\frac{2\pi}{a}x\right)$$

を考える。

演習 7-4　関数 $V(x) = -A\cos\left(\dfrac{2\pi}{a}x\right)$ が、周期 a の関数であることを確かめよ。

解）　$V(x+a) = V(x)$ となることを確かめればよい。
ここで

$$V(x+a) = -A\cos\left(\frac{2\pi}{a}(x+a)\right) = -A\cos\left(\frac{2\pi}{a}x + 2\pi\right) = -A\cos\left(\frac{2\pi}{a}x\right)$$

となるので、$V(x)$に一致する。

この関数を図示すると、図 7-3 のようになり、確かに周期が a で、振幅が $2A$ のポテンシャルを与えることがわかる。

このとき、伝導電子のシュレーディンガー方程式は

$$-\frac{\hbar^2}{2m}\frac{\partial^2\varphi(x)}{\partial x^2} + V(x)\varphi(x) = E_x\varphi(x)$$

から

186

第 7 章 周期ポテンシャル

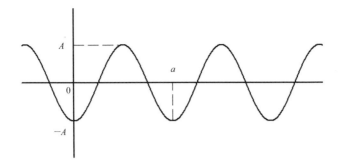

図 7-3 1 次元の cos 型ポテンシャル

$$-\frac{\hbar^2}{2m}\frac{\partial^2 \varphi(x)}{\partial x^2} - A\cos\left(\frac{2\pi}{a}x\right)\varphi(x) = E_x\,\varphi(x)$$

となる。整理すると

$$\frac{\hbar^2}{2m}\frac{\partial^2 \varphi(x)}{\partial x^2} + \left\{E_x + A\cos\left(\frac{2\pi}{a}x\right)\right\}\varphi(x) = 0$$

より

$$\frac{\partial^2 \varphi(x)}{\partial x^2} + \frac{8\pi^2 m}{h^2}\left\{E_x + A\cos\left(\frac{2\pi}{a}x\right)\right\}\varphi(x) = 0$$

となる。ここで $\xi = \dfrac{\pi}{a}x$ と置くと

$$\frac{\partial \varphi(x)}{\partial x} = \frac{\partial \varphi(\xi)}{\partial \xi}\frac{d\xi}{dx} = \frac{\pi}{a}\frac{\partial \varphi(\xi)}{\partial \xi} \quad \text{より} \quad \frac{\partial^2 \varphi(x)}{\partial x^2} = \frac{\pi^2}{a^2}\frac{\partial^2 \varphi(\xi)}{\partial \xi^2} \quad \text{である。}$$

よって $\dfrac{\pi^2}{a^2}\dfrac{\partial^2 \varphi(\xi)}{\partial \xi^2} + \dfrac{8\pi^2 m}{h^2}\{E_x + A\cos(2\xi)\}\varphi(x) = 0$ から

$$\frac{\partial^2 \varphi(\xi)}{\partial \xi^2} + \frac{8ma^2}{h^2}\{E_x + A\cos(2\xi)\}\varphi(x) = 0$$

さらに $\varepsilon = \dfrac{8ma^2}{h^2}E_x$, $\gamma = \dfrac{8ma^2}{h^2}A$ と置くと

$$\frac{\partial^2 \varphi(\xi)}{\partial \xi^2} + \{\varepsilon + \gamma\cos(2\xi)\}\varphi(x) = 0$$

と簡単化される。

この微分方程式は、解法が簡単なように見えるが、実は、解析的に解くのは困難である。そこで、いくつかの場合を想定して、近似解を導いていくことにしよう。

まず、$\varepsilon = \frac{8ma^2}{h^2}E_x \gg \gamma = \frac{8ma^2}{h^2}A$ の場合を考える。これは、図 7-4 に示すように、$E_x \gg A$ の場合に相当し、電子のエネルギーがポテンシャルの深さよりも、はるかに大きい場合である。

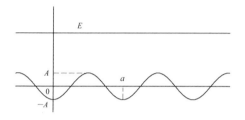

図 7-4　電子のエネルギーEがポテンシャルよりもはるかに大きいと、電子は自由に動くことができる。

このとき、微分方程式は

$$\frac{\partial^2 \varphi(\xi)}{\partial \xi^2} + \varepsilon\, \varphi(x) = 0$$

と近似でき、自由電子と同様に扱うことができる。つまり、ポテンシャルが、電子のエネルギーと比べて無視できるほど小さい場合、電子は自由に動き回ることができるという状況である。

つぎに、$\varepsilon = \frac{8ma^2}{h^2}E_x \ll \gamma = \frac{8ma^2}{h^2}A$ の場合を考える。これは、電子のエネルギーがポテンシャルの深さよりもかなり小さい$E_x \ll A$の場合であり、電子は、ポテンシャルに捉えられて、自由に動くことのできない状態にある。ここで、$\xi \cong 0$ としてみよう。すると $\varepsilon \ll \gamma$ であり $\cos(2\xi) \cong 1$ であるから、ε の項は無視でき

$$\frac{\partial^2 \varphi(\xi)}{\partial \xi^2} + \gamma \cos(2\xi)\, \varphi(x) = 0$$

と、近似できる。さらに

第 7 章　周期ポテンシャル

$$\cos x = 1 - \frac{1}{2!}x^2 + \frac{1}{4!}x^4 - \frac{1}{6!}x^6 - \cdots + (-1)^n \frac{1}{(2n)!}x^{2n} + \cdots$$

という級数展開を思い起こすと

$$\cos(2\xi) \cong 1 - \frac{1}{2!}(2\xi)^2 = 1 - 2\xi^2$$

と近似できるので

$$\frac{\partial^2 \varphi(\xi)}{\partial \xi^2} + \gamma(1 - 2\xi^2)\,\varphi(x) = 0$$

となる。

　これは、まさに、**調和振動子** (harmonics) のシュレーディンガー方程式であり、電子は、ポテンシャルの底（$\xi \cong 0$ 近傍）で振動することになる。つまり、電子はポテンシャルに束縛され、固体内を自由に動くことはできずに、**絶縁体** (insulator) になると考えられる。

　さて、ここで問題になるのは、電子は動くことができるが、ポテンシャルの影響を無視できない中間領域である。

7. 3. ブロッホの定理

　簡単化のために、電子の 1 次元の運動を考える。そして、ポテンシャルのかたちは定めずに $V(x)$ としよう。ただし、周期を a とすると、$V(x)$は n を整数として

$$V(x) = V(x+a) = V(x+2a) = \cdots = V(x+na)$$

という関係を満足する。

　このとき、電子のシュレーディンガー方程式は

$$-\frac{\hbar^2}{2m}\frac{\partial^2 \varphi(x)}{\partial x^2} + V(x)\varphi(x) = E\varphi(x)$$

$$-\frac{\hbar^2}{2m}\frac{\partial^2 \varphi(x+a)}{\partial x^2} + V(x+a)\varphi(x+a) = E\varphi(x+a)$$

$$\cdots$$

$$-\frac{\hbar^2}{2m}\frac{\partial^2 \varphi(x+na)}{\partial x^2} + V(x+na)\varphi(x+na) = E\varphi(x+na)$$

となる。

　ここで、2番目の式は

$$-\frac{\hbar^2}{2m}\frac{\partial^2\varphi(x+a)}{\partial x^2}+V(x)\varphi(x+a)=E\varphi(x+a)$$

となるので、$\varphi(x)$ と $\varphi(x+a)$ は、同じエネルギー固有値を有する波動関数となる。よって

$$|\varphi(x+a)|^2=|\varphi(x)|^2$$

という関係にあり

$$\varphi(x+a)=c\,\varphi(x)$$

となる。ただし、c は $|c|=1$ を満足する定数である。このとき

$$c=\exp(i\theta)=\cos\theta+i\sin\theta$$

と置くことができ、θ は位相 (phase) と呼ばれる。例えば

$$\exp\left(i\frac{\pi}{2}\right)=\cos\frac{\pi}{2}+i\sin\frac{\pi}{2}=i \qquad \exp(i\pi)=\cos\pi+i\sin\pi=-1$$

$$\exp(i2\pi)=\cos 2\pi+i\sin 2\pi=1$$

という関係にある。

　ところで

$$\varphi\,(x+2a)=c\varphi(x+a)=c^2\varphi(x)$$

となり

$$\varphi\,(x+Na)=c^N\varphi(x)$$

と与えられる。ここで、境界条件として

$$\varphi\,(x+Na)=\varphi(x)$$

を与える。つまり、固体の x 方向の一辺の長さを L とすれば、$L=Na$ ということを意味し、ちょうど境界条件に相当する。ここで、$c^N=1$ から

$$c^N=\exp(iN\theta)=\exp(i2n\pi)$$

となり $\theta=\dfrac{2n\pi}{N}$ となり

$$c=\exp\left(\frac{2n\pi i}{N}\right) \quad \text{と与えられ、結局} \quad c=\exp\left(\frac{2na\pi i}{L}\right)$$

第 7 章　周期ポテンシャル

となる。ここで

$$k = \frac{2\pi n}{L} \qquad \text{とおくと} \qquad c = \exp(ika)$$

となる。この k は、前節で求めた波数と同じかたちをしているが、自由電子の波数とは、少し異なり、**結晶波数** (crystal wave number) と呼ばれている。ここで、仮に自由電子のときと同じように、波動関数が

$$\varphi(x) = A \exp(ikx)$$

としてみよう。ただし、A は定数である。すると

$$\varphi(x+a) = A \exp\{ik(x+a)\} = \exp(ika) A \exp(ikx) = c\varphi(x)$$

という関係が成立することがわかる。

　ただし、いま考えている波動関数は自由電子とは異なる。そこで、a の周期を持った関数を $u(x)$ とする。つまり、$u(x+a) = u(x)$ となる。そのうえで

$$\varphi(x) = \exp(ikx)u(x)$$

と置こう。

演習 7-5　　$u(x+a) = u(x)$ を満足するとき、関数 $\varphi(x) = \exp(ikx)u(x)$ が
$\varphi(x+a) = c\,\varphi(x)$ という関係を満足することを確かめよ。

解)　　$\varphi(x+a) = \exp\{ik(x+a)\}u(x+a) = \exp(ika)\exp(ikx)u(x+a)$

となるが　$u(x+a) = u(x)$　であるので

$$\varphi(x+a) = \exp(ika)\exp(ikx)u(x+a) = \exp(ika)\exp(ikx)u(x) = \exp(ika)\varphi(x)$$

となり $\varphi(x+a) = c\,\varphi(x)$ という関係を満足することがわかる。

　ここで、波動関数は k 依存性を有するので

$$\varphi_k(x) = \exp(ikx)u_k(x)$$

と置く。これを**ブロッホ関数** (Bloch function) と呼んでいる。実際には、これを3次元に拡張した

$$\varphi_{\vec{k}}(\vec{r}) = \exp(i\vec{k}\cdot\vec{r})u_{\vec{k}}(\vec{r})$$

が、一般的なブロッホ関数と呼ばれるものである。

191

成分で表示すれば

$$\varphi_{\vec{k}}\begin{pmatrix} x \\ y \\ z \end{pmatrix} = \exp\{i(k_x x + k_y y + k_z z)\}\, u_{\vec{k}}\begin{pmatrix} x \\ y \\ z \end{pmatrix}$$

となる。ただし、結晶波数は

$$\vec{k} = \begin{pmatrix} k_x \\ k_y \\ k_z \end{pmatrix} = \frac{2\pi}{L}\begin{pmatrix} n_x \\ n_y \\ n_z \end{pmatrix}$$

である。また、1 次元の $u(x)$ に関数として周期 a という条件を課したが、3 次元では

$$\vec{a} = \begin{pmatrix} a_x \\ a_y \\ a_z \end{pmatrix}$$

という 3 次元の周期に対して

$$u_{\vec{k}}(\vec{r} + \vec{a}) = u_{\vec{k}}(\vec{r})$$

という関係を満足する任意の関数ということになる。

　ここで、3 次元のブロッホ関数の x 成分を取り出せば

$$\varphi_k(x) = \exp\{i(k_x x + k_y y + k_z z)\}u_k(x) = \exp\{i(k_y y + k_z z)\}\exp(ik_x x)u_k(x)$$

となり、A を定数として

$$\varphi_k(x) = A\exp(ik_x x)u_k(x)$$

というかたちをした 1 次元のブロッホ関数となる。y, z 方向も同様である。

　それでは、ブロッホ関数がどのようなかたちをしているかをグラフで考えてみよう。ここでも、1 次元の場合: $\varphi(x) = \exp(ikx)u(x)$ を考える。まず

$$\exp(ikx) = \cos kx + i\sin kx$$

であるので、$\exp(ikx)$ のグラフは、実軸では $\cos$ 波、虚軸では $\sin$ 波となる。微分方程式の解として $\exp(ikx)$ がえられた際は、実部 $(\cos kx)$ および虚部 $(\sin kx)$ が互いに線形独立した解を与えるという特徴がある。ここでは、A を振幅として $A\cos kx$ を採用してみよう。

　つぎに、$u(x)$ は、周期 a の任意の関数であったので、B を振幅として

$$u(x) = B\cos\left(\frac{2\pi}{a}x\right)$$

と置く。さらに、$k = \dfrac{2\pi n}{L} = \dfrac{2\pi n}{Na}$ であったので、結局、1次元のブロッホ関数の例として

$$\varphi(x) = \exp(ikx)u(x) = A\cos\left(\dfrac{2\pi n}{aN}x\right)\left\{B\cos\left(\dfrac{2\pi}{a}x\right)\right\}$$

がえられる。通常、n/N はかなり小さい値となるので、$u(x)$ よりも長周期となる。以上を踏まえると、$\exp(ikx)$ および $u(x)$ は図7-5のようになる。

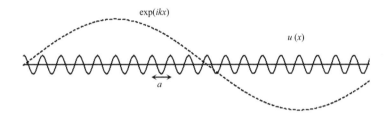

図 7-5　$\exp(ikx)$ および $u(x)$ のグラフ

ブロッホ関数は、これらの積となるので、結局、図7-6に一点鎖線で示したようなグラフとなる。

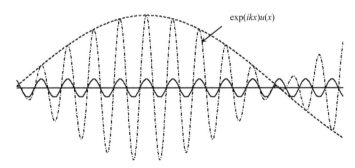

図 7-6　ブロッホ関数の例

ここで、結晶波数について言及しておこう。量子力学では、波動関数に、ある物理量に対応した演算子を作用させることで、物理量を固有値としてえることができる。運動量演算子は

$$\hat{p} = \frac{\hbar}{i}\frac{\partial}{\partial x}$$

である。例えば、自由電子の波動関数：$\varphi(x) = \exp(ikx)$ に、この演算子を作用させると

$$\hat{p}\varphi(x) = \frac{\hbar}{i}\frac{\partial}{\partial x}\exp(ikx) = \frac{\hbar}{i}(ik)\exp(ikx) = \hbar k \varphi(x) = p\varphi(x)$$

となって、確かに、運動量の $\hbar k = p$ が固有値となっている。

それでは、運動量演算子を結晶中の波動関数 $\varphi(x) = \exp(ikx)u(x)$ に作用させてみよう。すると

$$\hat{p}\varphi(x) = \frac{\hbar}{i}\frac{\partial}{\partial x}\{\exp(ikx)u(x)\} = \hbar k \varphi(x) + \frac{\hbar}{i}\exp(ikx)\frac{\partial u(x)}{\partial x}$$

となり、この場合は、運動量が固有値となっていない。これは、電子の運動が結晶のポテンシャルの影響を受けるためである。このため、このときの $\hbar k = p$ を**結晶運動量** (crystal momentum) と呼んで区別している。これに対応した波数が結晶波数となる。

7.4. クローニッヒ・ペニー模型

結晶のポテンシャルのモデルとして、図7-7に示したような周期が $a+b$ の井戸型ポテンシャルを仮定したものをクローニッヒ・ペニー模型 (Kronig Penney model) と呼んでいる。

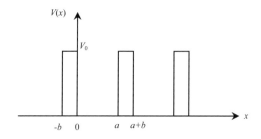

図7-7 クローニッヒ・ペニーの周期ポテンシャル

第 7 章　周期ポテンシャル

このポテンシャル $V(x)$ のもとで、以下のシュレーディンガー方程式を解いてみよう。

$$-\frac{\hbar^2}{2m}\frac{\partial^2 \varphi(x)}{\partial x^2} + V(x)\varphi(x) = E\varphi(x)$$

まず $0 \le x \le a$ では、$V(x) = 0$ であるから、自由電子の波動関数となるので

$$\varphi(x) = A\exp(i\beta x) + B\exp(-i\beta x)$$

が一般解となる。ただし、A と B は任意定数である。また、電子の運動エネルギー E と β は

$$E = \frac{\hbar^2 \beta^2}{2m} \qquad \beta = \frac{\sqrt{2mE}}{\hbar}$$

という関係にある。

一方、$-b \le x \le 0$ の領域では、$V(x) = V_0$ であるから、波動関数は

$$\varphi(x) = C\exp(Qx) + D\exp(-Qx)$$

となる。ただし、$V_0 > E$ とし、C と D は定数である。すると、Q は

$$V_0 - E = \frac{\hbar^2 Q^2}{2m} \qquad Q = \frac{\sqrt{2m(V_0 - E)}}{\hbar}$$

となる。

同様にして、$a \le x \le a+b$ の領域では

$$\varphi(x) = C'\exp\{Q(x-(a+b))\} + D'\exp\{-Q(x-(a+b))\}$$

となる。

ここで、ポテンシャルの周期は $a+b$ であるから

$$\varphi(x; a \le x \le a+b) = \exp\{ik(a+b)\}\varphi(x; -b \le x \le 0)$$

を満足する必要がある。これから

$$C' = \exp\{ik(a+b)\}C \qquad D' = \exp\{ik(a+b)\}D$$

という関係にある。

ここで、定数 A, B, C, D を求めてみよう。いまのポテンシャルのもとで、$x = 0$ および $x = a$ で波動関数は連続でなければならない。よって、これら点で、$V(x) = 0$ と $V(x) = V_0$ では、$\varphi(x)$ および $d\varphi(x)/dx$ は等しくなる。

195

演習 7-6　$x = 0$ において $\varphi(x)$ および $d\varphi(x)/dx$ は等しいという条件から、定数 A, B, C, D に課される条件を示せ。

解）　$x = 0$ において、波動関数 $\varphi(x) = A\exp(i\beta x) + B\exp(-i\beta x)$ は
$$\varphi(0) = A\exp 0 + B\exp 0 = A + B$$
となる。つぎに、$\varphi(x) = C\exp(Qx) + D\exp(-Qx)$ では
$$\varphi(0) = C\exp 0 + D\exp 0 = C + D$$
となる。したがって
$$A + B = C + D$$
でなければならない。

さらに、それぞれの導関数
$$\frac{d\varphi(x)}{dx} = i\beta A\exp(i\beta x) - i\beta B\exp(-i\beta x) \qquad \frac{d\varphi(x)}{dx} = QC\exp(Qx) - QD\exp(-Qx)$$
においては
$$\frac{d\varphi(0)}{dx} = i\beta A - i\beta B \qquad \frac{d\varphi(0)}{dx} = QC - QD$$
から
$$i\beta(A - B) = Q(C - D)$$
となる。

つぎに、$x = a$ における連続性の条件を確かめてみよう。ここでは $-b \leq x \leq 0$ の領域ではなく、$a \leq x \leq a + b$ の領域の波動関数
$$\varphi(x) = C'\exp\{Q(x - (a + b))\} + D'\exp\{-Q(x - (a + b))\}$$
を使う。

この波動関数は
$$\varphi(x) = C\exp\{ik(a + b)\}\exp\{Q(x - (a + b))\} + D\exp\{ik(a + b)\}\exp\{-Q(x - (a + b))\}$$
となる。

ここで、波動関数 $\varphi(x) = A\exp(i\beta x) + B\exp(-i\beta x)$ は $x = a$ では
$$\varphi(a) = A\exp(i\beta a) + B\exp(-i\beta a)$$
となる。

第7章　周期ポテンシャル

$a \leq x \leq a+b$ の領域の波動関数の $x = a$ では

$$\varphi(a) = C \exp\{ik(a+b)\}\exp(-bQ) + D\exp\{ik(a+b)\}\exp(bQ)$$

となる。

したがって

$$A\exp(i\beta a) + B\exp(-i\beta a) = C\exp\{ik(a+b)\}\exp(-bQ) + D\exp\{ik(a+b)\}\exp(bQ)$$

という関係がえられる。

さらに、$0 \leq x \leq a$ の波動関数の導関数 $\dfrac{d\varphi(x)}{dx} = i\beta A\exp(i\beta x) - i\beta B\exp(-i\beta x)$

に $x = a$ を代入すると

$$\frac{d\varphi(a)}{dx} = i\beta A\exp(i\beta a) - i\beta B\exp(-i\beta a)$$

つぎに、$a \leq x \leq a+b$ の波動関数の微分は

$$\frac{d\varphi(x)}{dx} = QC\exp\{ik(a+b)\}\exp\{Q(x-(a+b)\} - QD\exp\{ik(a+b)\}\exp\{-Q(x-(a+b)\}$$

から、$x = a$ では

$$\frac{d\varphi(a)}{dx} = QC\exp\{ik(a+b)\}\exp(-bQ) - QD\exp\{ik(a+b)\}\exp(bQ)$$

となるので

$$i\beta A\exp(i\beta a) - i\beta B\exp(-i\beta a)$$
$$= QC\exp\{ik(a+b)\}\exp(-bQ) - QD\exp\{ik(a+b)\}\exp(bQ)$$

という関係がえられる。よって、つぎの 4 個の条件式がえられる。

$$A + B - C - D = 0$$
$$i\beta A - i\beta B - QC + QD = 0$$
$$\exp(i\beta a)A + \exp(-i\beta a)B - \exp\{ik(a+b)\}\exp(-bQ)C - \exp\{ik(a+b)\}\exp(bQ)D = 0$$
$$i\beta\exp(i\beta a)A - i\beta\exp(-i\beta a)B$$
$$-Q\exp\{ik(a+b)\}\exp(-bQ)C + Q\exp\{ik(a+b)\}\exp(bQ)D = 0$$

これは、4 元連立方程式である。これが $A=B=C=D=0$ の自明解以外の解を持つ条件は、係数行列式が 0 になることである。

よって

$$\begin{vmatrix} 1 & 1 & -1 & -1 \\ i\beta & -i\beta & -Q & Q \\ \exp(i\beta a) & \exp(-i\beta a) & -\exp\{ik(a+b)\}\exp(-bQ) & -\exp\{ik(a+b)\}\exp(bQ) \\ i\beta\exp(i\beta a) & -i\beta\exp(-i\beta a) & -Q\exp\{ik(a+b)\}\exp(-bQ) & Q\exp\{ik(a+b)\}\exp(bQ) \end{vmatrix} = 0$$

が条件となる。

これを計算すると

$$\frac{Q^2 - \beta^2}{2Q\beta}\sinh(Qb)\sin(\beta a) + \cosh(Qb)\cos(\beta a) - \cos k(a+b) = 0$$

という条件がえられる。

　実は、この方程式も、このまま解析的に解くことが難しい。そこで、問題の本質を見失わずに、物理的な描像のえられる極限を考えてみる。それは、箱型ポテンシャルの幅を限りなく狭くし、すなわち、$b \to 0$ とし、そのかわり、箱型ポテンシャルの面積 $V_0 b$ が有限となるようにする。このとき、ポテンシャルの高さ V_0 は $V_0 \to \infty$ となる。結局、想定している極限は、図 7-8 のようなデルタ関数型のポテンシャルとなる。

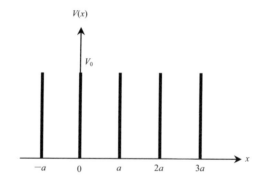

図 7-8　デルタ関数型のポテンシャル

演習 7-7　$b \to 0$ のとき、方程式

$$\frac{Q^2 - \beta^2}{2Q\beta}\sinh(Qb)\sin(\beta a) + \cosh(Qb)\cos(\beta a) - \cos k(a+b) = 0$$

を変形せよ。

第 7 章　周期ポテンシャル

解）　$b \to 0$ のとき $\sinh Qb \to Qb$，　$\cosh Qb \to 1$ となるので

$$\frac{Q^2 - \beta^2}{2Q\beta} Qb\sin(\beta a) + \cos(\beta a) = \cos ka$$

から

$$\frac{(Q^2 - \beta^2)ab}{2}\frac{\sin(\beta a)}{\beta a} + \cos(\beta a) = \cos ka$$

となる。

ここで、$Q = \dfrac{\sqrt{2m(V_0 - E)}}{\hbar}$，$\beta = \dfrac{\sqrt{2mE}}{\hbar}$ であったので

$$Q^2 - \beta^2 = \frac{2m}{\hbar^2}(V_0 - 2E)$$

となるが、いま $V_0 \gg E$ を想定しているので

$$Q^2 - \beta^2 \cong \frac{2m}{\hbar^2}V_0$$

としてよい。したがって

$$\left(\frac{mV_0 ab}{\hbar^2}\right)\frac{\sin(\beta a)}{\beta a} + \cos(\beta a) = \cos ka$$

となる。ここで　$P = \dfrac{mV_0 ab}{\hbar^2}$　と置こう。この項は、ポテンシャルの面積にあたる $V_0 b$ の項を含んでおり、**ポテンシャル障壁** (potential barrier) と呼ばれる定数となる。これは、電子が格子にどれだけ束縛されるかの指標となる。さらに、$V_0 b$ は、障壁強度 (barrier strength) と呼ばれることもある。

　結局

$$P\frac{\sin(\beta a)}{\beta a} + \cos(\beta a) = \cos ka$$

という関係がえられる。

　この式の変数は β と k となる。ここで $\beta = \dfrac{\sqrt{2mE}}{\hbar}$ であり、k は結晶波数である。ここで、左辺を βa の関数とみなして、$t = \beta a$ と置くと

199

$$y = f(t) = P\frac{\sin t}{t} + \cos t$$

となる。このグラフを描くと、図 7-9 のようになる。

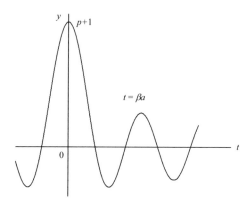

図 7-9　$y = f(t) = P(\sin t)/t + \cos t$ のグラフ

ここで、ふたたび

$$P\frac{\sin(\beta a)}{\beta a} + \cos(\beta a) = \cos ka$$

という関係式を眺めてみよう。左辺のグラフは βa を変数として、図 7-9 のようになる。このグラフと、$y = \cos ka$ のグラフの交点が、上の関係式を満たす点となる。ここで、$-1 \leq \cos ka \leq 1$ であることを思い出そう。すると、図 7-9 において交点が存在する領域は限られることになる。その様子を $P=3$ として、図 7-10 に示した。

つまり、解が存在するのは、図 7-10 の射影部ということになる。ここで、このグラフの横軸は βa であり

$$\beta = \frac{\sqrt{2mE}}{\hbar}$$

であったので、β が不連続ということは、エネルギー E も不連続になるということを示している。では、実際に、エネルギーの不連続はどうなるのであろうか。それを考察してみよう。

第 7 章　周期ポテンシャル

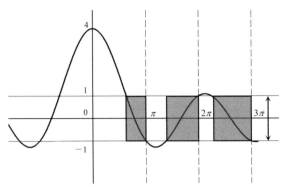

図 7-10　解が存在するのは $y = P(\sin t)/t + \cos t$ のグラフの $-1 \leq y \leq 1$ の範囲である。射影部ということになる。（ここでは、$P=3$ の場合のグラフを図示している。）

　まず、最初の射影部に注目する。そのために、この部分の拡大図を図 7-11 に示す。このとき、可能な βa の範囲は、p から q となるが、$q = \pi$ であるが、p は $\pi/2 < p < \pi$ において

$$3\frac{\sin p}{p} + \cos p = 1$$

を満足する点である。グラフを描いて交点をみると、$p = 1.97$ 程度となる。したがって

$$1.97 \leq \beta a = \frac{\sqrt{2mE}}{\hbar} a \leq \pi$$

の領域が、最初のエネルギーの存在できる範囲となる。これをエネルギーに直せば

$$\frac{\hbar^2}{2ma^2}(1.97)^2 \leq E \leq \frac{\hbar^2}{2ma^2}\pi^2$$

となる。このように、$E = 0$ とはならない。

　ここで、図 7-11 のグラフの射影部のたて軸の範囲は $-1 \leq \cos ka \leq 1$ となるが、これは、波数 k でみると

$$0 \leq ka \leq \pi \qquad から \qquad 0 \leq k \leq \frac{\pi}{a}$$

となる。これが第 1 ブリルアンゾーンに対応する。ここで、先ほどの許容されるエネルギー範囲の最大値が

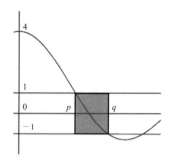

図 7-11　エネルギー E の許容範囲に対応した領域（射影部）

$$E = \frac{\hbar^2}{2ma^2}\pi^2$$

であったが、これを変形すると

$$E = \frac{\hbar^2}{2m}\left(\frac{\pi}{a}\right)^2$$

となる。これは、波数 $k = \pi/a$ の自由電子が有するエネルギーに他ならない。このような解析を繰り返していくと、結局、クローニッヒ・ペニー型のポテンシャル中を運動する電子の E-k 分散曲線は、図 7-12 のように与えられる。

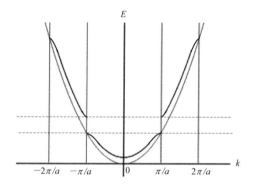

図 7-12　クローニッヒ・ペニー型のポテンシャルのもとでの E-k 分散曲線。自由電子の場合は $E = 0$ を通る放物線となる。

このように、周期ポテンシャルのもとでは、電子がとりうるエネルギーにはギ

ャップが生じる。この事実が、固体内の電子の挙動を考えるうえで重要となり、
自由電子モデルとの大きな違いとなる。

第8章 バンド理論

8.1. ほぼ自由な電子モデル

クローニッヒ・ペニー型の周期ポテンシャルの中を運動する電子の E-k 分散曲線 (E-k distribution curve) には不連続点、すなわち、エネルギーギャップ (energy gap) が生じることがわかった。ところで、この現象は、ポテンシャルの形状に依存した特殊なケースなのであろうか。

実は、このモデルに限らず、固体の周期ポテンシャルの中を運動する電子の分散曲線には、一般的にエネルギーギャップが存在し、電子のエネルギーは連続ではなくなるのである。そして、これが固体を特徴づける重要な特性となる。

本節では、エネルギーギャップの存在が固体内では一般的な現象であることを示そう。ここでは、ほぼ自由に運動できる電子 (nearly free electron: NFE) の波動関数を基本として、弱い周期ポテンシャルの影響で、その波動関数がどのように変化するかを考える。

1辺の長さが L の立方体の中に閉じ込められた電子の x 方向の規格化された波動関数が

$$\varphi_k(x) = \frac{1}{\sqrt{L}}\exp(ikx) \qquad k = \frac{n\pi}{L} \ (n = 0, \pm1, \pm2, ...)$$

と与えられることを思い出そう。この解は図 8-1 のようになる。

ここで、われわれが求めたいのは、$V(x)$ として格子定数 a の周期を有する弱いポテンシャルがある場合のシュレーディンガー方程式

$$-\frac{\hbar^2}{2m}\frac{\partial^2 \varphi(x)}{\partial x^2} + V(x)\varphi(x) = E\varphi(x)$$

の解である。

第 8 章　バンド理論

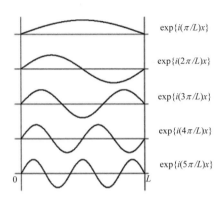

図 8-1　長さ L の固体内の自由電子の物質波（電子波）の様子。波数 k が最小のものから 5 番目までを示しているが、実際には波数は無限大まで可能である。

ポテンシャルの影響が弱い場合、電子の波動関数は、図 8-1 の波を少しだけ変形したものと予想される。

ここで、固体内では正イオンが間隔 a で並んでいるとすると、$V(x)$ には a の周期性があるので

$$V(x) = \sum_{n=-\infty}^{+\infty} V_n \exp\left(-i\frac{2\pi}{a}nx\right)$$

と置くことができる。これは、周期が a のフーリエ級数である。フーリエ係数 V_n を適当に選べば、原理的には、クローニッヒ・ペニー型のポテンシャルも、この級数で表現できる。

演習 8-1　フーリエ級数 $V(x)$ が $V(x+a) = V(x)$ の周期性を満足することを確かめよ。

解）
$$V(x+a) = \sum_{n=-\infty}^{+\infty} V_n \exp\left(-i\frac{2\pi}{a}n(x+a)\right) = \sum_{n=-\infty}^{+\infty} V_n \exp\left(-i\frac{2\pi}{a}nx\right)\exp(-i2\pi n)$$

$$= \sum_{n=-\infty}^{+\infty} V_n \exp\left(-i\frac{2\pi}{a}nx\right) = V(x)$$

となる。

ところで、1次元の逆格子ベクトルの成分は $2\pi/a$ の整数倍であったので

$$G_n = \frac{2\pi}{a}n$$

と置くことができ、結局、逆格子成分 G_n を使うと、格子による周期ポテンシャル関数 $V(x)$ は

$$V(x) = \sum_{n=-\infty}^{+\infty} V_n \exp(-iG_n x)$$

と置くこともできる。このフーリエ成分を図示するとつぎのようになる。

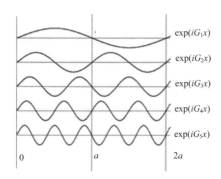

図 8-2 格子（格子定数：a）による周期ポテンシャルのフーリエ成分。もっとも波長の長い成分は $2a$ となる。これら波を足し合わせたものも周期 a の波となる。

ここで、L は固体のマクロな大きさであり、a は格子定数であるので、そのスケールはまったくオーダーが異なることに注意する必要がある。例えば、L の範囲にある原子数を N とすると $L = Na$ となるが、N^3 はアボガドロ数 6×10^{23} のオーダーの 10^{24} となるので、N は 10^8 程度となる。

よって $k_1 = \frac{2\pi}{L}$ とすれば $G_1 = 10^8 k_1$ となる。つまり、逆格子の波数の大きさ G は、電子波の波数 k よりもはるかに大きいのである。

ただし、フェルミ粒子である電子は、同じエネルギー準位に2個の電子しか入れないため、アボガドロ数程度の電子からなる系では、電子のエネルギーは波数 k で考えれば、逆格子成分程度まで大きくなる。そして、電子の波数が $k \cong 10^8 k_1$

程度となったところで、格子との相互作用が顕著になり、干渉が生じる。これがエネルギーギャップの原因と考えられるのである。

ところで、$\varphi_k(x) = (1/\sqrt{L})\exp(ikx)$ は自由電子の解であり、ポテンシャル $V(x)$ のもとでの解ではないが、ポテンシャルとして非常に弱い場合を仮定しているので、その解は、自由電子の場合に近いと考えられる。さらに、ポテンシャルのもとでの解も、境界条件である $\varphi(x) = \varphi(x+L)$ を満足することから、求める解は

$$\varphi(x) = \frac{1}{\sqrt{L}}\sum_k c_k \exp(ikx)$$

と置くことができる。これは、まさにフーリエ級数展開である。また、フーリエ係数のうち、自由電子に対応した c_k がほぼ 1 に近く、他の係数は非常に小さくなる。

ここで、自由電子の解と区別するため、ポテンシャルがある場合の電子の波動関数の波数を k' として

$$\varphi(x) = \frac{1}{\sqrt{L}}\sum_{k'} c_{k'} \exp(ik'x)$$

と置きなおす。すると

$$\frac{\varphi^2(x)}{dx^2} = -\frac{1}{\sqrt{L}}\sum_{k'} c_{k'} (k')^2 \exp(ik'x)$$

となるので、表記のシュレーディンガー方程式に代入すると

$$\frac{1}{\sqrt{L}}\sum_{k'}\left(\frac{\hbar^2 (k')^2}{2m} + V(x)\right)c_{k'} \exp(ik'x) = \frac{1}{\sqrt{L}}\sum_{k'} E\,c_{k'} \exp(ik'x)$$

となる。このシュレディンガー方程式において、エネルギーE がどのようになるかを調べていく。その手法として $\varphi_k(x)$ と共役な波動関数 $\varphi_k{}^*(x) = \frac{1}{\sqrt{L}}\exp(-ikx)$ をかけて、x について、$0 \le x \le L$ の範囲で積分してみよう。すると

$$\sum_{k'}\frac{\hbar^2 (k')^2}{2m} c_{k'} \frac{1}{L}\int_0^L \exp i(k'-k)x\,dx + \sum_{k'} c_{k'} \frac{1}{L}\int_0^L V(x)\exp i(k'-k)x\,dx$$

$$= \sum_{k'} E\,c_{k'} \frac{1}{L}\int_0^L \exp i(k'-k)x\,dx$$

となる。ここで $k \ne k'$ のとき

207

$$\int_0^L \exp i(k'-k)x\,dx = 0$$

であり、ここで $k = k'$ のとき

$$\int_0^L \exp i(k'-k)x\,dx = L$$

となる。

演習 8-2　波数 k が $k = \dfrac{2n\pi}{L}$ $(n=0,\ \pm1,\ \pm2,\ ...)$ と与えられるとき、定積分 $\int_0^L \exp(ikx)\,dx$ の値を求めよ。

解）　　$k = 0$ のとき　$\int_0^L \exp(ikx)\,dx = \int_0^L \exp(0)\,dx = \int_0^L 1\,dx = \big[x\big]_0^L = L$

$k \neq 0$ のとき　$\int_0^L \exp(ikx)\,dx = \dfrac{1}{ik}\big[\exp(ikx)\big]_0^L = \dfrac{1}{ik}\{\exp(ikL) - \exp(0)\}$

$= \dfrac{1}{ik}\{\exp(2n\pi i) - \exp(0)\} = 0$　となる。

　　ここで、つぎの和は

$$\sum_{k'} \frac{1}{L} \int_0^L \exp i(k'-k)x\,dx = 1$$

となる。これは、数ある k' のなかで、$k' = k$ のときのみ 1 という値がえられるからである。したがって、k 以外の項はすべて消え、先ほどの式は

$$\frac{\hbar^2 k^2}{2m} c_k + \sum_{k'} c_{k'} \frac{1}{L} \int_0^L V(x)\exp\{i(k'-k)x\}\,dx = E c_k$$

と簡単化される。ここで、$\dfrac{\hbar^2 k^2}{2m} = E_k$ と置きなおす。これは、自由電子のエネルギーに他ならない。すると

208

第 8 章　バンド理論

$$E_k c_k + \sum_{k'} c_{k'} \frac{1}{L} \int_0^L V(x) \exp\{i(k'-k)x\}\, dx = E c_k$$

となる。この式をみてわかるのは、弱いポテンシャルのもとで運動する電子のエネルギーE の E_k からの変化は第 2 項で与えられるという事実である。

よって、重要となるのは

$$\int_0^L V(x) \exp\{i(k'-k)x\}\, dx$$

という積分である。$V(x) = \sum_{n=-\infty}^{\infty} V_n \exp(-i G_n x)$ であったので

$$\int_0^L V(x) \exp\{i(k'-k)x\}\, dx = \sum_n V_n \int_0^L \exp\{i(k'-k-G_n)x\}\, dx$$

となる。この積分が 0 とならないのは

$$k'-k-G_n = 0 \quad \text{のときであり、結局} \quad k' = k + G_n = k + \frac{2\pi}{a} n$$

となる。このとき

$$\sum_{k'} c_{k'} \frac{1}{L} \int_0^L V(x) \exp\{i(k'-k)x\}\, dx = \sum_{k'} c_{k'} V_n = \sum_n c_{k+G_n} V_n$$

となる。したがって

$$E_k c_k + \sum_n c_{k+G_n} V_n = E c_k \quad \text{より} \quad (E_k - E) c_k + \sum_n c_{k+G_n} V_n = 0$$

ただし $\displaystyle\sum_n c_{k+G_n} V_n = c_k V_0 + c_{k+G_1} V_1 + c_{k-G_1} V_{-1} + c_{k+G_2} V_2 + c_{k-G_2} V_{-2} + ...$ となる。

ここで、V_0 について考えてみよう。これは

$$V(x) = \sum_{n=-\infty}^{\infty} V_n \exp(-i G_n x) = V_0 + V_1 \exp(-i G_1 x) + V_{-1} \exp(-i G_{-1} x)$$
$$+ V_2 \exp(-i G_2 x) + V_{-2} \exp(-i G_{-2} x) + ...$$

のように展開したときの定数項であり、ポテンシャルの周期性には影響を与えない。したがって、$V_0 = 0$ とみなして構わないのである。よって

$$(E_k - E) c_k + \sum_{n \neq 0} c_{k+G_n} V_n = 0$$

となる。この式の k に $k + G_m$ を代入してみると

209

$$(E_{k+G_m} - E)c_{k+G_m} + \sum_{n \neq 0} c_{k+G_m+G_n} V_n = 0$$

となるが、ここではほぼ自由に運動している電子が、弱い周期ポテンシャルの影響を受けた場合を考えているので、第2項の係数の中で c_k はほぼ1で、それ以外はほとんど0とみなすことができる。よって、第2項の和で意味があるのは、c_k を与える

$$k + G_m + G_n = k \qquad \text{すなわち} \qquad G_m = -G_n = G_{-n}$$

の場合となる。つまり、$m = -n$ のときであり

$$(E_{k+G_m} - E)c_{k+G_m} + c_k V_{-m} = 0$$

となる。よって

$$c_{k+G_m} = \frac{V_{-m}}{E_k - E_{k+G_m}} c_k$$

と与えられる。これは、あくまでも近似式であり、E は自由電子のエネルギーに近いとして E_k で近似している。この式によって、$k + G_m$ の波数をもったフーリエ成分の係数を、c_k をもとに与えられることになる。

ここで、ふたたび $(E_k - E)c_k + \sum_{n \neq 0} c_{k+G_n} V_n = 0$ という式に戻り、第2項の和を考えてみよう。そして、いま求めた $c_{k+G_n} = \dfrac{V_{-n}}{E_k - E_{k+G_n}} c_k$ という式を代入すると

$$(E_k - E)c_k + c_k \sum_{n \neq 0} \frac{V_n V_{-n}}{E_k - E_{k+G_n}} = 0$$

ここで、$V_{-n} = V_n{}^*$ であり、$c_k \neq 0$ であるから

$$E = E_k + \sum_{n \neq 0} \frac{|V_n|^2}{E_k - E_{k+G_n}}$$

と与えられることになる。このように、弱い周期的ポテンシャルのもとで運動する電子は、自由電子のエネルギー E_k から

$$\sum_{n \neq 0} \frac{|V_n|^2}{E_k - E_{k+G_n}}$$

だけエネルギーがずれることになる。この部分を**摂動項** (perturbation term) と呼

んでいる。ところで、この項をみて何か気づかないであろうか。つまり
$$E_k = E_{k+G_n}$$
となると、分母が 0 となり、摂動項が無限大に発散するのである。つまり、この条件を満足する波数はエネルギーの特異点 (singular point) となるのである。

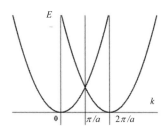

図 8-3　E-k と E-k' 曲線の交点は特異点となる。

この点について、もう少し考察を進めよう。再び
$$(E_{k+G_m} - E)c_{k+G_m} + c_k V_{-m} = 0$$
$$(E_k - E)c_k + \sum_{m \neq 0} c_{k+G_m} V_m = 0$$
という 2 つの式を思いだそう。

つぎに、c_k 以外の係数はほぼ 0 とみなしてよいので $\sum_{n \neq 0} c_{k+G_m} V_m$ の項のなかで、いま求めた方程式に関係した c_{k+G_m} を含む項のみを取り出すと
$$(E_k - E)c_k + c_{k+G_m} V_m = 0$$
となる。よって、2 個の式から、連立方程式をつくることができ、それを行列で示せば
$$\begin{pmatrix} E_k - E & V_m \\ V_{-m} & E_{k+G_m} - E \end{pmatrix} \begin{pmatrix} c_k \\ c_{k+G_m} \end{pmatrix} = 0$$
となる。

演習 8-3　上記連立方程式が $c_k = c_{k+G_m} = 0$ という自明解以外の解を有する条件から解を求めよ。

解）　その条件は、係数行列の行列式が 0 となることである。よって

$$\begin{vmatrix} E_k - E & V_m \\ V_{-m} & E_{k+G_m} - E \end{vmatrix} = 0$$

これを計算すると

$$(E_k - E)(E_{k+G_m} - E) - V_{-m}V_m = 0$$

ただし、フーリエ級数では、$V_{-m} = V_m{}^*$ であるので

$$V_{-m}V_m = \left| V_m \right|^2 = V_m{}^2$$

となる。与式を展開して整理すると

$$E^2 - (E_{k+G_m} + E_k)E + E_k E_{k+G_m} - V_m{}^2 = 0$$

となる。これは、E に関する 2 次方程式であるので解の公式から

$$E = \frac{E_{k+G_m} + E_k}{2} \pm \frac{1}{2}\sqrt{(E_{k+G_m} + E_k)^2 - 4(E_k E_{k+G_m} - V_m{}^2)}$$

となり、根号内を整理すると

$$E = \frac{E_{k+G_m} + E_k}{2} \pm \frac{1}{2}\sqrt{(E_k - E_{k+G_m})^2 + 4V_m{}^2}$$

となる。

　したがって、$E_k = E_{-k}$ であるから $k = -G_m/2$ のとき

$$E_k - E_{k+G_m} = 0$$

となるので

$$E = E_{G_m/2} \pm \sqrt{V_m{}^2} = E_{G_m/2} \pm \left| V_m \right|$$

となり、エネルギーに $\pm\left| V_m \right|$ の不連続、すなわち、大きさ $2\left| V_m \right|$ の**エネルギーギャップ** (energy gap) が生じることになる。$G_m = \dfrac{2\pi}{a}m$ であるから、結局、波数

$$k = \pm\frac{\pi}{a}, \pm\frac{2\pi}{a}, \pm\frac{3\pi}{a}, \ldots$$

においてギャップが生じることになる。

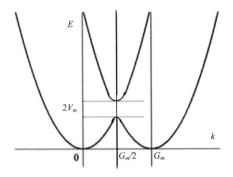

図 8-4　*E-k* 曲線におけるエネルギーギャップ

　このように、自由電子の場合と異なり、弱い周期ポテンシャルがある場合には、必ず、エネルギーギャップが生じる。
　それでは、エネルギーギャップとは、そもそも、どうして生じるのであろうか。電子波の波数 *k* が小さいという状態は、波長 λ が長い状態である。波長の長い電子波 ($\lambda \gg a$) は、格子に関係なく固体内を伝播できる。これは、格子波の挙動とも似ている。
　しかし、電子波の波数が大きくなり、その波長が格子定数と同程度となると、ブラッグ反射が生じて定在波となり、固体中を伝播できなくなる。このとき、波長は $\lambda = 2a$ となり、波数では

$$k = \frac{2\pi}{\lambda} = \frac{2\pi}{2a} = \frac{\pi}{a}$$

となる。つまり、これより波数 *k* が小さい波は、格子中を自由に動けるが、その波長が格子定数の 2 倍まで小さくなったとき、電子波は格子の干渉をうけ、定在波となって、動けなくなると考えられるのである。
　一方、エネルギーギャップについても、少し考えてみよう。図 8-5 に示すように、格子定数 *a* の 2 倍の波長の波には、格子上の電子濃度が高い波と、最も低い波がある。電子が移動するためには、電子波は、このような異なる状態をとる必要がある。
　ところで、格子は、＋のイオンからなっており、電子は－の電荷を有する。よって、格子上の電子濃度が高い状態のエネルギーは低く安定していると考えられ

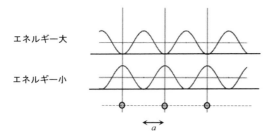

図 8-5　エネルギーギャップを生じる波数を持った電子波

る。一方、電子が移動するためには、＋の格子と－の電子が半周期ずれたエネルギーの高い状態を経る必要がある。このふたつの状態のエネルギー差が $2V_m$ に相当すると考えられるのである。

　それでは、さらに波数が大きくなると、どうなるであろうか。この場合は、格子とのマッチングがなくなるので、再び、電子は固体中を運動することができるようになる。

　そして、波長が $\lambda = a$、波数が

$$k = \frac{2\pi}{\lambda} = \frac{2\pi}{a}$$

となったときに、ふたたび、電子波は格子の干渉をうけて定在波となり、動けなくなると考えられるのである。

　同様にして

$$\lambda = \frac{a}{2}, \frac{a}{3}, \frac{a}{4}, \ldots \quad \text{つまり} \quad k = \frac{2\pi}{\lambda} = \frac{4\pi}{a}, \frac{6\pi}{a}, \frac{8\pi}{a}, \ldots$$

のときに、エネルギーギャップが生じることになる。最初の電子が自由に動ける領域を第 1 ブリルアンゾーン、つぎに電子が自由に動ける領域を第 2 ブリルアンゾーンと呼び、順次、第 3、第 4 と続いていく。

8.2.　NFE モデルの 3 次元への拡張

　それでは、NFE モデルの一般化を行っておこう。つまり、1 次元モデルを 3 次元に拡張するのである。

第 8 章　バンド理論

ここで、3 次元空間のシュレーディンガー方程式は

$$-\frac{\hbar^2}{2m}\left(\frac{\partial^2}{\partial x^2}+\frac{\partial^2}{\partial y^2}+\frac{\partial^2}{\partial z^2}\right)\psi(x,y,z)+V(x,y,z)\psi(x,y,z)=E\psi(x,y,z)$$

と与えられる。

ポテンシャルがない場での、電子の方程式は

$$-\frac{\hbar^2}{2m}\left(\frac{\partial^2}{\partial x^2}+\frac{\partial^2}{\partial y^2}+\frac{\partial^2}{\partial z^2}\right)\psi(x,y,z)=E\psi(x,y,z)$$

となるが、xyz 方向の相関はないので

$$\psi(x,y,z)=\varphi(x)\varphi(y)\varphi(z)$$

と置ける。ここで、1 辺が L の立方体中に閉じ込められた自由電子の x 方向の波動関数は

$$\varphi(x)=\frac{1}{\sqrt{L}}\exp(ik_x x) \qquad k_x=\frac{2n_x\pi}{L} \quad (n_x=0,\pm1,\pm2,...)$$

であった。ただし、x 方向ということを明示するために、k および n に添え字として x を付している。y,z 方向も同様であるから

$$\varphi(y)=\frac{1}{\sqrt{L}}\exp(ik_y y) \qquad k_y=\frac{2n_y\pi}{L} \quad (n_y=0,\pm1,\pm2,...)$$

$$\varphi(z)=\frac{1}{\sqrt{L}}\exp(ik_z z) \qquad k_z=\frac{2n_z\pi}{L} \quad (n_z=0,\pm1,\pm2,...)$$

したがって、3 次元の自由電子の波動関数は

$$\psi(x,y,z)=\varphi(x)\varphi(y)\varphi(z)=\frac{1}{\sqrt{L^3}}\exp\{i(k_x x+k_y y+k_z z)\}$$

となる。

ここで $\vec{r}=\begin{pmatrix}x\\y\\z\end{pmatrix}$ および $\vec{k}=\begin{pmatrix}k_x\\k_y\\k_z\end{pmatrix}$ のような 3 次元ベクトル表示を使うと

$$\psi(x,y,z)=\psi(\vec{r})=\frac{1}{\sqrt{L^3}}\exp\{i(k_x x+k_y y+k_z z)\}=\frac{1}{\sqrt{V}}\exp i\vec{k}\cdot\vec{r}$$

となる。ただし、V は立方体の体積となる。

さらに　$\dfrac{\partial^2}{\partial x^2}+\dfrac{\partial^2}{\partial y^2}+\dfrac{\partial^2}{\partial z^2}=\nabla^2$ という表記を使うと、3 次元のシュレーディンガ

215

一方程式は

$$-\frac{\hbar^2}{2m}\nabla^2\psi(\vec{r})+V(\vec{r})\psi(\vec{r})=E\psi(\vec{r})$$

となる。

　そして、ここでは、3 次元格子の周期を有するポテンシャル $V(\vec{r})$ のもとで、$\psi(x,y,z)=\psi(\vec{r})$ が、どのような影響を受けるかを調べればよいことになる。

　1 次元の場合には、周期 a のポテンシャルを考えればよかったが、3 次元空間では、x, y, z 方向の周期性を考える必要がある。ここでは、もっとも簡単な、格子定数が a の単純立方格子を考えるが、その前にフーリエ級数の 1 次元から 2 次元への拡張を見てみよう。

　いま、2 次元空間におけるポテンシャルが関数 $V(x, y)$ によって与えられるものとしよう。例えば、点 $(x, y)=(u, w)$ におけるポテンシャルが $V(u, w)$ となることを意味している。

　このポテンシャルが、x, y 両方向ともに周期 a を有する周期ポテンシャルとしよう。すると

$$V(x+a,y)=V(x,y) \qquad V(x,y+a)=V(x,y)$$

となる。

　ここで、$y=t$ と固定した関数 $V(x, t)$ を考えよう。これは、x のみの関数となるので

$$V(x,t)=\sum_{n=-\infty}^{+\infty}V_n(t)\exp\left(-i\frac{2\pi}{a}nx\right)$$

という展開が可能となる。ここで、フーリエ係数は t の関数となる。いまの場合、t を固定しているが、実際には、y の関数であるので

$$V_n(y)=\sum_{m=-\infty}^{+\infty}V_{nm}\exp\left(-i\frac{2\pi}{a}my\right)$$

と与えられる。したがって

$$V(x,y)=\sum_{n=-\infty}^{+\infty}\sum_{m=-\infty}^{+\infty}V_{nm}\exp\left(-i\frac{2\pi}{a}my\right)\exp\left(-i\frac{2\pi}{a}nx\right)$$

となり、結局

$$V(x,y)=\sum_{n=-\infty}^{+\infty}\sum_{m=-\infty}^{+\infty}V_{nm}\exp\left(-i\frac{2\pi}{a}(nx+my)\right)$$

となる。

　ここで、2次元の逆格子ベクトルと位置ベクトルをそれぞれ

$$\vec{G} = \begin{pmatrix} G_x \\ G_y \end{pmatrix} = \frac{2\pi}{a} \begin{pmatrix} n \\ m \end{pmatrix} \qquad \vec{r} = \begin{pmatrix} x \\ y \end{pmatrix}$$

と置けば、周期ポテンシャルは

$$V(\vec{r}) = \sum_{n=-\infty}^{+\infty} \sum_{m=-\infty}^{+\infty} V_{nm} \exp(-i\vec{G}\cdot\vec{r})$$

と置くことができる。

　また、フーリエ係数 V_{nm} は

$$V_{nm} = \frac{1}{a^2} \int_0^a \int_0^a V(x,y)\exp(i\vec{G}\cdot\vec{r})\,dxdy$$

という2重積分によって与えられる。

　これを3次元空間に拡張する。このとき、3次元の逆格子ベクトルと位置ベクトルをそれぞれ

$$\vec{G} = \begin{pmatrix} G_x \\ G_y \\ G_z \end{pmatrix} = \frac{2\pi}{a} \begin{pmatrix} n \\ m \\ l \end{pmatrix} \qquad \vec{r} = \begin{pmatrix} x \\ y \\ z \end{pmatrix}$$

と置けば、周期ポテンシャルは

$$V(\vec{r}) = \sum_{l=-\infty}^{+\infty} \sum_{n=-\infty}^{+\infty} \sum_{m=-\infty}^{+\infty} V_{nml} \exp(-i\vec{G}\cdot\vec{r})$$

となる。また、フーリエ係数 V_{nml} は

$$V_{nml} = \frac{1}{a^3} \int_0^a \int_0^a \int_0^a V(x,y,z)\exp(-i\vec{G}\cdot\vec{r})\,dxdydz$$

という3重積分によって与えられることになる。

　ここで、あらためて、1辺の長さが L の立方体に閉じ込められた自由電子の波動関数は

$$\psi_k(\vec{r}) = \frac{1}{\sqrt{V}} \exp(i\vec{k}\cdot\vec{r})$$

であった。ただし、$V = L^3$ である。われわれが求めたいのは、弱いポテンシャル $V(\vec{r})$ のもとで、この波動関数がどう変化するかである。

演習 8-4　3 次元の波動関数にラプラシアン (∇^2) を施した結果を示せ。

解）　波動関数を成分で示すと

$$\psi_{\vec{k}}(\vec{r}) = \frac{1}{\sqrt{V}} \exp(i\vec{k}\cdot\vec{r}) = \frac{1}{\sqrt{V}} \exp\{i(k_x x + k_y y + k_z z)\}$$

となる。x に関する 1 階偏導関数

$$\frac{\partial \psi_{\vec{k}}(\vec{r})}{\partial x} = \frac{1}{\sqrt{V}} i k_x \exp\{i(k_x x + k_y y + k_z z)\}$$

さらに 2 階偏導関数は

$$\frac{\partial^2 \psi_{\vec{k}}(\vec{r})}{\partial x^2} = -\frac{1}{\sqrt{V}} k_x^{\ 2} \exp\{i(k_x x + k_y y + k_z z)\}$$

となるので、

$$\nabla^2 \psi_{\vec{k}}(\vec{r}) = \frac{\partial^2 \psi_{\vec{k}}(\vec{r})}{\partial x^2} + \frac{\partial^2 \psi_{\vec{k}}(\vec{r})}{\partial y^2} + \frac{\partial^2 \psi_{\vec{k}}(\vec{r})}{\partial z^2}$$

$$= -\frac{1}{\sqrt{V}} (k_x^{\ 2} + k_y^{\ 2} + k_z^{\ 2}) \exp\{i(k_x x + k_y y + k_z z)\}$$

$$= -\frac{1}{\sqrt{V}} \left|\vec{k}\right|^2 \exp(i\vec{k}\cdot\vec{r})$$

となる。

---

1 次元の場合と同様に、求める波動関数が、境界条件を満足する波動関数の重ね合わせでえられると仮定すれば

$$\psi(\vec{r}) = \sum_{\vec{k}'} \frac{1}{\sqrt{V}} c_{\vec{k}'} \exp(i\vec{k}'\cdot\vec{r})$$

となる。ただし、$c_{\vec{k}}$ がほぼ 1 で、$\vec{k}$ 以外の波数ベクトルに対応した他の係数は

非常に小さいことになる。この波動関数を、シュレーディンガー方程式

$$-\frac{\hbar^2}{2m} \nabla^2 \psi(\vec{r}) + V(\vec{r})\psi(\vec{r}) = E\psi(\vec{r})$$

に代入すると

第 8 章　バンド理論

$$\frac{1}{\sqrt{V}}\sum_{\vec{k}'}\frac{\hbar^2\left|\vec{k}'\right|^2}{2m}c_{\vec{k}'}\exp(i\vec{k}'\cdot\vec{r})+\frac{1}{\sqrt{V}}\sum_{\vec{k}'}c_{\vec{k}'}V(\vec{r})\exp(i\vec{k}'\cdot\vec{r})=\frac{1}{\sqrt{V}}\sum_{\vec{k}'}Ec_{\vec{k}'}\exp(i\vec{k}'\cdot\vec{r})$$

となる。

　ここで、この方程式に $\psi_{\vec{k}}{}^*(\vec{r})=\dfrac{1}{\sqrt{V}}\exp(-i\vec{k}\cdot\vec{r})$ をかけて、全空間で積分をして

みよう。それぞれの項ごとに見ていくと、最初の項は

$$\frac{1}{V}\sum_{\vec{k}'}\frac{\hbar^2\left|\vec{k}'\right|^2}{2m}c_{\vec{k}'}\int_0^L\int_0^L\int_0^L\exp\{i(\vec{k}'-\vec{k})\cdot\vec{r}\}dxdydz$$

となるが、今後のために

$$\int_0^L\int_0^L\int_0^L\exp\{i(\vec{k}'-\vec{k})\cdot\vec{r}\}dxdydz=\int_\Omega\exp\{i(\vec{k}'-\vec{k})\cdot\vec{r}\}\,d\vec{r}$$

と表記することにする。

演習 8-5　積分 $=\displaystyle\int_\Omega\exp\{i(\vec{k}'-\vec{k})\cdot\vec{r}\}\,d\vec{r}$ の値を求めよ。

　解)　まず、波数ベクトルは

$$\vec{k}'=\begin{pmatrix}k_x'\\k_y'\\k_z\end{pmatrix}\quad\text{および}\quad\vec{k}=\begin{pmatrix}k_x\\k_y\\k_z\end{pmatrix}\quad\text{より}\quad\vec{k}'-\vec{k}=\begin{pmatrix}k_x'-k_x\\k_y'-k_y\\k_z'-k_z\end{pmatrix}$$

となる。したがって

$$(\vec{k}'-\vec{k})\cdot\vec{r}=(k_x'-k_x\quad k_y'-k_y\quad k_z'-k_z)\begin{pmatrix}x\\y\\z\end{pmatrix}=(k_x'-k_x)x+(k_y'-k_y)y+(k_z'-k_z)z$$

となる。

　ここで 3 重積分

$$\int_0^L\int_0^L\int_0^L\exp\{i(\vec{k}'-\vec{k})\cdot\vec{r}\}dxdydz$$

219

の x に関する積分について見てみよう。すると

$$\int_0^L \exp i\{(k_x' - k_x)x\} \exp i\{(k_y' - k_y)y + (k_z' - k_z)z\}dx$$

$$= \exp i\{(k_y' - k_y)y + (k_z' - k_z)z\} \int_0^L \exp i\{(k_x' - k_x)x\}dx$$

となるが、この積分は、$k_x' = k_x$ のときのみ L となり、$k_x' \neq k_x$ のときは 0 となる。したがって $k_x' = k_x$ のとき

$$\int_0^L \int_0^L \int_0^L \exp\{i(\vec{k}' - \vec{k}) \cdot \vec{r}\}dxdydz = L \int_0^L \int_0^L \exp i\{(k_y' - k_y)y + (k_z' - k_z)z\}dydz$$

となるが、y, z についても同様であり、この 3 重積分が 0 とならないのは $k_x' = k_x, k_y' = k_y, k_z' = k_z$ のとき、すなわち、$\vec{k} = \vec{k}'$ のときであり、その値は

$$\int_0^L \int_0^L \int_0^L \exp\{i(\vec{k}' - \vec{k}) \cdot \vec{r}\}dxdydz = L^3 = V$$

となる。

よって

$$\frac{1}{V}\sum_{k'} \frac{\hbar^2 |\vec{k}'|^2}{2m} c_{\vec{k}'} \int_0^L \int_0^L \int_0^L \exp\{i(\vec{k}' - \vec{k}) \cdot \vec{r}\}dxdydz = \sum_{k'} \frac{\hbar^2 |\vec{k}|^2}{2m} c_{\vec{k}}$$

となる。

つぎの項の積分は

$$\frac{1}{V}\sum_{k'} c_{\vec{k}'} \int_0^L \int_0^L \int_0^L V(\vec{r}) \exp\{i(\vec{k}' - \vec{k}) \cdot \vec{r}\}dxdydz$$

となるが

$$V(\vec{r}) = \sum_{l=-\infty}^{+\infty} \sum_{n=-\infty}^{+\infty} \sum_{m=-\infty}^{+\infty} V_{nml} \exp(-i\vec{G} \cdot \vec{r})$$

であるので、n, l, m と $\vec{k}'$ に関するすべての和をとることを Σ で代表させると

$$\sum_{k'} c_{\vec{k}'} \int_0^L \int_0^L \int_0^L V(\vec{r}) \exp\{i(\vec{k}' - \vec{k}) \cdot \vec{r}\}dxdydz = \sum_{k'} c_{\vec{k}'} \int_\Omega V_{nml} \exp\{i(\vec{k}' - \vec{k} - \vec{G}) \cdot \vec{r}\}d\vec{r}$$

となる。ここで、この積分が 0 とならないのは

第8章　バンド理論

$$\vec{k}' - \vec{k} - \vec{G} = 0$$

のときだけである。よって、和をとるときには

$$\vec{k}' = \vec{k} + \vec{G}$$

だけを選べばよいことになる。よって、和の対象を $\vec{G}$ とすると、第2項は

$$\sum_{\vec{G}} c_{\vec{k}+\vec{G}} V_{nml}$$

となる。最後に第3項を見てみよう。それは

$$\frac{1}{V} \sum_{\vec{k}'} E c_{\vec{k}'} \int_0^L \int_0^L \int_0^L \exp\{i(\vec{k}' - \vec{k}) \cdot \vec{r}\} dxdydz$$

となるが、この積分は $\vec{k} = \vec{k}'$ のときのみ0とはならず $L^3 = V$ となるので

$$\frac{1}{V} \sum_{\vec{k}'} E c_{\vec{k}'} \int_0^L \int_0^L \int_0^L \exp\{i(\vec{k}' - \vec{k}) \cdot \vec{r}\} dxdydz = E c_{\vec{k}}$$

となる。したがって

$$\frac{\hbar^2 \left|\vec{k}\right|^2}{2m} c_{\vec{k}} + \sum_{\vec{G}} c_{\vec{k}+\vec{G}} V_{nml} = E c_{\vec{k}}$$

となる。ここで、$E_{\vec{k}} = \dfrac{\hbar^2 \left|\vec{k}\right|^2}{2m}$ はまさに自由電子のエネルギーであるから

$$(E_{\vec{k}} - E) c_{\vec{k}} + \sum_{\vec{G}} c_{\vec{k}+\vec{G}} V_{nml} = 0$$

となる。あとは、1次元の場合とまったく同様であり

$$E_{\vec{k}} = \frac{\hbar^2 \left|\vec{k}\right|^2}{2m} = E_{\vec{k}+\vec{G}} = \frac{\hbar^2 \left|\vec{k} + \vec{G}\right|^2}{2m}$$

のときに、エネルギーギャップを生じる。すなわち

$$\left|\vec{k}\right|^2 = \left|\vec{k} + \vec{G}\right|^2 \quad \text{から} \quad \left|\vec{k}\right| = \left|\vec{k} + \vec{G}\right|$$

を満足する波数を有する電子波が定在波となって、格子中を伝播できなくなると考えられるのである。

8.3. エネルギーバンド

　ここまで見てきたように、自由電子と異なり、周期的なポテンシャルのもとで電子が運動する場合、すなわち固体の中の電子は、そのエネルギーにギャップが生じる。あるいは、あるエネルギー領域を電子が占有することができないことになる。これを禁制帯 (forbidden band) と呼んでいる。一方、占有できるエネルギー帯を許容帯 (allowed band) と呼んでいる。
　このように、エネルギーギャップに隔てられた電子が収納できる帯、すなわちバンド(band) が形成される。これをエネルギーバンドと呼び、固体内の電子の大きな特徴となっている。図 8-6 に固体の E-k 曲線と対応するバンド構造の模式図を示す。このバンド構造によって、伝導体と絶縁体の存在が説明できることになったのである。以下にその説明をしよう。

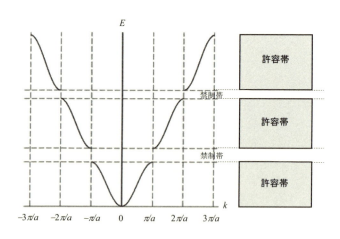

図 8-6　固体の E-k 曲線とバンド構造

8.3.1. バンドの占有電子数

　自由電子モデルで示したように、フェルミ粒子である電子は、最低エネルギー準位から、ひとつのエネルギー状態を 2 個の電子が占有することができる。本来のフェルミ粒子では 1 個であるが、電子にはプラスとマイナスのスピンがあり、このおかげで、2 個の粒子がひとつのエネルギー準位を占有できるのである。

第 8 章　バンド理論

　図 8-6 に示したように、最初のエネルギーギャップが生じるのは、波数では k $=\pm\pi/a$ である。つまり

$$-\frac{\pi}{a} \leq k \leq +\frac{\pi}{a}$$

が、電子の存在が許される最初のバンドに対応した k の範囲であり、これを第 1 ブリルアンゾーンと呼んでいる。それでは、このバンドには、どの程度の数の電子が入ることができるのであろうか。

演習 8-6　長さ L の 1 次元格子の第 1 ブリルアンゾーンに収容できる電子の数を求めよ。

　解）　フェルミ粒子であるので、エネルギー状態数が収容可能な電子数となる。ここで、もっともエネルギーの低い波数は $k_1 = \dfrac{\pi}{L}$ であり、波長 $\lambda = 2L$ の波に相当する。とりえる波数は

$$k_1 = \frac{\pi}{L}, \quad k_2 = \frac{2\pi}{L}, \quad k_3 = \frac{3\pi}{L}, ..., \quad k_n = \frac{n\pi}{L}, ...$$

と増えていく。ただし、波数には負もあるため、実際には

$$k_{-1} = -\frac{\pi}{L}, \quad k_{-2} = -\frac{2\pi}{L}, ..., \quad k_{-n} = -\frac{n\pi}{L}, ...$$

も可能となる。そして、波数 k の絶対値がもっとも大きくなるのは $k = \pm\pi/a$ であった。これが第 1 ブリルアンゾーン端であり、その波長は

$$\lambda = \frac{2\pi}{k} = \frac{2\pi a}{\pi} = 2a$$

となる。ここで、長さが L に存在できる電子波の最大波長は $2L$ であったから、長さ L の中に存在できる電子波の数は

$$\frac{2L}{\lambda} = \frac{2L}{2a} = \frac{L}{a} \quad \text{となるが、± も考えると、結局} \quad \frac{2L}{a}$$

が長さ L の中に存在できる波数の総数となる。これは、ちょうど、この長さ L に存在する原子数 N の 2 倍となる。ところで、エネルギー E は

223

$$E = \frac{\hbar^2 k^2}{2m}$$

であったので、±kは同じエネルギー準位を与える。したがって、これら波数に対応したエネルギーを区別することはできない。結局、2Nの1/2のNがエネルギー準位の数となるのである。

電子の場合には、ひとつのエネルギー準位に2個の電子が占有できるので、結局、第1ブリルアンゾーンには2N個の電子が入ることができることになる。

演習では1次元格子を考えたが、実は、3次元空間でも考え方は同様である。1辺の原子数がM個とすると、立方体の原子数はM^3となる。そして、波数が1次元で2M個とすれば、3次元では8M^3となるが、エネルギー状態数は1/8となるので、M^3となる。電子はひとつのエネルギー準位に2個収容できるから、電子数は2M^3となる。

したがって、3次元の場合にも、その体積に含まれる格子（原子）の数Nの2倍の電子数2N個を収容することが可能となるのである。

Li, Naなどの1価の金属では、1原子あたり1個の自由電子があるので、Nからなる原子の系では、N個の電子が存在する。一方、第1ブリルアンゾーンには2N個の電子を収容できるので、結果として、半分の準位が電子で埋まっており、残り半分が空席となっている。その様子を図8-7に示す。

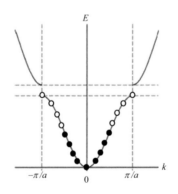

図8-7　1価の金属では、第1ブリルアンゾーンのエネルギー準位の半分を電子が占めている。

そして、このN個の電子が埋まった最大の波数がフェルミ波数k_Fであり、最

大エネルギーを与える。そして、このエネルギーがフェルミエネルギーE_Fとなる。3次元のk空間では、図8-8に示すように、半径がフェルミ波数k_Fの球となる。自由電子モデルが成功を収めたのは、第1ブリルアンゾーンのエネルギー準位に電子が占有できる余裕があるからである。

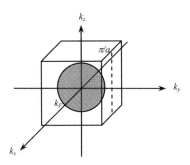

図 8-8 単純立方格子の第1ブリルアンゾーンは、k空間の原点を中心とし、1辺の長さが$2\pi/a$の立方体となる。1価の金属ではフェルミ球が、この立方体の中に余裕をもって収まるため、自由電子モデルによって、その挙動を説明できる。

8.3.2. エネルギーギャップと絶縁体

自由電子モデルは、金属のいろいろな特性を説明することに成功したが、残念ながら、このモデルに頼っている限り、固体に伝導体と絶縁体の違いがあることの説明ができないのである。

実は、エネルギーギャップの存在とバンド内に存在する電子数によって、導体と絶縁体の区別が可能となるのである。

図8-7のようなエネルギーにある1価の金属に、電場を印加すると、電子は電場とは逆方向に力を受ける。このとき、図8-9に示すように、エネルギー準位に空席があるため、電子は移動することができる。これが電流であり、電気伝導である。

これに対し、図8-10に示すように、第1ブリルアンゾーンがすべての電子で占有されている場合はどうであろうか。

この場合、電子系に電場を印加して力が作用しても、電子の移動できる空席がないため、電子は移動できない。つまり、電流が流れない。これが絶縁体である。

ただし、第2ブリルアンゾーンには、空席があるので、電子がエネルギーギャップ以上のエネルギーをえた場合には、ギャップを超えて電流が流れる。

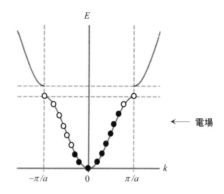

図 8-9　1価の金属では、電子のエネルギー準位に空席があるため、電場が印加され、電子に力が働くと、移動することが可能となる。

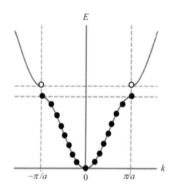

図 8-10　第1ブリルアンゾーンのエネルギーがすべて原子で占有されている状態。これが絶縁体あるいは半導体に相当する。

　それでは、半導体と絶縁体の違いはなんであろうか。これは、エネルギーギャップの大きさで説明できる。半導体は、絶縁体よりもエネルギーギャップが小さい。このため、温度が上昇して、フェルミ面近傍の電子がギャップを超えるような熱エネルギーをえると、第2ブリルアンゾーンに励起され、電気伝導が生じるのである。よって、半導体では、温度が上昇すると電気抵抗が低下するという傾向を示す。

　それでは、Be, Mg などの2価の金属ではどうであろうか。この場合、1原子あたり2個の電子があるので、N からなる原子の系では、$2N$ 個の電子が存在する

ことになる。よって、第1ブリルアンゾーンにあるエネルギー準位は、すべて埋まってしまうのである。

したがって、2価の金属は絶縁体になるはずである。しかし、誰でもが知っているように、実際の2価の金属は電気伝導性を有する。この理由を考えてみよう。図 8-11 に 2 次元正方格子の第1ブリルアンゾーンと第2ブリルアンゾーンを示す。

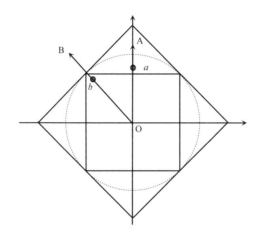

図 8-11　2 次元正方格子の第1および第2ブリルアンゾーン。同じ大きさの波数 k に対応した座標は円となる。3 次元では k が等価となるのは、k 空間の球面となる。

ここで、原点 O から A 方向と B 方向に向かう線に沿った E-k 分散曲線を取り出したものを、図 8-12 に示す。

この図からわかるように、k 空間における異方性のために、OA に沿った E-k 分散曲線の第2ブリルアンゾーンにある電子のエネルギーが、OB に沿った E-k 分散曲線の第1ブリルアンゾーンの上部にある電子のエネルギーよりも小さくなるのである。

この結果、電子を低エネルギーから詰めていった場合、図 8-13 に示すように、第1ブリルアンゾーンの一部の電子が、よりエネルギーの低い第2ブリルアンゾーンを占めるという現象が生じる。この結果、2 価の金属は絶縁体にならずに、電気伝導性を示すのである。

このように、本来は絶縁体になるはずの 2 価の元素が金属になるのは、結晶構

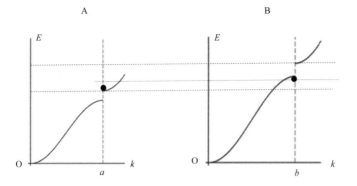

図 8-12　図 8-11 の OA および OB に沿った線上の E-k 分散曲線

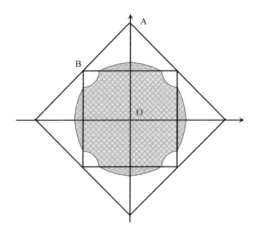

図 8-13　2 価の金属の第 1 ブリルアンゾーン

造が等方的ではないため、エネルギー準位の逆転現象が生じ、第 2 ブリルアンゾーンに位置する電子が存在するためである。

このため、2 価の金属は、一般的には 1 価の金属よりも電気伝導性が劣る傾向にある。

8.4. 還元ゾーン

図8-6に示した E-k 分散曲線を図8-14(a)に再現しよう。このように、固体内の電子のエネルギーには占有することのできない禁制帯と呼ばれる範囲があり、電子はバンドと呼ばれる許容帯にのみ分布する。そして、禁制帯の幅をエネルギーギャップと呼んでいる。

ここで、図8-14(a)の波数 $-\pi/a \leq k \leq \pi/a$ の範囲が第1ブリルアンゾーンであり、最初のエネルギーバンドに対応する。つぎは、波数が $-2\pi/a \leq k \leq -\pi/a$ と $\pi/a \leq k \leq 2\pi/a$ の範囲の第2ブリルアンゾーンであり、射影部の2番目のエネルギーバンドに対応する。

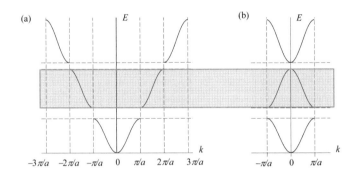

図8-14　固体の E-k 分散曲線: (a) 拡張ゾーン形式 ; (b) 還元ゾーン形式

実は、固体内の電子のエネルギーにおいては、第2ブリルアンゾーンである波数が $-2\pi/a \leq k \leq -\pi/a$ と $\pi/a \leq k \leq 2\pi/a$ の範囲の状態に対応した波動関数は、波数 $-\pi/a \leq k \leq \pi/a$ の範囲の波動関数とまったく同じになることがわかっている。

このことは、第3ブリルアンゾーンの波動関数についても適用でき、この範囲のバンドも波数 $-\pi/a \leq k \leq \pi/a$ の範囲の波動関数に還元できるのである。実は、固体内の電子の波動関数は、すべて波数 $-\pi/a \leq k \leq \pi/a$ の範囲に還元できる。そして、この範囲の等価な波動関数に還元して表示する表示方法を**還元ゾーン形式** (reduced zone scheme) と呼んでいる。これを図8-14(b)に示してある。これに対し、図8-14(a)の表示方法を**拡張ゾーン形式** (extended zone scheme) と呼んでいる。

これは、自由電子では生じない固体内の電子にのみ適用できる特徴である。そ

れでは、なぜ固体内の電子の波動関数の波数 k は、$-\pi/a \leq k \leq \pi/a$ の範囲に還元できるのであろうか。その理由を図 8-15 を使って説明しよう。

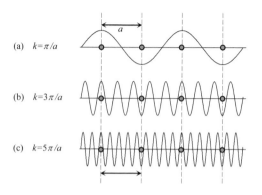

図 8-15　$k=\pi/a$ よりも波数の大きな波動関数と格子の対応関係

　固体内の原子は格子定数 a の間隔で配列している。電子の波長が $2a$ よりも長い場合、すなわち波数 k が π/a よりも小さい場合には格子を伝わることができる。しかし、その波長が $2a$ と同じ大きさになったとき、電子波と格子のマッチングが生じ、いわゆるブラッグ反射条件を満足する。このとき、電子波は定在波となり、固体内を動けなくなる。それが図 8-15(a)の状態となる。そして、これよりも波数が大きくなると、格子間隔 a でしか分布していない格子は反応ができないのである。

　この結果、図 8-15(b)のように波数が $3\pi/a$ となっても、対応できる格子の数は変わらないから、結果的には、格子ごとに波動関数の位相が π だけ変化している状態は変わらない。同様にして、図 8-15(c)のように波数が $5\pi/a$ となっても、格子と位相の対応関係は変わらない。この結果、n を整数とするとき

$$k + \frac{2\pi}{a} n$$

の波数の状態は、k の状態と変わらないのである。n は負の数も含むことになる。

第 8 章　バンド理論

演習 8-7　つぎの $-\pi/a \leq k \leq \pi/a$ の範囲からはずれた領域にある波数と等価な波数をこの範囲に還元せよ。

$$k_1 = \frac{5\pi}{3a} \qquad k_2 = \frac{10\pi}{9a} \qquad k_3 = \frac{25\pi}{4a}$$

解)

$$k_1 = \frac{5\pi}{3a} - \frac{2\pi}{a} = -\frac{\pi}{3a} \qquad k_2 = \frac{10\pi}{9a} - \frac{2\pi}{a} = -\frac{8\pi}{9a} \qquad k_3 = \frac{25\pi}{4a} - \frac{6\pi}{a} = \frac{\pi}{4a}$$

となる。

ちなみにゾーン端の $k = \dfrac{\pi}{a}$ は $k = \dfrac{\pi}{a} - \dfrac{2\pi}{a} = -\dfrac{\pi}{a}$ から負の方向のゾーン端と同じ状態の波動関数を与えることになる。ここで、先ほどの第 2 ブリルアンゾーンの $\pi/a \leq k \leq 2\pi/a$ という範囲を考えてみよう。これを還元ゾーンに移せば、図 8-16 に示すように

$$-\frac{\pi}{a} \leq k \leq 0$$

という範囲に移動できることになる。

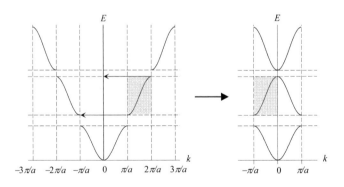

図 8-16　拡張ゾーンから還元ゾーンへの移動

一方、$-2\pi/a \leq k \leq -\pi/a$ という範囲は

$$0 \leq k \leq \frac{\pi}{a}$$

という範囲に移動できることになって、還元ゾーン形式が完成する。第3ブリル
アンゾーンにおいても、まったく同様の扱いが可能となることは明らかであろう。

第9章 タイトバインディング近似

　前章までの手法では、自由電子を基本として、その運動に周期ポテンシャルが働いたらどのような変化があるかという考えで解析を進めてきた。

　しかし、より一般的には、電子は原子のポテンシャルに捉えられていて、1個1個の原子のポテンシャル場のもとでのシュレーディンガー方程式にしたがった軌道を占めて運動している。

　固体を構成している原子の距離が近づくと、これら電子軌道間の相互作用が生じる。その解析によって固体内の電子の運動を理解しようとするのがタイトバインディングモデル (tight binding model: TB model) である。つまり、NFE モデルでは、自由に動いている電子に、原子のつくる周期的ポテンシャル場が作用したらどうなるかという観点で解析を進めてきたが、TB モデルでは、原子に捉えられている電子が、まわりの原子、電子と相互作用するとどのように変化するかという、まったく逆の視点で解析を進めることになる。

　まず、ある原子のポテンシャルのもとでの電子の波動関数$\phi(x)$がすでにわかっているものとしよう。簡単化のために1次元を考える。すると

$$-\frac{\hbar^2}{2m}\frac{d^2\phi(x)}{dx^2}+U(x)\phi(x)=E\phi(x)$$

となる。$U(x)$は原子の有するポテンシャルである。このハミルトニアンは

$$\hat{H}=-\frac{\hbar^2}{2m}\frac{d^2}{dx^2}+U(x) \qquad とすると \qquad \hat{H}\phi(x)=E\phi(x)$$

という固有方程式を満足する。ディラック表示では

$$\hat{H}|\phi\rangle=E|\phi\rangle$$

と表現される。

このとき　$\langle\phi|\hat{H}|\phi\rangle = \langle\phi|E|\phi\rangle = E\langle\phi|\phi\rangle$ から

$$E = \frac{\langle\phi|\hat{H}|\phi\rangle}{\langle\phi|\phi\rangle}$$

となる。

波動関数が規格化されていれば$\langle\phi|\phi\rangle = 1$　であるので　$E = \langle\phi|\hat{H}|\phi\rangle$　と与えられる。ただし、$\langle\phi|\phi\rangle$ は関数の内積に相当し

$$\langle\phi|\phi\rangle = \int_{-\infty}^{+\infty}\phi^*(x)\phi(x)\,dx \qquad \langle\phi|\hat{H}|\phi\rangle = \int_{-\infty}^{+\infty}\phi^*(x)\hat{H}\phi(x)\,dx$$

となる。

9.1.　2原子系の波動関数

9.1.1.　重なり積分

それでは、2個の原子 1, 2 からなる系を考え、1個の電子が、これら原子の影響下にあるものとする。このとき、その波動関数$\psi(x)$は、2個の原子がそれぞれ独立している場合の波動関数の線形和として

$$\psi(x) = c_1\phi_1(x) + c_2\phi_2(x)$$

とおいてみよう。ただし、c_1, c_2 は定数である。つまり、$\phi_1(x)$ は原子 1 が孤立している場合の電子の規格化された波動関数である。同様に、$\phi_2(x)$ は原子 2 が孤立している場合の電子の規格化された波動関数となる。

ここで、$c_1^{\;2}$ は、波動関数の軌道 $\phi_1(x)$ に電子を見いだす確率であり、$c_2^{\;2}$ は、波動関数の軌道 $\phi_2(x)$ に電子を見いだす確率である。ここで、いま考えているのは同種の原子からなる固体であるので、どちらかに電子が偏って存在するということはありえないので、これらは一致するはずである。よって

$$c_1^{\;2} = c_2^{\;2} \qquad \text{から} \qquad c_1 = \pm c_2$$

となる。よって、同じ原子からなる系で可能な組み合わせは

$$\psi_+(x) = c_1\phi_1(x) + c_1\phi_2(x) \qquad \psi_-(x) = c_1\phi_1(x) - c_1\phi_2(x)$$

のいずれかとなる。

ここで、波動関数$\psi(x)$の規格化を考えてみよう。すると

第 9 章　タイトバインディング近似

$$\langle \psi | \psi \rangle = \int_{-\infty}^{+\infty} \phi^*(x)\psi(x)\,dx = c_1^{\ 2}\langle \phi_1 | \phi_1 \rangle \pm 2c_1^{\ 2}\int_{-\infty}^{+\infty}\phi_1^*(x)\phi_2(x)\,dx + c_1^{\ 2}\langle \phi_2 | \phi_2 \rangle$$

$$= c_1^{\ 2}\left\{ 2 \pm 2\int_{-\infty}^{+\infty}\phi_1^*(x)\phi_2(x)\,dx \right\} = 1$$

となる。このとき、積分項である

$$\int_{-\infty}^{+\infty}\phi_1^*(x)\phi_2(x)\,dx = \langle \phi_1 | \phi_2 \rangle$$

の値を S と表記し、**重なり積分** (overlap integral) と呼んでいる。これは、ふたつの波動関数の重なりの度合いを示す指標である。電子 2 の軌道に電子 1 を見出す確率ということもいえる。

　ところで、一般的には

$$\int_{-\infty}^{+\infty}\phi_1^*(x)\phi_2(x)\,dx \neq \int_{-\infty}^{+\infty}\phi_2^*(x)\phi_1(x)\,dx$$

となるが、重なり積分は、実数値しか意味がないことから

$$S = \langle \phi_1 | \phi_2 \rangle = \langle \phi_2 | \phi_1 \rangle$$

としている。物理的な意味を考えても、同種の原子が 2 個ある場合、その重なり積分は、原子 1 に属する電子からみても、原子 2 に属する電子からみても同じになるはずである。つまり、それぞれの軌道に、別の電子を見出す確率は同じはずである。

　さらに、波動関数が実数であれば

$$\int_{-\infty}^{+\infty}\phi_1^*(x)\phi_2(x)\,dx = \int_{-\infty}^{+\infty}\phi_1(x)\phi_2(x)\,dx = \int_{-\infty}^{+\infty}\phi_2^*(x)\phi_1(x)\,dx = \int_{-\infty}^{+\infty}\phi_2(x)\phi_1(x)\,dx$$

となることも付記しておく。量子力学では、計算は複素数で進めるが、物理変数に対応した結果は、実数となる。これを**オブザーバブル** (observable) と呼んでいる。

　さて、重なり積分

$$S = \langle \phi_1 | \phi_2 \rangle$$

の値は、相互作用がない場合には 0 となり、相互作用が強くなるにしたがって 0 から 1 までの値をとる。もちろん、1 となるのは

$$\phi_1(x) = \phi_2(x)$$

のように、波動関数がまったく同じとなる場合である。ここで、波動関数の重なりがある場合は $0 < S < 1$ となり、規格化条件

$$c_1^2(2 \pm 2S) = 1 \qquad \text{から} \qquad c_1 = \frac{1}{\sqrt{2 \pm 2S}}$$

となる。ここで、ふたたび規格化条件を考えると、2原子に属する1電子の波動関数は

$$\psi_+(x) = \frac{1}{\sqrt{2+2S}}\{\phi_1(x)+\phi_2(x)\} \qquad \psi_-(x) = \frac{1}{\sqrt{2-2S}}\{\phi_1(x)-\phi_2(x)\}$$

のいずれかとなる。前者は、$c_2 = c_1$ の場合、後者は $c_2 = -c_1$ の場合で、それぞれ規格化条件を満足する場合に相当する。

演習 9-1　つぎの波動関数が規格化条件を満足しないことを確かめよ。

$$\psi'(x) = \frac{1}{\sqrt{2+2S}}\{\phi_1(x)-\phi_2(x)\}$$

解)　　$\langle\psi'|\psi'\rangle = \dfrac{1}{2+2S}\langle\phi_1|\phi_1\rangle - \dfrac{2}{2+2S}\langle\phi_1|\phi_2\rangle + \dfrac{1}{2+2S}\langle\phi_2|\phi_2\rangle$

$$= \frac{1}{2+2S} - \frac{2}{2+2S}S + \frac{1}{2+2S} = \frac{2-2S}{2+2S}$$

となって、$S \neq 0$ のとき 1 とはならない。

一方　$\psi_-(x) = \dfrac{1}{\sqrt{2-2S}}\{\phi_1(x)-\phi_2(x)\}$ の場合

$$\langle\psi_-|\psi_-\rangle = \frac{1}{2-2S}\langle\phi_1|\phi_1\rangle - \frac{2}{2-2S}\langle\phi_1|\phi_2\rangle + \frac{1}{2-2S}\langle\phi_2|\phi_2\rangle = \frac{2-2S}{2-2S} = 1$$

となって、規格化されていることがわかる。

　ところで、いまは同じ原子からなる系を考えているので、原子間距離を a と置くと、原子2の波動関数は

$$\phi_2(x) = \phi_1(x+a) = c\phi_1(x)$$

第9章 タイトバインディング近似

となる。

ϕ_1 と ϕ_2 は同じ原子に属する波動関数であるから、図 9-1 に示したように、基本的には、おなじかたちをした関数を x 方向に並進移動したものと考えられる。

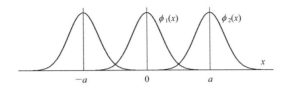

図 9-1 同じ原子からなる固体の波動関数

ただし、量子力学では、定数項 c が必要となる。ここで、波動関数の波数を k とすると、A を定数として $\phi_1(x) = A\exp(ikx)$ となるから

$$\phi_1(x+a) = A\exp\{ik(x+a)\} = \exp(ika)A\exp(ikx) = \exp(ika)\phi_1(x)$$

となる。よって

$$\phi_2(x) = \exp(ika)\phi_1(x)$$

から、この場合は

$$c = \exp(ika)$$

であり

$$|c|^2 = c^*c = \exp(-ika)\exp(ika) = \exp 0 = 1$$

となる。ka は、電子を波と仮定した場合の位相に相当し、定数 c は位相因子と呼ばれる。ここで、重なり積分を計算すると

$$S = <\phi_1|\phi_2> = \int_{-\infty}^{+\infty} \phi_1^*(x)\phi_2(x)\,dx = \int_{-\infty}^{+\infty} \phi_1^*(x)\exp(ika)\phi_1(x)\,dx = \exp(ika)$$

となる。しかし、このままでは、重なり積分の値は複素数となっている。本来、S は実数となるはずである。

そこで、いささか技巧的ではあるが、つぎのような工夫をしよう。$\phi_1(x+a) = \phi_2(x)$ が成立しているが、この関係は相対的であり、$-a$ だけ離れた 2 原子間でも成立するはずである。ここで

$$\phi_1(x-a) = \phi_0(x)$$

とする。このとき

$$\phi_3(x) = \phi_1(x-a) = \exp(-ika)\phi_1(x)$$

となる。よって

$$S = \int_{-\infty}^{+\infty}\phi_1*(x)\phi_3(x)\,dx = \int_{-\infty}^{+\infty}\phi_1*(x)\exp(-ika)\phi_1(x)\,dx = \exp(-ika)$$

となる。これは、先ほどの S と同じ値をとるはずである。そこで、辺々を足し合わせると

$$2S = \exp(ika) + \exp(-ika)$$

から

$$S = \frac{\exp(ika) + \exp(-ika)}{2} = \cos(ka)$$

となって実数値がえられる。また、$\cos(ka)$の大きさは 0 から 1 の値をとるので、S は実数となり、$0 \le S \le 1$ となる。

演習 9-2 つぎの積分の値を計算せよ。

$$\langle \phi_2 | \phi_1 \rangle = \int_{-\infty}^{+\infty}\phi_2*(x)\phi_1(x)\,dx$$

解)

$$\phi_2(x) = \exp(ika)\phi_1(x)$$

であるから

$$\phi_2*(x) = \phi_1*(x)\exp(-ika)$$

となる。したがって

$$\langle \phi_2 | \phi_1 \rangle = \int_{-\infty}^{+\infty}\phi_2*(x)\phi_1(x)\,dx = \int_{-\infty}^{+\infty}\phi_1*(x)\exp(-ika)\phi_1(x)\,dx$$

$$= \exp(-ika)\int_{-\infty}^{+\infty}\phi_1*(x)\phi_1(x)\,dx = \exp(-ika)$$

となる。

この演習結果からもわかるように、複素数では

$$\langle \phi_1 | \phi_2 \rangle \ne \langle \phi_2 | \phi_1 \rangle$$

となる。しかし、物理的な意味を考えると、等しくなければならない。そのため、虚数部が消えるような数学的な処理をしているのである。

ここで、$a = 0$ の場合原子が重なった状態となり、$S = 1$ となる。ここで、重なり積分の値 S と 2 個の波動関数の相対関係を図示すると図 9-2 のようになる。

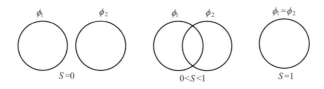

図 9-2　重なり積分と波動関数

9.1.2.　2 原子系の軌道

2 原子に属する波動関数には ψ_+ と ψ_- がある。ここで、波動関数 ψ_+ によってあらわされる軌道を**結合性軌道** (bonding orbital)、ψ_- によってあらわされる軌道を**反結合性軌道** (antibonding orbital)と呼ぶ。図 9-3 に結合性軌道の場合の波動関数の模式図を示す。

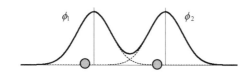

図 9-3　結合性軌道の波動関数

図に示すように、原子間での電子の存在確率が大きくなる。つまり、積分 S によって、重なりの度合いがわかる。つぎに、図 9-4 に反結合性軌道の波動関数の様子を示す。

反結合性軌道では、原子間の電子の存在確率が低くなり、エネルギーは高くなると考えられる。ここで、結合および反結合性軌道の場合の電子のエネルギーの模式図を図 9-5 に示す。

電子のエネルギーは、結合性軌道のほうが低い。よって、2 個の原子に属する

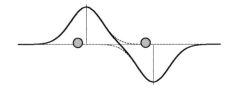

図 9-4 反結合性軌道の波動関数

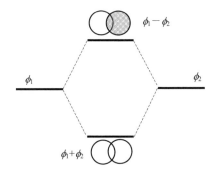

図 9-5 結合性軌道と反結合性軌道のエネルギー準位

2 個の電子が存在する場合は、いずれも結合性軌道に入ると考えられる。それでは、結合性軌道のエネルギー(E^+)を計算してみよう。

$$\psi_+(x) = \frac{1}{\sqrt{2+2S}}\{\phi_1(x)+\phi_2(x)\}$$

から

$$\langle\psi_+(x)|\hat{H}|\psi_+(x)\rangle = \frac{1}{2+2S}\{\langle\phi_1(x)|\hat{H}|\phi_1(x)\rangle + 2\langle\phi_1(x)|\hat{H}|\phi_2(x)\rangle + \langle\phi_2(x)|\hat{H}|\phi_2(x)\rangle\}$$

$$= \frac{1}{2+2S}\{2E_0 + 2\langle\phi_1(x)|\hat{H}|\phi_2(x)\rangle\}$$

ここで

$$\left\langle \phi_1(x) \middle| \hat{H} \middle| \phi_1(x) \right\rangle = \int_{-\infty}^{+\infty} \phi_1{}^*(x) \hat{H} \phi_1(x) \, dx = E_0$$

は波動関数 $\phi_1(x)$ のエネルギー固有値である。実は、波動関数のかたちが、まったく同じであるので $\phi_2(x)$ のエネルギー固有値も

$$\left\langle \phi_2(x) \middle| \hat{H} \middle| \phi_2(x) \right\rangle = \int_{-\infty}^{+\infty} \phi_2{}^*(x) \hat{H} \phi_2(x) \, dx = E_0$$

となる。つぎに、第 2 項は

$$\left\langle \phi_1(x) \middle| \hat{H} \middle| \phi_2(x) \right\rangle = \int_{-\infty}^{+\infty} \phi_1{}^*(x) \hat{H} \phi_2(x) \, dx = H_{12}$$

となるが、H_{12} は**共鳴積分** (resonance integral) と呼ばれており、ふたつの軌道の相互作用によるエネルギー変化を反映したものである。一般的には、この値（積分計算）を解析的に求めることはできず、実際の現象と矛盾の生じないように、近似的に解を求めるのが通例である。そして、電子軌道や化学結合などの解析から、共鳴積分は負の値をとることが知られている。つまり、軌道の共鳴によって、電子系のエネルギーは低下することになる。

結局、結合性軌道のエネルギーは

$$E^+ = \frac{1}{2+2S} \left\{ 2E_0 + 2 \left\langle \phi_1(x) \middle| \hat{H} \middle| \phi_2(x) \right\rangle \right\} = \frac{E_0 + H_{12}}{1+S}$$

と与えられる。

演習 9-3 反結合性軌道に対応した波動関数

$$\psi_-(x) = \frac{1}{\sqrt{2-2S}} \left\{ \phi_1(x) - \phi_2(x) \right\}$$

のエネルギー(E^-)を求めよ。

解） $E^- = \left\langle \psi_-(x) \middle| \hat{H} \middle| \psi_-(x) \right\rangle$

$$= \frac{1}{2-2S} \left\{ \left\langle \phi_1(x) \middle| \hat{H} \middle| \phi_1(x) \right\rangle - 2 \left\langle \phi_1(x) \middle| \hat{H} \middle| \phi_2(x) \right\rangle + \left\langle \phi_2(x) \middle| \hat{H} \middle| \phi_2(x) \right\rangle \right\}$$

$$= \frac{1}{2-2S} \left\{ 2E_0 - 2 \left\langle \phi_1(x) \middle| \hat{H} \middle| \phi_2(x) \right\rangle \right\}$$

となる。よって

$$E^- = \frac{1}{2-2S}\{2E_0 - 2\langle\phi_1(x)|\hat{H}|\phi_2(x)\rangle\} = \frac{E_0 - H_{12}}{1-S}$$

と与えられる。

あらためて、結合性軌道と反結合性軌道のエネルギーを示すと

$$E^+ = \frac{E_0 + H_{12}}{1+S} \qquad E^- = \frac{E_0 - H_{12}}{1-S}$$

となる。$1+S > 1-S$ であり、$H_{12} < 0$ であるから

$$E^+ < E^-$$

となって、結合性軌道のエネルギーが常に低いという結果がえられる。したがって、2原子系においては、2個の電子は結合性軌道を占めることになる。

また、改めて、重なり積分 S と共鳴積分 H_{12} を示すと

$$S = \langle\phi_1(x)|\phi_2(x)\rangle = \int_{-\infty}^{+\infty}\phi_1{}^*(x)\phi_2(x)\,dx$$

$$H_{12} = \langle\phi_1(x)|\hat{H}|\phi_2(x)\rangle = \int_{-\infty}^{+\infty}\phi_1{}^*(x)\hat{H}\phi_2(x)\,dx$$

となる。

9.2. ベンゼン環

9.2.1. 6原子系の波動関数

ここで、N個の原子からなる固体の場合を考える準備として、炭素原子 C が 6 角形を形成するベンゼンの場合の波動関数を考えてみよう。

ベンゼン環では、炭素原子が+に帯電し、炭素原子ごとに $2p_z$ 電子 (π 電子と呼ばれる) が 1 個配され、それが、まわりの電子と相互作用しながら、環に沿った波動関数を形成している。これが、ちょうど 6 原子系の波動関数に相当し、N 電子系を考えるうえでのよい土台となるのである。

ただし、p 電子は、s 電子と異なり、図 9-6 のような軌道を有することに注意しよう。

第 9 章　タイトバインディング近似

図 9-6　電子の s 軌道と p 軌道。図では p_x と p_z 軌道を示しているが、y 軸に沿った p_y 軌道もある。

ここで、1 個の π 電子 ($2p_z$ 電子) が、+ に帯電した 6 個の炭素原子の影響を受けて運動する場合の、規格化された波動関数は

$$\psi(x) = \frac{1}{\sqrt{6}}\{c_0\phi_0(x) + c_1\phi_1(x) + c_2\phi_2(x) + c_3\phi_3(x) + c_4\phi_4(x) + c_5\phi_5(x)\} = \frac{1}{\sqrt{6}}\sum_{n=0}^{5} c_n\phi_n(x)$$

と置くことができる。これが N 原子の場合には、N 個の波動関数の和となる。

$$\psi(x) = \frac{1}{\sqrt{N}}\sum_{n=0}^{N-1} c_n\phi_n(x)$$

となる。ただし、x は、原点から測った距離となる。ベンゼン環の場合は、図 9-7 の番号 0 の原子を原点として、この原子からの距離となる。

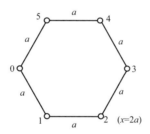

図 9-7　ベンゼンの構造: 6 個の炭素原子が間隔 a で 6 角形をなしている。

演習 9-4　$\phi_0(x), \phi_2(x), ..., \phi_5(x)$ が正規直交化[1]された波動関数とすると

$$\psi(x) = \frac{1}{\sqrt{6}}\{c_0\phi_0(x) + c_1\phi_1(x) + c_2\phi_2(x) + c_3\phi_3(x) + c_4\phi_4(x) + c_5\phi_5(x)\}$$

が規格化されていることを確かめよ。

---

[1] 正規直交化に関しては拙著『なるほど量子力学 I』(海鳴社) を参照していただきたい。

解) $\langle\psi|\psi\rangle = \dfrac{1}{6}\{|c_0|^2\langle\phi_0|\phi_0\rangle + c_0c_1\langle\phi_0|\phi_1\rangle + c_0c_2\langle\phi_0|\phi_1\rangle + \ldots + |c_1|^2\langle\phi_1|\phi_1\rangle + \ldots\}$

となるが、正規直交性から $\langle\phi_i|\phi_j\rangle = 0$ $(i \neq j)$ $\langle\phi_i|\phi_j\rangle = 1$ $(i = j)$ であり、

$\langle\psi|\psi\rangle = \dfrac{1}{6}\{|c_0|^2\langle\phi_0|\phi_0\rangle + |c_1|^2\langle\phi_1|\phi_1\rangle + \ldots + |c_5|^2\langle\phi_5|\phi_5\rangle\} = \dfrac{1}{6}\{|c_0|^2 + |c_1|^2 + \ldots + |c_5|^2\}$

ここで、$|c_0|^2 + |c_1|^2 + \ldots + |c_6|^2 = 6$ であるから、$\langle\psi|\psi\rangle = 1$ となって、規格化されていることがわかる。

　よって ψ の係数 $1/\sqrt{6}$ は規格化定数であることがわかる。ここで、ベンゼン環の1辺の長さを a とし、原子 0 の位置を原点としてベンゼン環に沿った距離を x とおくと

$$\phi_1(x) = \phi_0(x - a) \qquad \phi_2(x) = \phi_1(x - a) = \phi_0(x - 2a)$$

という関係がある。ここで、原点からの距離は $-a$ でも $+a$ のどちらを採用しても構わない。ここでは、$-a$ を採用している。

　このとき、ベンゼン環全体に拡がった電子の波動関数は

$$\psi(x) = \frac{1}{\sqrt{6}}\sum_{n=0}^{5} c_n\phi_0(x - na)$$

と置ける。ここで

$$\psi(x - a) = \frac{1}{\sqrt{6}}\sum_{n=0}^{5} c_n\phi_0(x - a - na) = \frac{1}{\sqrt{6}}\sum_{n=0}^{5} c_n\phi_0(x - (n+1)a)$$

となる。

演習 9-5　ベンゼン環は、$6a$ で一周するともとの関数に戻る。この周期境界条件から、位相係数の値 c を求めよ。

　解)　$\psi(x - a) = c\psi(x)$ としよう。すると

$$\psi(x - 2a) = c^2\psi(x) \qquad \psi(x - 3a) = c^3\psi(x)$$

第 9 章　タイトバインディング近似

となるので、結局

$$\psi(x-6a) = c^6 \psi(x)$$

となるが、これで 1 周したことになるので、もとの関数と一致するはずである。
よって

$$\psi(x-6a) = \psi(x) = c^6 \psi(x)$$

という関係がえられる。すると

$$c^6 = 1$$

よって、位相を θ とすると $c = \exp(i\theta)$

$$c^6 = \exp(i6\theta) = 1 = \exp(2m\pi i)$$

となる。ただし、m は整数である。よって

$$6\theta = 2m\pi \qquad \text{から位相は} \qquad \theta = \frac{m\pi}{3}$$

となり

$$c = \exp\left(i\frac{m\pi}{3}\right)$$

と与えられる。

　ここで、位相係数の一般式は n を整数として

$$c_n = c^n = \exp\left(i\frac{nm\pi}{3}\right)$$

となる。つまり

$$c_0 = c^0 = 1, \quad c_1 = c = \exp\left(i\frac{m\pi}{3}\right), \quad c_2 = c^2 = \exp\left(i\frac{2m\pi}{3}\right), \quad c_3 = c^3 = \exp\left(i\frac{3m\pi}{3}\right),$$

$$c_4 = c^4 = \exp\left(i\frac{4m\pi}{3}\right), \quad c_5 = c^5 = \exp\left(i\frac{5m\pi}{3}\right)$$

となる。ちなみに、$n = 6$ では

$$c_6 = c^6 = \exp\left(i\frac{6m\pi}{3}\right) = 1 = c_0$$

となり、c_6 は c_0 に一致する。ベンゼン環の場合には、c_0 から c_5 だけを使うこと
になるが、位相係数における $c_7 = c_1$, $c_8 = c_2$ という関係は、実は、c_0 から c_5 が第 1
ブリルアンゾーンに、c_6 から c_{11} が第 2 ブリルアンゾーンに対応しているのであ

245

9.2.2. ベンゼン環の波動関数

以上を踏まえて、ベンゼン環に沿って動くことのできる電子の波動関数の一般式を書くと

$$\psi_m(x) = \frac{1}{\sqrt{6}} \sum_{n=0}^{5} \exp\left(i\frac{nm\pi}{3}\right) \phi_0(x-na)$$

となる。ここで、$m = 0$ のとき

$$\psi_0(x) = \frac{1}{\sqrt{6}} \sum_{n=0}^{5} \phi_0(x-na)$$

$$= \frac{1}{\sqrt{6}} \{\phi_0(x) + \phi_0(x-a) + \phi_0(x-2a) + \phi_0(x-3a) + \phi_0(x-4a) + \phi_0(x-5a)\}$$

となる。ここで、簡単化のために $\phi_n = \phi_0(x-na)$ と置くと

$$\psi_0(x) = \frac{1}{\sqrt{6}} (\phi_0 + \phi_1 + \phi_2 + \phi_3 + \phi_4 + \phi_5)$$

となる。この状態は、各格子の波動関数の位相に変化のない状態である。図 9-8 に、その様子を示す。

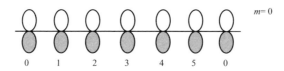

図 9-8　$m = 0$ に対応したベンゼン環に沿った π 電子の波動関数

図 9-8 に示した p_z 軌道において射影を施した領域は、位相が π だけずれた部分を示している。

つぎに、$m = 1$ のとき

$$\psi_1(x) = \frac{1}{\sqrt{6}} \sum_{n=0}^{5} \exp\left(i\frac{n\pi}{3}\right) \phi_0(x-na) = \frac{1}{\sqrt{6}} \sum_{n=0}^{5} \exp\left(i\frac{n\pi}{3}\right) \phi_n$$

から

第 9 章　タイトバインディング近似

$$\psi_1(x) = \frac{1}{\sqrt{6}}(\phi_0 + \exp\left(i\frac{\pi}{3}\right)\phi_1 + \exp\left(i\frac{2\pi}{3}\right)\phi_2 + \exp(i\pi)\phi_3 + \exp\left(i\frac{4\pi}{3}\right)\phi_4 + \exp\left(i\frac{5\pi}{3}\right)\phi_5)$$

$$= \frac{1}{\sqrt{6}}\left\{\phi_0 + \exp\left(i\frac{\pi}{3}\right)\phi_1 + \exp\left(i\frac{2\pi}{3}\right)\phi_2 - \phi_3 + \exp\left(-i\frac{2\pi}{3}\right)\phi_4 + \exp\left(-i\frac{\pi}{3}\right)\phi_5\right\}$$

となる。

　この波動関数では、1 格子（格子定数 a）進むごとにその位相が $\pi/3$ ずつ増えていく状態に対応している。したがって、その様子を示すと、図 9-9 のようになる。

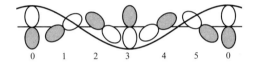

図 9-9　$m = 1$ に対応したベンゼン環の波動関数

　位相の変化に注目すると、ベンゼン環の 1 周期に対し、波が 1 個ある状態に相当する。

　同様にして、$m = 2$ のときは

$$\psi_2(x) = \frac{1}{\sqrt{6}}\sum_{n=0}^{5}\exp\left(i\frac{2n\pi}{3}\right)\phi_0(x-na) = \frac{1}{\sqrt{6}}\sum_{n=0}^{5}\exp\left(i\frac{2n\pi}{3}\right)\phi_n$$

から

$$\psi_2(x)$$
$$= \frac{1}{\sqrt{6}}\{\phi_0 + \exp\left(i\frac{2\pi}{3}\right)\phi_1 + \exp\left(i\frac{4\pi}{3}\right)\phi_2 + \exp\left(i\frac{6\pi}{3}\right)\phi_3 + \exp\left(i\frac{8\pi}{3}\right)\phi_4 + \exp\left(i\frac{10\pi}{3}\right)\phi_5\}$$
$$= \frac{1}{\sqrt{6}}\left\{\phi_0 + \exp\left(i\frac{2\pi}{3}\right)\phi_1 + \exp\left(-i\frac{2\pi}{3}\right)\phi_2 + \phi_3 + \exp\left(i\frac{2\pi}{3}\right)\phi_4 + \exp\left(-i\frac{2\pi}{3}\right)\phi_5\right\}$$

となる。

　これは、1 格子進むごとに、位相が $2\pi/3$ だけ増えていく状態であるので、図 9-10 のようになる。

　$\psi_2(x)$ の波動関数では、それぞれの位相は、$0, 2\pi/3, 4\pi/3, 0, 2\pi/3, 4\pi/3, 0$ と循環し、ベンゼン環 1 周で 2 波長に相当する。

247

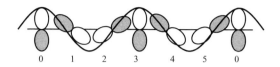

図9-10　$m=2$ に対応したベンゼン環に沿ったπ電子の波動関数

演習9-6　$m=3$ のときのベンゼン環に拡がった電子の波動関数を求めよ。

解）

$$\psi_3(x) = \frac{1}{\sqrt{6}} \sum_{n=0}^{5} \exp\left(i\frac{3n\pi}{3}\right)\phi_0(x-na) = \frac{1}{\sqrt{6}} \sum_{n=0}^{5} \exp(in\pi)\phi_n$$

から

$$\psi_3(x) = \frac{1}{\sqrt{6}}\{\phi_0 + \exp(i\pi)\phi_1 + \exp(i2\pi)\phi_2 + \exp(i3\pi)\phi_3 + \exp(i4\pi)\phi_4 + \exp(i5\pi)\phi_5\}$$

$$= \frac{1}{\sqrt{6}}\{\phi_0 - \phi_1 + \phi_2 - \phi_3 + \phi_4 - \phi_5\}$$

となる。

これは、1格子ごとにπだけ変化していくことに対応しており、図9-11のようになる。

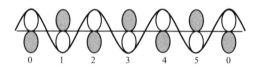

図9-11　$m=3$ に対応したベンゼン環に沿ったπ電子の波動関数

これは、ベンゼン環の1周期に波が3個存在する状態である。ここで、前章で取り扱ったブリルアンゾーンとの対応をとるため、波数との関係を求めてみよう。波数を k、格子定数を a とすると、位相は ka と与えられるのであった。いまの場合$\theta = m\pi/3$ であったから

$$\theta = \frac{m\pi}{3} = ka \qquad \text{から} \qquad k = \frac{m\pi}{3a}$$

となる。実は、$m = 3$ の場合、波数 k は π/a となり、ちょうど、ブリルアンゾーン端に対応する。確かに、図 9-11 を見れば、電子の波動関数の波長と格子間隔が整合している。この際、電子波は定在波となって、自由に格子を動けなくなるのである。

つぎに、$m = 4$ のとき

$$\psi_4(x) = \frac{1}{\sqrt{6}} \sum_{n=0}^{5} \exp\left(i\frac{4n\pi}{3}\right)\phi_0(x-na) = \frac{1}{\sqrt{6}} \sum_{n=0}^{5} \exp\left(i\frac{4n\pi}{3}\right)\phi_n$$

から

$$\psi_4(x) = \frac{1}{\sqrt{6}}\{\phi_0 + \exp\left(i\frac{4\pi}{3}\right)\phi_1 + \exp\left(i\frac{8\pi}{3}\right)\phi_2 + \exp\left(i\frac{12\pi}{3}\right)\phi_3$$
$$+ \exp\left(i\frac{16\pi}{3}\right)\phi_4 + \exp\left(i\frac{20\pi}{3}\right)\phi_5\}$$

$$= \frac{1}{\sqrt{6}}\left\{\phi_0 + \exp\left(-i\frac{2\pi}{3}\right)\phi_1 + \exp\left(i\frac{2\pi}{3}\right)\phi_2 + \phi_3 + \exp\left(-i\frac{2\pi}{3}\right)\phi_4 + \exp\left(i\frac{2\pi}{3}\right)\phi_5\right\}$$

となる。

これは、1 格子進むごとに位相が $2\pi/3$ だけ減っていく状態に対応し、図 9-10 の上下が反転した状態に対応する。

演習 9-7　$m = -2$ のとき、すなわち、電子の波数 k が $k = -2\pi/3a$ のときのベンゼン環に沿った π 電子の波動関数を求めよ。

解）

$$\psi_{-2}(x) = \frac{1}{\sqrt{6}} \sum_{n=0}^{5} \exp\left(-i\frac{2n\pi}{3}\right)\phi_0(x-na) = \frac{1}{\sqrt{6}} \sum_{n=0}^{5} \exp\left(-i\frac{2n\pi}{3}\right)\phi_n$$

から

$$\psi_{-2}(x) = \frac{1}{\sqrt{6}}\{\phi_0 + \exp\left(-i\frac{2\pi}{3}\right)\phi_1 + \exp\left(-i\frac{4\pi}{3}\right)\phi_2 + \exp\left(-i\frac{6\pi}{3}\right)\phi_3$$
$$+ \exp\left(-i\frac{8\pi}{3}\right)\phi_4 + \exp\left(-i\frac{10\pi}{3}\right)\phi_5\}$$

$$= \frac{1}{\sqrt{6}} \left\{ \phi_0 + \exp\left(-i\frac{2\pi}{3}\right)\phi_1 + \exp\left(i\frac{2\pi}{3}\right)\phi_2 + \phi_3 + \exp\left(-i\frac{2\pi}{3}\right)\phi_4 + \exp\left(i\frac{2\pi}{3}\right)\phi_5 \right\}$$

となる。

したがって、$\psi_{-2}(x) = \psi_4(x)$ となることがわかる。同様にして $\psi_3(x) = \psi_{-3}(x)$ や $\psi_1(x) = \psi_{-5}(x)$ などが成立し、まとめると

$$\psi_{m\pm6}(x) = \psi_m(x)$$

という関係が成立する。

演習 9-8 ベンゼン環に沿った π 電子の波動関数において、$\psi_{10}(x) = \psi_4(x)$ となることを確かめよ。

解）

$$\psi_{10}(x) = \frac{1}{\sqrt{6}} \sum_{n=0}^{5} \exp\left(i\frac{10\pi}{3}\right)\phi_n$$

から

$$\psi_{10}(x) = \frac{1}{\sqrt{6}} \{ \phi_0 + \exp\left(i\frac{10\pi}{3}\right)\phi_1 + \exp\left(i\frac{20\pi}{3}\right)\phi_2 + \exp\left(i\frac{30\pi}{3}\right)\phi_3$$

$$+ \exp\left(i\frac{40\pi}{3}\right)\phi_4 + \exp\left(i\frac{50\pi}{3}\right)\phi_5 \}$$

となる。ここで

$$\exp\left(i\frac{10\pi}{3}\right) = \exp\left(i\left(\frac{12\pi}{3} - \frac{2}{3}\pi\right)\right) = \exp(i4\pi)\exp\left(-i\frac{2\pi}{3}\right) = \exp\left(-i\frac{2\pi}{3}\right)$$

$$\exp\left(i\frac{20\pi}{3}\right) = \exp\left(i\left(\frac{18\pi}{3} + \frac{2}{3}\pi\right)\right) = \exp(i6\pi)\exp\left(i\frac{2\pi}{3}\right) = \exp\left(i\frac{2\pi}{3}\right)$$

となるが、以下同様にして

$$\exp\left(i\frac{30\pi}{3}\right) = 1, \quad \exp\left(i\frac{40\pi}{3}\right) = \exp\left(-i\frac{2\pi}{3}\right), \quad \exp\left(i\frac{50\pi}{3}\right) = \exp\left(i\frac{2\pi}{3}\right)$$

となるので

第9章 タイトバインディング近似

$$\psi_{10}(x) = \frac{1}{\sqrt{6}}\left\{\phi_0 + \exp\left(-i\frac{2\pi}{3}\right)\phi_1 + \exp\left(i\frac{2\pi}{3}\right)\phi_2 + \phi_3 + \exp\left(-i\frac{2\pi}{3}\right)\phi_4 + \exp\left(i\frac{2\pi}{3}\right)\phi_5\right\}$$

となる。

これは、先ほど求めた $\psi_4(x)$ と一致している。

この結果からも

$$\psi_{m\pm6}(x) = \psi_m(x)$$

という関係が成立することが確かめられる。より、一般的には、n を整数として

$$\psi_{m\pm6n}(x) = \psi_m(x)$$

となる。

これを波数で考えると

$$k = \frac{m\pi}{3a} \qquad と \qquad k' = \frac{(m\pm6n)\pi}{3a}$$

の波動関数が等価であることを意味している。そして

$$k' = \frac{m\pi}{3a} + n\frac{2\pi}{a} = k + n\frac{2\pi}{a}$$

となる。このとき、$n = 0$ が第1ブリルアンゾーン、$n = 1$ が第2ブリルアンゾーン、$n = 2$ が第3ブリルアンゾーンに対応しているのである。

9.2.3. ベンゼン環のエネルギー

それでは、これら波動関数に対応した電子のエネルギーを求めてみよう。ここでは、N 電子系への拡張を考えて

$$R_n = na$$

と置く。さらに、一般的には、m ではなく、波数 k に注目して計算を進めるので

$$k = \frac{m\pi}{3a} \quad から \quad m = \frac{3ak}{\pi}$$

とすると

$$\psi_m(x) = \frac{1}{\sqrt{6}}\sum_{n=0}^{5}\exp\left(i\frac{nm\pi}{3}\right)\phi_0(x-na)$$

は

251

$$\frac{nm\pi}{3} = \frac{3ak}{\pi}\frac{n\pi}{3} = kna = kR_n$$

となるので

$$\psi_k(x) = \frac{1}{\sqrt{6}}\sum_{n=0}^{5}\exp(ikR_n)\phi(x-R_n)$$

と与えられる。なお、今後の展開には不必要なので、ϕ_0 の添え字の 0 は省略した。ここで、H_a をハミルトニアンとすると

$$H_a\psi_k(x) = E_k\psi_k(x)$$

がシュレーディンガー方程式となる。

このとき、エネルギー固有値は

$$E_k = \frac{\langle\psi_k|H_a|\psi_k\rangle}{\langle\psi_k|\psi_k\rangle} = \frac{\displaystyle\int_{-\infty}^{+\infty}\psi^*_k(x)H_a\psi_k(x)\,dx}{\displaystyle\int_{-\infty}^{+\infty}\psi^*_k(x)\psi_k(x)\,dx}$$

と与えられる。

ここで、まず、分母の積分を計算してみよう。

$$\psi^*_k(x) = \frac{1}{\sqrt{6}}\sum_{n=0}^{5}\exp(-ikR_n)\,\phi^*(x-R_n)$$

となるが、これを乗ずる場合には、添え字を l と変えて

$$\psi^*_k(x) = \frac{1}{\sqrt{6}}\sum_{l=0}^{5}\exp(-ikR_l)\,\phi^*(x-R_l)$$

としたうえで、積をとる。すると

$$\psi^*_k(x)\psi_k(x) = \frac{1}{6}\sum_{n=0}^{5}\sum_{l=0}^{5}\exp\{ik(R_n-R_l)\}\phi^*(x-R_l)\,\phi(x-R_n)$$

となり、積分は

$$\int_{-\infty}^{+\infty}\psi^*_k(x)\psi_k(x)\,dx = \frac{1}{6}\sum_{n=0}^{5}\sum_{l=0}^{5}\exp\{ik(R_n-R_l)\}\int_{-\infty}^{+\infty}\phi^*(x-R_l)\,\phi(x-R_n)\,dx$$

となる。

演習 9-9　積分 $\displaystyle\int_{-\infty}^{+\infty}\psi^*_k(x)\psi_k(x)\,dx$ において、$n = l$ に対応した成分の値を求めよ。

第 9 章　タイトバインディング近似

解） $n = l$ のとき

$$\exp\{ik(R_n - R_n)\} = \exp 0 = 1$$

となる。よって、積分は

$$\int_{-\infty}^{+\infty} \phi^*(x - R_n)\,\phi(x - R_n)\,dx = \int_{-\infty}^{+\infty} \left|\phi(x - R_n)\right|^2 dx$$

となる。ここではϕは規格化された原子内の波動関数としているので、この積分の値は 1 となる。

さらに、n が 0 から 5 まで 6 個あるので、$R_n = R_l$ のときの積分値は 6/6=1 となる。

つぎに、$n \neq l$ のときを考えてみよう。

$$\int_{-\infty}^{+\infty} \phi^*(x - R_l)\,\phi(x - R_n)\,dx$$

という積分を考える。このとき、R_n の位置にある原子のポテンシャル内にある電子が影響を受けるのは、そのとなりの原子のみと考えられる。もちろん、それ以上離れた原子の影響もあるが、それは無視できるほど小さいはずである。

よって、この積分として考慮すべきは$l = n \pm 1$ であり

$$\sum_{n=0}^{5} \sum_{l=0}^{5} \int_{-\infty}^{+\infty} \phi^*(x - R_l)\,\phi(x - R_n)\,dx$$

$$\cong \sum_{n=0}^{5} \int_{-\infty}^{+\infty} \phi^*(x - R_{n+1})\,\phi(x - R_n)\,dx + \sum_{n=0}^{5} \int_{-\infty}^{+\infty} \phi^*(x - R_{n-1})\,\phi(x - R_n)\,dx$$

となる。ここで、格子定数をaとすれば

$$R_{n+1} = R_n + a \qquad R_{n-1} = R_n - a$$

である。したがって

$$\sum_{n=0}^{5} \sum_{l=0}^{5} \exp\{ik(R_n - R_l)\} \int_{-\infty}^{+\infty} \phi(x - R_n)\,\phi^*(x - R_l)\,dx$$

$$\cong \exp(-ika) \sum_{n=0}^{5} \int_{-\infty}^{+\infty} \phi^*(x - R_n - a)\,\phi(x - R_n)\,dx +$$

$$\exp(ika) \sum_{n=0}^{5} \int_{-\infty}^{+\infty} \phi^*(x - R_n + a)\,\phi(x - R_n)\,dx$$

となる。ここで

253

$$S = \int_{-\infty}^{+\infty} \phi^*(x - R_n - a)\, \phi(x - R_n)\, dx \qquad S = \int_{-\infty}^{+\infty} \phi^*(x - R_n + a)\, \phi(x - R_n)\, dx$$

は重なり積分であり、隣り合う原子の波動関数の重なり具合を示している。いまの場合、左右対称であるので、これら積分は同じ値 S となる。

よって

$$\sum_{n=0}^{5} \sum_{l=0}^{5} \exp\{ik(R_n - R_l)\} \int_{-\infty}^{+\infty} \phi^*(x - R_l)\, \phi(x - R_n)\, dx$$

$$\cong 6S \exp(-ika) + 6S \exp(ika) = 12S \cos(ka)$$

となり、結局、分母の積分は

$$\int_{-\infty}^{+\infty} \psi_k^*(x) \psi_k(x)\, dx = \frac{1}{6}(6 + 12S\cos(ka)) = 1 + 2S\cos(ka)$$

と与えられる。

つぎに分子のほうの積分

$$\int_{-\infty}^{+\infty} \psi_k^*(x) H_a \psi_k(x)\, dx$$

を計算してみよう。この積分は

$$\frac{1}{6} \sum_{n=0}^{5} \sum_{l=0}^{5} \exp\{ik(R_n - R_l)\} \int_{-\infty}^{+\infty} \phi^*(x - R_l)\, H_a \phi(x - R_n)\, dx$$

となるが、この場合も $R_n = R_l$ と、$R_n \neq R_l$ のときに分けて考えてみる。
$R_n = R_l$ のときは $\exp\{ik(R_n - R_l)\} = \exp 0 = 1$ であり

$$\int_{-\infty}^{+\infty} \phi^*(x - R_l)\, H_a \phi(x - R_n)\, dx = \int_{-\infty}^{+\infty} \phi^*(x - R_n)\, H_a \phi(x - R_n)\, dx$$

となるが、これは

$$\langle \phi(x - R_n) | H_a | \phi(x - R_n) \rangle$$

となり、まさに原子内の電子軌道のエネルギー E_0 となる。

つぎに、$R_n \neq R_l$ のときを考えてみよう。本来は、すべての電子軌道どうしの相互作用を計算する必要がある。しかし、軌道 2 と 3 の相互作用に比べると、2つ離れた軌道 2 と 4 の相互作用は、ほとんど無視できると考える。そこで、隣り合う原子どうしの相互作用のみを考えて、和をとることにしよう。すると

第9章　タイトバインディング近似

$$\sum_{n=0}^{5}\sum_{l=0}^{5}\int_{-\infty}^{+\infty}\phi^{*}(x-R_{l})H_{a}\,\phi(x-R_{n})\,dx$$

$$\cong\sum_{n=0}^{5}\int_{-\infty}^{+\infty}\phi^{*}(x-R_{n+1})\,H_{a}\phi(x-R_{n})\,dx+\sum_{n=0}^{5}\int_{-\infty}^{+\infty}\phi^{*}(x-R_{n-1})H_{a}\,\phi(x-R_{n})\,dx$$

となる。ここで、格子定数を a とすれば

$$R_{n+1}=R_{n}+a\qquad R_{n-1}=R_{n}-a$$

である。したがって

$$\sum_{n=0}^{5}\sum_{l=0}^{5}\exp\{ik(R_{n}-R_{l})\}\int_{-\infty}^{+\infty}\phi^{*}(x-R_{l})\,H_{a}\phi(x-R_{n})\,dx$$

$$\cong\exp(-ika)\sum_{n=0}^{5}\int_{-\infty}^{+\infty}\phi^{*}(x-R_{n}-a)H_{a}\,\phi(x-R_{n})\,dx+$$

$$\exp(ika)\sum_{n=0}^{5}\int_{-\infty}^{+\infty}\phi^{*}(x-R_{n}+a)\,H_{a}\phi(x-R_{n})\,dx$$

となる。ここで、$x-R_{n}=u$ と変数変換して

$$H_{12}=\int_{-\infty}^{+\infty}\phi^{*}(x-R_{n}\pm a)\,H_{a}\phi(x-R_{n})\,dx\;=\int_{-\infty}^{+\infty}\phi^{*}(u\pm a)H_{a}\,\phi(u)\,du$$

と置くと、格子定数 a だけ離れた隣り合う原子どうしの重なりによって生じるエネルギー成分、すなわち共鳴積分 H_{12} であることがわかる。したがって

$$\sum_{n=0}^{5}\sum_{l=0}^{5}\int_{-\infty}^{+\infty}\phi^{*}(x-R_{l})H_{a}\,\phi(x-R_{n})\,dx$$

$$\cong 6E_{0}+6H_{12}\{\exp(ika)+\exp(-ika)\}=6E_{0}+12H_{12}\cos(ka)$$

から

$$\int_{-\infty}^{+\infty}\psi^{*}{}_{k}(x)H_{a}\psi_{k}(x)\,dx\;=E_{0}+2E_{12}\cos(ka)$$

となる。結局、系のエネルギーは

$$E(k)=\frac{\displaystyle\int_{-\infty}^{+\infty}\psi^{*}{}_{k}(x)H_{a}\psi_{k}(x)\,dx}{\displaystyle\int_{-\infty}^{+\infty}\psi^{*}{}_{k}(x)\psi_{k}(x)\,dx}=\frac{E_{0}+2E_{12}\cos(ka)}{1+2S\cos(ka)}$$

と与えられることになる。

　すでに紹介したように、共鳴積分の値 H_{12} は負となることが知られている。また、重なり積分の値 S は $0\leq S\leq 1$ となる。

255

以上をもとに、$0 \leq k \leq \pi/a$ の範囲で $E(k)$ のグラフを描くと、図 9-12 のようになる。

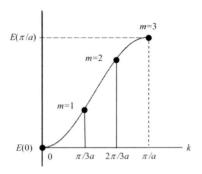

図 9-12 ベンゼン環の第 1 ブリルアンゾーンにおける E-k 関係

波数 $k = 0$ ($m = 0$) から、k の増加にともない E が高くなっていき、$k = \pi/a$ でブリルアンゾーン端に達すると考えられる。ここで、$k = 0$ の状態は、結合性軌道に対応し、エネルギーが最も低いと考えられる。

演習 9-10 ベンゼン環の波動関数のうち、$k = 0$ に対応した $\psi_0(x)$ のエネルギーを求めよ。

解) $E(k) = \dfrac{E_0 + 2H_{12}\cos(ka)}{1 + 2S\cos(ka)}$ と与えられるので、この式に $k = 0$ を代入すると

$$E(0) = \frac{E_0 + 2H_{12}}{1 + 2S}$$

となる。

これが、ベンゼン環に沿って運動する電子の最低エネルギーである。

一方、$k = \pi/a$ では隣接する電子軌道が反結合性状態を形成しており、エネルギーが最も高いと予想される。このとき

$$E\left(\frac{\pi}{a}\right) = \frac{E_0 - 2H_{12}}{1 - 2S}$$

となる。これが、いわば、フェルミエネルギーに相当する。

9.2.4. ベンゼン環の第 1 ブリルアンゾーン

図 9-12 は k の正の領域のみを示しているが、第 1 ブリルアンゾーンは、$-\pi/a \leq k \leq \pi/a$ の範囲となる。

ここで、k が正と負となる場合について比較してみよう。$m = \pm 2$ に対応した波動関数を並べてみると

$$\psi_2(x) = \frac{1}{\sqrt{6}}\left\{\phi_0 + \exp\left(i\frac{2\pi}{3}\right)\phi_1 + \exp\left(-i\frac{2\pi}{3}\right)\phi_2 + \phi_3 + \exp\left(i\frac{2\pi}{3}\right)\phi_4 + \exp\left(-i\frac{2\pi}{3}\right)\phi_5\right\}$$

$$\psi_{-2}(x) = \frac{1}{\sqrt{6}}\left\{\phi_0 + \exp\left(-i\frac{2\pi}{3}\right)\phi_1 + \exp\left(i\frac{2\pi}{3}\right)\phi_2 + \phi_3 + \exp\left(-i\frac{2\pi}{3}\right)\phi_4 + \exp\left(i\frac{2\pi}{3}\right)\phi_5\right\}$$

となる。

結局、$\psi_2(x)$ では、順方向に、そして、$\psi_{-2}(x)$ では、逆方向に位相が $2\pi/3$ だけ変化していくだけなので、これら状態のエネルギーは等しくなるはずである。これは、E-k 分散曲線が $k = 0$ に関して対称であることを意味している。したがって、$-\pi/a \leq k \leq \pi/a$ の範囲の第 1 ブリルアンゾーンを描くと、図 9-13 のようになる。

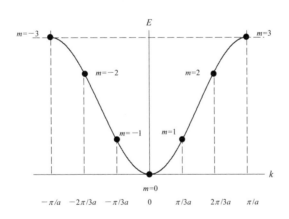

図 9-13 ベンゼン環の第 1 ブリルアンゾーン

それでは、$m = 4$ の波動関数 $\psi_4(x)$ を考えてみよう。これは、すでに示したように $m = -2$ の波動関数 $\psi_{-2}(x)$ と同じものになる。同様にして、$m = 5$ の波動関数 $\psi_5(x)$ は、$m = -1$ の波動関数 $\psi_{-1}(x)$ と同じものとなる。この様子を図示すると図

9-14のようになる。

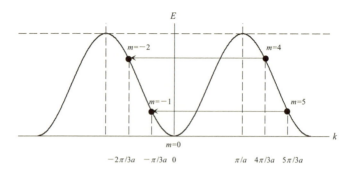

図9-14 第1ブリルアンゾーンの範囲外のkに対応した波動関数は、すべて第1ブリルアンゾーン内の点に還元できる。

図9-14は、拡張ゾーンと呼ばれる表記方法である。ただし、すでに紹介したように、第1ブリルアンゾーンの範囲である$-\pi/a \leq k \leq \pi/a$の外にあるkに対応した波動関数は、すべて、この範囲の点に対応させることができる。例えば、$\psi_4(x)$は$\psi_{-2}(x)$と等価になる。

これを波数kという視点から考えてみよう。まず、波数$5\pi/a$、すなわち$m=15$に対応した波動関数$\psi_{15}(x)$を描くと図9-15のようになる。

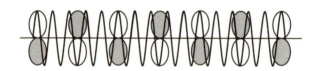

図9-15 $m=15$ すなわち$k=5\pi/a$に対応した波動関数

このように波数が大きいので、波の数は増えている。しかし、この波に対応できる格子は、あくまでも格子定数aの間隔にある。したがって、波長がaよりも短くなったとしても、その変化に対応できる格子の数は増えない。したがって$m=15$の波動関数に対応した格子のp軌道（π電子）の配置は、図9-11に示した$m=3$の場合とまったく同じものとなるのである。

よって、kに$2\pi/a$の整数倍が加わっても、格子に位置する電子軌道の対応は

変わらないことになる。いまの場合は

$$k = \frac{5\pi}{a} = \frac{\pi}{a} + 2\left(\frac{2\pi}{a}\right)$$

となるので、$k = 5\pi/a$ の波数関数は $k = \pi/a$ の場合と等価となる。

9.3. 多原子系の波動関数

ベンゼンでの取扱いを延長して、N 個の原子からなる系を考え、その波動関数とエネルギーを求めてみよう。ベンゼンは6個の原子が環状につながった状態になる。これを、図9-16に示すように引き延ばした状態を考えてみよう。

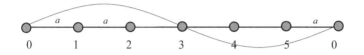

図9-16 ベンゼン環の輪をほどいて引き延ばした状態

実は、この $6a$ の長さの直線状に格子定数 a の間隔で並んだ原子に配された電子の波動関数は、境界条件を設定すれば、ベンゼン環とまったく同じものになる。(すでに、そういう仮定で、波動関数を求めてきた。) それは、端部の波動関数がスムースにつながるという条件である。この条件は、波長λの整数倍がベンゼン環の長さ $6a$ になることである。

したがって、長さ $L = Na$ の場合も、波長λの整数倍が L になれば、まったく同様の取り扱いが可能となる。この条件は、m を整数として

$$m\lambda = \frac{2m\pi}{k} = L \quad \text{より} \quad k = \frac{2m\pi}{L} = \frac{2m\pi}{Na}$$

となる。

ここで、ベンゼンにならって、波数 k の電子の波動関数$\psi(x)$を N 個の原子の電子軌道の和としてみよう。すると

$$\psi_k(x) = \frac{1}{\sqrt{N}} \sum_{n=0}^{N-1} \exp(ikR_n)\, \phi(x - R_n)$$

と与えられることになる。ただし、R_n は n 番目の原子の原点 $x = 0$ からの位置であるので $R_n = na$ となる。

ハミルトニアンを H_a とすると

$$H_a \psi_k(x) = E_k \psi_k(x)$$

がシュレーディンガー方程式となる。このときのエネルギー固有値は

$$E_k = \frac{\langle \psi_k | H_a | \psi_k \rangle}{\langle \psi_k | \psi_k \rangle} = \frac{\int_{-\infty}^{+\infty} \psi^*{}_k(x) H_a \psi_k(x)\, dx}{\int_{-\infty}^{+\infty} \psi^*{}_k(x) \psi_k(x)\, dx}$$

と与えられる。

ここで、まず、分母の積分を計算してみよう。

$$\psi^*{}_k(x) = \frac{1}{\sqrt{N}} \sum_{n=0}^{N-1} \exp(-ikR_n)\, \phi^*(x - R_n)$$

となるが、これを乗ずる場合には、添え字を l と変えて

$$\psi^*{}_k(x) = \frac{1}{\sqrt{N}} \sum_{l=0}^{N-1} \exp(-ikR_l)\, \phi^*(x - R_l)$$

としたうえで、積をとる。すると

$$\psi^*{}_k(x) \psi_k(x) = \frac{1}{N} \sum_{n=0}^{N-1} \sum_{l=0}^{N-1} \exp\{ik(R_n - R_l)\} \phi^*(x - R_l)\, \phi(x - R_n)$$

となり、積分は

$$\int_{-\infty}^{+\infty} \psi^*{}_k(x) \psi_k(x)\, dx = \frac{1}{N} \sum_{n=0}^{N-1} \sum_{l=0}^{N-1} \exp\{ik(R_n - R_l)\} \int_{-\infty}^{+\infty} \phi^*(x - R_l)\, \phi(x - R_n)\, dx$$

となる。ここで、まず、$R_n = R_l$ のときを考える。すると

$$\exp\{ik(R_n - R_n)\} = \exp 0 = 1$$

であり、積分は

$$\int_{-\infty}^{+\infty} \phi^*(x - R_n)\, \phi(x - R_n)\, dx = \int_{-\infty}^{+\infty} |\phi(x - R_n)|^2\, dx = 1$$

となる。これは、波動関数の規格化条件に他ならない。ここでは ϕ は規格化された原子内の波動関数としているので 1 となる。さらに、n が N 個あるので、$R_n = R_l$ のときの値は $N/N = 1$ となる。

つぎに、$R_n \neq R_l$ のときを考えてみよう。ここで

第9章 タイトバインディング近似

$$\int_{-\infty}^{+\infty} \phi^*(x-R_l)\,\phi(x-R_n)\,dx$$

という積分を考えるとき、ベンゼンの場合と同様に、R_n の位置にある電子が影響を受けるのは、そのとなりの原子のみと考える。もちろん、それ以上離れた原子の影響もあるが、それは無視できるほど小さいはずである。よって、この積分として考慮すべきは $l=n\pm1$ であり

$$\sum_{n=0}^{N-1}\sum_{l=0}^{N-1}\int_{-\infty}^{+\infty} \phi^*(x-R_l)\,\phi(x-R_n)\,dx$$

$$\cong \sum_{n=0}^{N-1}\int_{-\infty}^{+\infty} \phi^*(x-R_{n+1})\,\phi(x-R_n)\,dx + \sum_{n=0}^{N-1}\int_{-\infty}^{+\infty} \phi^*(x-R_{n-1})\,\phi(x-R_n)\,dx$$

となる。ここで、格子定数を a とすれば

$$R_{n+1} = R_n + a \qquad R_{n-1} = R_n - a$$

である。したがって

$$\sum_{n=0}^{N-1}\sum_{l=0}^{N-1}\exp\{ik(R_n-R_l)\}\int_{-\infty}^{+\infty} \phi^*(x-R_l)\,\phi(x-R_n)\,dx$$

$$\cong \exp(-ika)\sum_{n=0}^{N-1}\int_{-\infty}^{+\infty} \phi^*(x-R_n-a)\,\phi(x-R_n)\,dx +$$

$$\exp(ika)\sum_{n=0}^{N-1}\int_{-\infty}^{+\infty} \phi^*(x-R_n+a)\,\phi(x-R_n)\,dx$$

となる。ここで

$$S = \int_{-\infty}^{+\infty} \phi^*(x-R_n-a)\,\phi(x-R_n)\,dx \qquad S = \int_{-\infty}^{+\infty} \phi^*(x-R_n+a)\,\phi(x-R_n)\,dx$$

は重なり積分であり、隣り合う原子の波動関数の重なり具合を示している。いまの場合、左右対称であるので、これら積分は同じ値となる。

　あるいは、重なり積分ということを、より明確にするために $x-R_n = u$ と変数変換して

$$S = \int_{-\infty}^{+\infty} \phi^*(x-R_n\pm a)\,\phi(x-R_n)\,dx = \int_{-\infty}^{+\infty} \phi^*(u\pm a)\,\phi(u)\,du$$

と置けば、格子定数 a だけ離れた隣り合う原子どうしの重なり積分であることが明確であろう。よって

261

$$\sum_{n=0}^{N-1}\sum_{l=0}^{N-1}\exp\{ik(R_n-R_l)\}\int_{-\infty}^{+\infty}\phi^*(x-R_l)\,\phi(x-R_n)\,dx$$

$$\cong NS\exp(-ika)+NS\exp(ika)=2NS\cos(ka)$$

となり、結局、分母の積分は

$$\int_{-\infty}^{+\infty}\psi^*_k(x)\psi_k(x)\,dx=\frac{1}{N}\{N+2NS\cos(ka)\}=1+2S\cos(ka)$$

と与えられる。

演習 9-11 つぎの積分を計算せよ

$$\int_{-\infty}^{+\infty}\psi^*_k(x)H_a\psi_k(x)\,dx$$

$$=\frac{1}{N}\sum_{n=0}^{N-1}\sum_{l=0}^{N-1}\exp\{ik(R_n-R_l)\}\int_{-\infty}^{+\infty}\phi^*(x-R_l)\,H_a\phi(x-R_n)\,dx$$

解） $R_n=R_l$ と、$R_n\neq R_l$ のときに分ける。

$R_n=R_l$ のときは $\exp\{ik(R_n-R_l)=\exp 0=1$ であり

$$\int_{-\infty}^{+\infty}\phi^*(x-R_l)\,H_a\phi(x-R_n)\,dx=\int_{-\infty}^{+\infty}\phi^*(x-R_n)\,H_a\phi(x-R_n)\,dx$$

となるが、これは、原子内の電子軌道のエネルギー E_0 となる。よって

$$\sum_{n=0}^{N-1}\int_{-\infty}^{+\infty}\phi^*(x-R_n)H_a\,\phi(x-R_n)\,dx=NE_0$$

つぎに、$R_n\neq R_l$ のときは、隣り合う原子どうしの相互作用のみ考えると

$$\sum_{n=0}^{N-1}\sum_{l=0}^{N-1}\int_{-\infty}^{+\infty}\phi^*(x-R_l)H_a\,\phi(x-R_n)\,dx$$

$$\cong\sum_{n=0}^{N-1}\int_{-\infty}^{+\infty}\phi^*(x-R_{n+1})\,H_a\phi(x-R_n)\,dx+\sum_{n=0}^{N-1}\int_{-\infty}^{+\infty}\phi^*(x-R_{n-1})H_a\,\phi(x-R_n)\,dx$$

となる。ここで、格子定数を a とすれば

$$R_{n+1}=R_n+a\qquad R_{n-1}=R_n-a$$

である。したがって

$$\sum_{n=0}^{N-1}\sum_{l=0}^{N-1}\exp\{ik(R_n-R_l)\}\int_{-\infty}^{+\infty}\phi^*(x-R_l)\,H_a\phi(x-R_n)\,dx$$

第 9 章　タイトバインディング近似

$$\cong \exp(-ika) \sum_{n=0}^{N-1} \int_{-\infty}^{+\infty} \phi^*(x - R_n - a) H_a \, \phi(x - R_n) \, dx +$$

$$\exp(ika) \sum_{n=0}^{N-1} \int_{-\infty}^{+\infty} \phi^*(x - R_n + a) \, H_a \phi(x - R_n) \, dx$$

$$= NH_{12} \{\exp(-ika) + \exp(ika)\} = 2NH_{12} \cos(ka)$$

となる。ただし、H_{12} は共鳴積分である。

したがって

$$\sum_{n=0}^{N-1} \sum_{l=0}^{N-1} \int_{-\infty}^{+\infty} \phi^*(x - R_l) H_a \, \phi(x - R_n) \, dx = NE_0 + 2NH_{12} \cos(ka)$$

から

$$\int_{-\infty}^{+\infty} \psi^*_k(x) H_a \psi_k(x) \, dx = E_0 + 2H_{12} \cos(ka)$$

となる。

結局、系のエネルギーは

$$E(k) = \frac{\displaystyle\int_{-\infty}^{+\infty} \psi^*_k(x) H_a \psi_k(x) \, dx}{\displaystyle\int_{-\infty}^{+\infty} \psi^*_k(x) \psi_k(x) \, dx} = \frac{E_0 + 2E_{12} \cos(ka)}{1 + 2S \cos(ka)}$$

となる。

このように、N 電子系のエネルギーの k 依存性は、ベンゼンの場合と、まった
く同じかたちをしているのである。図 9-17 に N 電子系の E-k 分散曲線を示す。

ただし、長さ L の中に入る電子数は N であるので、格子定数 a は $a = L/N$ とな
る。よって、ベンゼンの場合は 6 個の電子が第 1 ブリルアンゾーンにあったが、
N 個の電子系では、このゾーンに N 個の電子が入ることになり、波数の間隔は
$2\pi/Na$ となる。

ここで、電子軌道の重なり S が小さい場合には

$$\frac{1}{1 + x} = 1 - x + x^2 - x^3 + x^4 + \dots$$

という級数展開の 2 次以降の項を無視できるので

$$\frac{1}{1 + 2S \cos(ka)} \cong 1 - 2S \cos(ka)$$

263

となり

$$E(k) = \frac{E_0 + 2H_{12}\cos(ka)}{1 + 2S\cos(ka)} \cong \{E_0 + 2H_{12}\cos(ka)\}\{1 - 2S\cos(ka)\}$$

から

$$E(k) \cong E_0\{1 - 2S\cos(ka)\} + 2H_{12}\cos(ka) - 4H_{12}S\cos^2(ka)$$

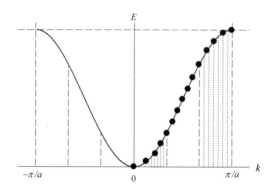

図9-17 N電子系のE-k分散曲線. 曲線のかたちはベンゼンとまったく同じであるが、kの間隔は、ベンゼンでの$\pi/3a$に対し、N電子系では$2\pi/Na$となる。

となる。さらに、Sが小さい場合、すなわち軌道の重なりが小さい場合は、共鳴積分H_{12}も小さくなる。よって、その積となる$H_{12}S$は無視できる。すると

$$E(k) \cong E_0 + (2H_{12} - 2E_0S)\cos(ka)$$

という分散関係がえられる。一般には、この式を

$$E(k) = \alpha - 2\beta\cos(ka)$$

と表記して使う場合も多い。このとき

$$E_0 = \alpha \qquad H_{12} - E_0S = -\beta$$

という関係にある。

第 10 章　電子の運動

　この章では、固体内での電子の運動を考えてみる。そのためには、電子の速度 v を求める必要がある。電子の速度とは、その位置 x の時間変化 dx/dt である。よって、電子の位置という物理量が、量子力学では、どのように与えられるかを考える必要がある。

　すでに、紹介したように、量子力学では電子の波動関数に物理量に対応した演算子を作用させれば、その物理量が与えられる。

　例えば

$$\psi(x,t) = A \exp i(kx - \omega t)$$

という波動関数に運動演算子である $\hat{p} = \dfrac{\hbar}{i}\dfrac{\partial}{\partial x}$ を作用させると

$$\hat{p}\,\psi(x,t) = \frac{\hbar}{i}\frac{\partial A \exp i(kx - \omega t)}{\partial x} = \hbar k \ \psi(x,t)$$

となり、固有値として $p = \hbar k$ が与えられる。さらに、エネルギー演算子であるハミルトニアンを作用させると、エネルギー固有値がえられることも紹介した。このエネルギー固有値を求める式がシュレーディンガー方程式に他ならない。

　ところが、波動関数をもとにした量子力学には欠点がある。それは、物理量である電子の位置 x を取り出すことが難しいという点である。その理由は簡単で、シュレーディンガー方程式は、電子は粒子ではなく波であるということを前提に構築されているからである。

　電子が粒子であるとすれば、その位置 x は明確に指定することができる。しかし、それが波とすると、空間的に広がっているため、そもそも電子の位置を 1 点に指定することができない。これが、波動力学の欠点である。

　この問題に対処するために、ディラックはデルタ関数という特殊関数を導入し、位置演算子を導いているが、実は、この方式では電子の運動を解析することがで

きない。そこで、ここでは、平面波の方程式 $\exp i(kx-\omega t)$ をもとに、電子の速度を考えていきたい。

10.1. 平面波の位相速度

ここで、波が移動する速さを理解するために、図 10-1 に示すように、波が x 方向に時間とともに移動していく場合を考えてみよう。

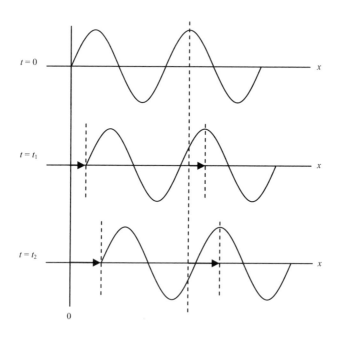

図 10-1　波の移動速度 v は同位相の点の位置の時間変化である。

ここで、波の位相に注目する。すると、波の移動速度とは、波の同位相の点の移動速度となることがわかる。ここで、平面波 $\exp i(kx-\omega t)$ の位相 θ を思い出してみよう。それは $\exp i(kx-\omega t) = \exp i\theta$ から

$$\theta = kx - \omega t = k\left(x - \frac{\omega}{k}t\right)$$

と与えられる。ここで、同位相の点 x では、θ は常に一定であるから、C を定数として

$$x - \frac{\omega}{k}t = C \qquad \text{から} \qquad x = \frac{\omega}{k}t + C$$

となる。

　これが波の位置（あるいは同位相の点）であり、その時間変化が平面波 $\exp i(kx - \omega t)$ の位相速度 v であるから

$$v = \frac{\omega}{k}$$

と与えられるのである。

　光は、電磁波の一種であり、平面波 $\exp i(kx - \omega t)$ によって、表現できる。そして、光の場合は、その位相速度が常に $c = \omega/k$ となり、（真空中では）一定となっている。これを光速 (velocity of light) と呼んでいる。

　これは、光（電磁波）の角振動数 ω（つまり周波数）と、波数 k（つまり波長）の比が常に一定であるからである。

　ただし、媒体によって光速は変化する。このため、異なる媒質間を光が移動する場合には、位相速度の変化に対応した屈折現象が起こるのである。

　ところで、すでに見てきたように、固体内の電子の分散関係である ω–k 曲線は単純ではない。つまり、電子を平面波と捉えた場合、ω/k は一定ではなく、ω は波数 k の関数 $\omega(k)$ となり、k によって変化しているので、その速度は、光（電磁波）のように一定ではないのである。この点に注意する必要がある。

10. 2.　波束

　電子の位置を波動関数から、直接導くことは難しいという説明をした。そのかわり、導入された考えが、確率解釈である。すなわち、電子の波動関数が $\varphi(x)$ と与えられたとき、電子が x と $x+dx$ の範囲に存在する確率が

$$|\varphi(x)|^2 dx$$

によって与えられるという考えである。この結果、この確率を全空間にわたって積分すれば

$$\int_{-\infty}^{\infty} |\varphi(x)|^2 \, dx = 1$$

となる。これを**規格化条件** (normalizing condition) と呼ぶのであった。

演習 10-1　波動関数を $\psi(x,t) = \exp i(kx - \omega t)$ としたときの $|\psi(x,t)|^2$ の値を求めよ。

　　解）　　$|\psi(x,t)|^2 = \exp\{-i(kx - \omega t)\} \exp i(kx - \omega t)$

$$= \exp(-ikx) \exp(i\omega t) \exp(ikx) \exp(-i\omega t)$$

$$= \exp(-ikx + ikx) \exp(i\omega t - i\omega t) = \exp 0 \exp 0 = 1$$

となる。

　つまり、常に $|\psi(x,t)|^2 = 1$ となり、平面波に対応した電子の空間分布は均一となるのである。例えば、1 辺が L の固体内に閉じ込められた電子の存在確率は、場所によって変化せず、固体内で一様となる。もし、場所によって変化するとすると、電子は局在することになるが、そのような現象は認められない。

　したがって、このままでは、粒子である電子の運動（局在したミクロ粒子の運動）を波動関数をもとに解析することができないということになる。

　そこで、苦肉の策として導入されたのが、波束 という考えである。この手法が、本当に電子の真の姿を記述できているかどうかは、疑問が残るところであるが、分散関係 $\omega - k$ が複雑な固体内の電子の運動の解析に成功を収めているのも事実である。それを紹介しよう。

　もし、波動関数 $\psi(x,t)$ の絶対値の 2 乗が図 10-2 のようなかたちをしていれば、これら波のピークが電子の位置を反映することになる。

　実は、ディラックが導入した位置演算子は、このようなパルス波を生じる演算子となっている。

　局在した波をえるために、つぎのような工夫をする。平面波 $\psi(x,t) = \exp i(kx - \omega t)$ に対して、k と ω がわずかに異なる波を重ね合わせるのである。その結果を図 10-3 に示す。

第 10 章　電子の運動

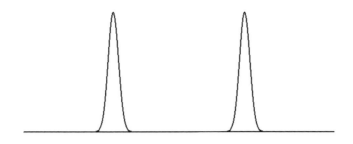

図 10-2　$|\psi(x,t)|^2$ の分布と電子の位置

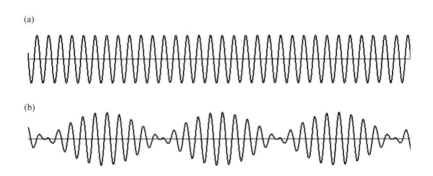

図 10-3　波束の生成。上図は $\sin x + \sin x$、下図は $\sin x + \sin 0.9x$ の合成波。

　このように、わずかに位相の異なる波を合成すると、波のうねり（強弱）が生じる。これを**波束** (wave packet) と呼んでいる。ここで、図 10-3(a)は、単純には平面波を合成したもの、(b)は、位相の異なる平面波を合成したものであり、波束が生じることがわかる。
　波束では、電子の存在確率が場所によって変化する。そして、電子は波束のピーク付近に位置するとみなせるのである。実際に、固体内の $\omega - k$ は一様ではないから、波束が生じ、電子の速度が状態によって変化すると考えられるのである。
　ここで、つぎのように、波数と角振動数のわずかに異なる波動関数を考えてみよう。

$$\psi_1(x,t) = \exp\{i(k_1 x - \omega(k_1)t)\} \qquad \psi_2(x,t) = \exp\{i(k_2 x - \omega(k_2)t)\}$$

また、Δk を微小量として

$$k_1 = k + \Delta k \qquad k_2 = k - \Delta k$$

と置く。ここで、微分の定義を思い出すと

$$\frac{\omega(k + \Delta k) - \omega(k)}{\Delta k} \cong \frac{d\omega}{dk}$$

であるから

$$\omega(k_1) = \omega(k + \Delta k) = \omega(k) + \frac{d\omega}{dk}\Delta k$$

となる。同様にして

$$\omega(k_2) = \omega(k - \Delta k) = \omega(k) - \frac{d\omega}{dk}\Delta k$$

と与えられる。

演習 10-2　波数と角振動数がわずかに異なる波動関数の和 $\psi_1(x,t) = \psi_2(x,t)$ を求めよ。

解）

$$\psi_1(x,t) = \exp i\left\{(k + \Delta k)x - \left(\omega(k) + \frac{d\omega}{dk}\Delta k\right)t\right\}$$

$$= \exp i\left(\Delta kx - \frac{d\omega}{dk}\Delta kt\right)\exp i(kx - \omega t)$$

および

$$\psi_2(x,t) = \exp i\left\{(k - \Delta k)x - \left(\omega(k) - \frac{d\omega}{dk}\Delta k\right)t\right\}$$

$$= \exp\left\{-i\left(\Delta kx - \frac{d\omega}{dk}\Delta kt\right)\right\}\exp i(kx - \omega t)$$

となる。よって

$$\psi_1 + \psi_2 = \left\{\exp\left\{i\Delta k\left(x - \frac{d\omega}{dk}t\right)\right\} + \exp\left\{-i\Delta k\left(x - \frac{d\omega}{dk}t\right)\right\}\right\}\exp i(kx - \omega t)$$

となるが、オイラーの公式から

$$\exp\left\{i\Delta k\left(x - \frac{d\omega}{dk}t\right)\right\} + \exp\left\{-i\Delta k\left(x - \frac{d\omega}{dk}t\right)\right\} = 2\cos\Delta k\left(x - \frac{d\omega}{dk}t\right)$$

となる。したがって、合成波は

270

第10章 電子の運動

$$\psi_1 + \psi_2 = 2\cos\Delta k\left(x - \frac{d\omega}{dk}t\right)\exp i(kx - \omega t)$$

と与えられる。

つまり、合成波は、平面波である $\psi(x,t) = \exp i(kx - \omega t)$ に

$$2\cos\Delta k\left(x - \frac{d\omega}{dk}t\right)$$

の変調を加えたものとみなせるのである。この様子を図示すると、図10-4のようになる。

図10-4 波束は、平面波にcos波の変調を加えたものである。

ここで、電子の移動速度は、この波束の移動速度に対応する。それは、cos波の移動速度である。

演習 10-3 $2\cos\Delta k\left(x - \frac{d\omega}{dk}t\right)$ の移動速度を求めよ。

解） $\cos\theta$ の引数 θ が位相である。同位相の点の位置は、C を定数として

$$x - \frac{d\omega}{dk}t = C \qquad \text{よって} \qquad x = \frac{d\omega}{dk}t + C$$

となる。したがって、波束の移動速度、すなわち電子の速度 v は

$$v = \frac{d\omega}{dk}$$

と与えられる。

波束が移動する速度を、波動力学では**群速度** (group velocity) と呼ぶこともある。エネルギー E は $E = \hbar\omega$ であるから

$$v = \frac{1}{\hbar}\frac{dE}{dk}$$

となる。自由電子の場合には

$$E = \frac{\hbar^2 k^2}{2m}$$

であったので

$$v = \frac{1}{\hbar}\frac{dE}{dk} = \frac{\hbar k}{m} = \frac{p}{m}$$

と与えられ、一般的な速度の式がえられる。

10. 3.　固体内の電子の速度

それでは、固体内の電子の速度を考えてみよう。ここでは

$$v = \frac{1}{\hbar}\frac{dE}{dk}$$

という関係を利用する。このように、電子の速度は、エネルギー E の波数 k 依存性によって与えられる。

演習 10-4　タイトバインディングモデルによると、固体内の電子のエネルギーは $E(k) = \alpha - 2\beta\cos(ka)$ と与えられる。このとき、電子速度 v の k 依存性を求めよ。

解）

$$\frac{dE(k)}{dk} = 2\beta a\sin(ka)$$

から

$$v = \frac{1}{\hbar}\frac{dE}{dk} = \frac{2\beta a}{\hbar}\sin(ka)$$

となる。

図 10-5 に固体内の電子の第 1 ブリルアンゾーンの E-k 分散曲線と、対応した電子速度を示す。

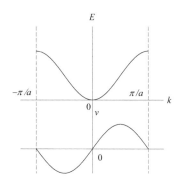

図 10-5 第 1 ブリルアンゾーンの E-k 曲線と電子速度

$k = 0$ および第 1 ブリルアンゾーン端の $k = \pm \pi/a$ では $dE/dk = 0$ であるから、電子の速度は $v = 0$ となる。

また、k の負の領域では $dE/dk < 0$ となるので、電子の速度も $v < 0$ となる。E-k 曲線は左右対称であるから、電子波束の平均速度はゼロとなり、固体内の電子系全体としては、電流が生じないことを示している。これは、当たり前の話で、固体に電場を与えなければ、ある方向への電子の運動は生じない。

正負の領域ともに、k の絶対値の増加につれて、速度 v の絶対値も増大していくが、変曲点を境に、速度は低下しだし、ゾーン端でゼロとなる。

このように、固体内の電子は、自由電子と異なり、奇妙な運動をすることになる。まず、$k = 0$ の場合について考えてみよう。前章で取り扱ったベンゼン環に沿った電子の運動を思い出してみよう。$k = 0$ は、格子に対応した各電子の波動関数の位相がそろっており、波が生じていない定常状態となる。よって、マクロな波動関数の k はゼロ、つまり波打っていない状態となり、波束としての電子の速度はゼロとなる。

一方、$k = \pm \pi/a$ は、ブリルアンゾーン端の場合であり、電子波と格子のマッチングが生じ、電子波は定在波となって、電子は格子を超えて運動することがで

きない。よって、この場合もマクロな電子の速度はゼロとなる。

つぎに、k の絶対値が比較的小さい状態は、電子波の波長が長いため、格子の影響をそれほど受けずに自由に動ける自由電子と同じような状態にある。これは、波長の長い電波が大気の影響を受けずに、遠くまで届くことと同じである。

しかし、k が大きくなると、格子の影響が大きくなり、電子は自由に動けなくなる。そして、E-k 曲線の変曲点を境に、電子の自由な動きが大きく妨げられるようになる。この結果、あたかも電子の運動にブレーキがかかったような挙動がみられるのでる。そして、その極限では、電子波と格子のマッチングが生じ、電子の速度がゼロとなる。これがブリルアンゾーン端となる。

10.4. 運動方程式

それでは、固体内の電子の速度

$$v = \frac{1}{\hbar}\frac{dE}{dk}$$

をもとに、運動方程式を求めてみよう。電子に電場などの力 F が働き、速度が v になったとしよう。このとき Fv は

$$Fv = \frac{Fdx}{dt}$$

となるが、Fdx は仕事であり、エネルギーと等価である。したがって

$$Fv = \frac{dE}{dt} = \frac{dE}{dk}\frac{dk}{dt}$$

となり、$v = \frac{1}{\hbar}\frac{dE}{dk}$ を代入すれば

$$F = \hbar\frac{dk}{dt}$$

となる。ここで $p = \hbar k$ であったので

$$F = \frac{dp}{dt}$$

となり、通常の運動方程式と同じものがえられる。ここで、質量を m とすると、運動方程式は

第 10 章　電子の運動

$$F = m\frac{dv}{dt} \qquad\qquad \frac{dv}{dt} = \frac{F}{m}$$

となる。$v = \dfrac{1}{\hbar}\dfrac{dE}{dk}$ の両辺を t に関して微分すると

$$\frac{dv}{dt} = \frac{1}{\hbar}\frac{d}{dt}\left(\frac{dE}{dk}\right) = \frac{1}{\hbar}\frac{d^2E}{dk^2}\frac{dk}{dt} = F\frac{1}{\hbar^2}\frac{d^2E}{dk^2}$$

となる。したがって

$$\frac{F}{m} = F\frac{1}{\hbar^2}\frac{d^2E}{dk^2} \quad から \qquad m = \frac{\hbar^2}{d^2E/dk^2}$$

となる。ただし、この m は k 依存性を有するので、電子の質量とは異なる。これは、固体中を電子が運動するときのみかけの質量となり、**有効質量** (effective mass) と呼ばれており、一般的な質量と区別して $m*$ と表記するのが通例である。有効質量を導入することで、ニュートンの方程式と同じかたちになるのでわかりやすくなる。

演習 10-5　固体の中の電子系のエネルギーが
$$E(k) = \alpha - 2\beta\cos(ka)$$
と与えられるとき、有効質量 $m*$ を求めよ。

　解）　有効質量は　$m* = \dfrac{\hbar^2}{d^2E/dk^2}$　と与えられる。ここで

$$\frac{dE(k)}{dk} = 2\beta a\sin(ka) \qquad \frac{d^2E(k)}{dk^2} = 2\beta a^2\cos(ka)$$

から

$$m* = \frac{\hbar^2}{2\beta a^2\cos(ka)}$$

となる。

図 10-6 に、第 1 ブリルアンゾーンにおける有効質量 $m*$ の k 依存性を示す。

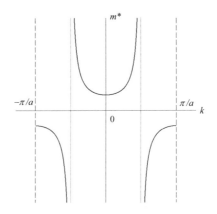

図 10-6　第 1 ブリルアンゾーンにおける有効質量 m^* の k 依存性

　図に示すように、有効質量は k によって大きく異なる。ただし、金属などにおいて、比較的電子が自由に動ける $k=0$ に近い領域では、有効質量は、実際の質量と近い値を示す。
　また、E-k 曲線における変曲点では

$$\frac{d^2E}{dk^2}=0 \quad \text{となるので} \quad m^* \rightarrow \infty$$

と発散する。本来、k の増加とともに、電子の速度 v は大きくなるが、変曲点を境に、k の増加とともに v が減少するという奇妙な現象が生じる。このため、この領域では、$m^*<0$ となってしまう。本来、質量の値が負になることはないが、この領域では、本来、加速によって増加するはずの電子が減速するために、みかけの有効質量が負の値を示すのである。
　ここで、この場合の変曲点は

$$\frac{d^2E(k)}{dk^2}=2\beta a^2 \cos(ka)=0$$

から、$k=\pm\pi/2a$ となる。つまり、この k において有効質量は無限大に発散し、この前後で有効質量は正から負へと変わる。
　もともと、固体中の電子は正に帯電した原子からなる格子の中を運動している。しかも、電子は、ミクロ粒子という性質だけではなく、量子力学を反映して波数

k を有する電子波（平面波）という側面を有する。それが、規則的なポテンシャル場を運動し、電子波の波長と、格子定数がマッチした条件下では、定在波となって、運動ができないという状態も生じるのである。

これを自由電子の質量と、同等のものを考えれば、それが複雑な挙動を示すのは当たり前であろう。固体の性質を調べるのに電子線を利用する場合がある。透過電子顕微鏡も、その一種である。その際、固体に注入された電子は、そのまま固体を通過することはなく、固体内の格子と様々な相互作用をすることが知られている。電子線回折という現象も生じる。このように、固体中を運動する電子は、複雑な挙動を示すことは容易に推察できよう。

10.5. 3次元への拡張

いままでは、簡単化のために1次元の運動を考えてきたが、実際の固体は3次元であり、電子の運動も3次元に拡張しなければならない。3次元空間での、波束の群速度および波数は

$$\vec{v} = \begin{pmatrix} v_x \\ v_y \\ v_z \end{pmatrix} \qquad \vec{k} = \begin{pmatrix} k_x \\ k_y \\ k_z \end{pmatrix}$$

のように3次元ベクトルとなる。ただし

$$v_x = \frac{1}{\hbar}\frac{dE(\vec{k})}{dk_x}, \quad v_y = \frac{1}{\hbar}\frac{dE(\vec{k})}{dk_y}, \quad v_z = \frac{1}{\hbar}\frac{dE(\vec{k})}{dk_z}$$

という関係にある。

ただし、エネルギー E は k_x, k_y, k_z の関数ではあるが、スカラーである。先ほど、1次元結晶のエネルギー E を

$$E(k) = \alpha - 2\beta\cos(ka)$$

としたが、これを3次元に拡張した単純立方格子では

$$E(\vec{k}) = \alpha - 2\beta\{\cos(k_x a) + \cos(k_y a) + \cos(k_z a)\}$$

となる。

演習 10-6　3 次元の単純立方格子における電子の波数ベクトルが

$$\vec{k} = \begin{pmatrix} k_x \\ k_y \\ k_z \end{pmatrix} = \begin{pmatrix} \pi/2a \\ \pi/4a \\ \pi/6a \end{pmatrix}$$

と与えられるとき、電子波の群速度を求めよ。

解）　$E(\vec{k}) = \alpha - 2\beta\{\cos(k_x a) + \cos(k_y a) + \cos(k_z a)\}$　から、群速度は

$$\vec{v} = \begin{pmatrix} v_x \\ v_y \\ v_z \end{pmatrix} = \frac{1}{\hbar} \begin{pmatrix} \partial E(\vec{k})/\partial k_x \\ \partial E(\vec{k})/\partial k_y \\ \partial E(\vec{k})/\partial k_z \end{pmatrix}$$

と与えられる。ここで

$$\frac{\partial E(\vec{k})}{\partial k_x} = 2\beta a \sin(k_x a) \qquad \frac{\partial E(\vec{k})}{\partial k_y} = 2\beta a \sin(k_y a) \qquad \frac{\partial E(\vec{k})}{\partial k_z} = 2\beta a \sin(k_z a)$$

から

$$\vec{v} = \frac{1}{\hbar} \begin{pmatrix} \partial E(\vec{k})/\partial k_x \\ \partial E(\vec{k})/\partial k_y \\ \partial E(\vec{k})/\partial k_z \end{pmatrix} = \frac{2\beta a}{\hbar} \begin{pmatrix} \sin(k_x a) \\ \sin(k_y a) \\ \sin(k_z a) \end{pmatrix} = \frac{2\beta a}{\hbar} \begin{pmatrix} \sin(\pi/2) \\ \sin(\pi/4) \\ \sin(\pi/6) \end{pmatrix} = \frac{2\beta a}{\hbar} \begin{pmatrix} 1 \\ 1/\sqrt{2} \\ 1/2 \end{pmatrix}$$

となる。

いまの場合、波数ベクトルと速度ベクトルを取り出すと

$$\vec{k} = \begin{pmatrix} k_x \\ k_y \\ k_z \end{pmatrix} = \begin{pmatrix} \pi/2a \\ \pi/4a \\ \pi/6a \end{pmatrix} = \frac{\pi}{12a} \begin{pmatrix} 6 \\ 3 \\ 2 \end{pmatrix} \qquad \vec{v} = \frac{\beta a}{\hbar} \begin{pmatrix} 2 \\ \sqrt{2} \\ 1 \end{pmatrix}$$

となる。これらベクトルを比較してわかるように、3 次元の固体では、一般には波数ベクトルと速度ベクトルは平行とはならないのである。

ただし、自由電子と同じように扱える範囲では、エネルギーは

$$E(\vec{k}) = \hbar^2 \frac{k_x^{\ 2} + k_y^{\ 2} + k_z^{\ 2}}{2m}$$

と与えられるので

278

第 10 章　電子の運動

$$\vec{v} = \frac{1}{\hbar}\begin{pmatrix} \partial E(\vec{k})/\partial k_x \\ \partial E(\vec{k})/\partial k_y \\ \partial E(\vec{k})/\partial k_z \end{pmatrix} = \frac{\hbar}{m}\begin{pmatrix} k_x \\ k_y \\ k_z \end{pmatrix} = \frac{\hbar}{m}\vec{k}$$

となり、波数ベクトルと速度ベクトルの方向は一致する。$\vec{p} = \hbar\vec{k}$ であったから、これは $\vec{v} = \vec{p}/m$ に対応している。

　つぎに、運動方程式を 3 次元に拡張してみよう。

$$\frac{dv}{dt} = F\frac{1}{\hbar^2}\frac{d^2 E}{dk^2}$$

という関係を思い出そう。

　この式と $\dfrac{dv}{dt} = \dfrac{F}{m^*}$ との関係から $m^* = \dfrac{\hbar^2}{d^2 E/dk^2}$ がえられたのであった。これ

を 3 次元に拡張する。ここで $\dfrac{d^2 E}{dk^2}$ の 2 階微分について考えてみよう。

　いま示したように、3 次元の固体では、一般には速度ベクトルと波数ベクトル

は平行ではないので、2 階微分については $\dfrac{\partial^2 E}{\partial k_x^2}$ だけではなく、$\dfrac{\partial^2 E}{\partial k_x \partial k_y}$ や $\dfrac{\partial^2 E}{\partial k_x \partial k_z}$

などの成分も考える必要がある。y, z 成分も同様である。これが 1 次元との大きな違いである。この結果、$d\vec{v}/dt$ の x 成分は

$$\frac{dv_x}{dt} = F_x\frac{1}{\hbar^2}\frac{\partial^2 E}{\partial k_x^2} + F_y\frac{1}{\hbar^2}\frac{\partial^2 E}{\partial k_x \partial k_y} + F_z\frac{1}{\hbar^2}\frac{\partial^2 E}{\partial k_x \partial k_z}$$

と与えられることになる。同様にして、y, z 成分は

$$\frac{dv_y}{dt} = F_x\frac{1}{\hbar^2}\frac{\partial^2 E}{\partial k_y \partial k_x} + F_y\frac{1}{\hbar^2}\frac{\partial^2 E}{\partial k_y^2} + F_z\frac{1}{\hbar^2}\frac{\partial^2 E}{\partial k_y \partial k_z}$$

$$\frac{dv_z}{dt} = F_x\frac{1}{\hbar^2}\frac{\partial^2 E}{\partial k_z \partial k_x} + F_y\frac{1}{\hbar^2}\frac{\partial^2 E}{\partial k_z \partial k_y} + F_z\frac{1}{\hbar^2}\frac{\partial^2 E}{\partial k_z^2}$$

となる。

　よって

$$\frac{d\vec{v}}{dt} = \begin{pmatrix} dv_x/dt \\ dv_y/dt \\ dv_z/dt \end{pmatrix} = \begin{pmatrix} 1/m_{xx} & 1/m_{xy} & 1/m_{xz} \\ 1/m_{yz} & 1/m_{yy} & 1/m_{yz} \\ 1/m_{zx} & 1/m_{zy} & 1/m_{zz} \end{pmatrix}\begin{pmatrix} F_x \\ F_y \\ F_z \end{pmatrix} = \widetilde{A}_{ij}\vec{F}$$

となる。

279

ただし、3 行 3 列の行列は**逆質量テンソル** (inverse mass tensor) と呼ばれ、その成分は

$$\frac{1}{m_{xx}} = \frac{1}{\hbar^2}\frac{\partial^2 E}{\partial k_x^2} \qquad \frac{1}{m_{xy}} = \frac{1}{\hbar^2}\frac{\partial^2 E}{\partial k_x \partial k_y} \qquad \frac{1}{m_{yz}} = \frac{1}{\hbar^2}\frac{\partial^2 E}{\partial k_y \partial k_z}$$

などのような関係にある。そして

$$m_{xx} = \hbar^2 / \frac{\partial^2 E}{\partial k_x^2} \qquad m_{xy} = \hbar^2 / \frac{\partial^2 E}{\partial k_x \partial k_y} \qquad m_{yz} = \hbar^2 / \frac{\partial^2 E}{\partial k_y \partial k_z}$$

が、3 次元の有効質量となる。

演習 10-7　3 次元の単純立方格子における有効質量の成分を求めよ。ただし、そのエネルギーが

$$E(\vec{k}) = \alpha - 2\beta\{\cos(k_x a) + \cos(k_y a) + \cos(k_z a)\}$$

と与えられるものとする。

解）

$$\frac{\partial E(\vec{k})}{\partial k_x} = 2\beta a \sin(k_x a) \qquad \frac{\partial E(\vec{k})}{\partial k_y} = 2\beta a \sin(k_y a) \qquad \frac{\partial E(\vec{k})}{\partial k_z} = 2\beta a \sin(k_z a)$$

となる。よって

$$\frac{\partial^2 E(\vec{k})}{\partial k_x \partial k_y} = 0 \qquad \frac{\partial^2 E(\vec{k})}{\partial k_y \partial k_z} = 0 \qquad \frac{\partial^2 E(\vec{k})}{\partial k_z \partial k_x} = 0$$

などのように、対角成分以外はすべてゼロとなる。値がえられるのは

$$\frac{\partial^2 E(\vec{k})}{\partial k_x^2} = 2\beta a^2 \cos(k_x a) \qquad \frac{\partial^2 E(\vec{k})}{\partial k_y^2} = 2\beta a^2 \cos(k_y a) \qquad \frac{\partial^2 E(\vec{k})}{\partial k_z^2} = 2\beta a^2 \cos(k_z a)$$

のみである。よって、3 次元の単純立方格子の有効質量は

$$m_{xx} = \frac{\hbar^2}{2\beta a^2 \cos(k_x a)} \qquad m_{yy} = \frac{\hbar^2}{2\beta a^2 \cos(k_y a)} \qquad m_{zz} = \frac{\hbar^2}{2\beta a^2 \cos(k_z a)}$$

となる。

もし、固体内の電子の運動が自由電子のようであれば

第 10 章 電子の運動

$$E(\vec{k}) = \hbar^2 \frac{k_x{}^2 + k_y{}^2 + k_z{}^2}{2m}$$

となるから

$$\frac{\partial^2 E(\vec{k})}{\partial k_x{}^2} = \frac{\hbar^2}{m} \qquad \frac{\partial^2 E(\vec{k})}{\partial k_y{}^2} = \frac{\hbar^2}{m} \qquad \frac{\partial^2 E(\vec{k})}{\partial k_z{}^2} = \frac{\hbar^2}{m}$$

となり

$$m_{xx} = m \qquad m_{yy} = m \qquad m_{zz} = m$$

のように等方的となる。

　1 価の金属は、フェルミ面が第 1 ブリルアンゾーンを半分だけ満たした付近に位置しているので、自由電子近似がよくあてはまる。よって、表 10-1 に示すように、これら金属の有効質量は、電子の質量に近い値を示す。

表 10-1　1 価の金属における有効質量 m^* と電子質量 m の比

	Li	Na	K	Rb
m^*/m	1.66	1.24	1.21	1.25

　一方、E-k 分散関係が複雑な固体では、有効質量は k 依存性を示すことになり、どのような状態を想定するかで図 10-6 に示したように、値が大きく変化する。

第 11 章　半導体

　固体に、電気をよく通す導体と、電気を通さない絶縁体があることは、長い間説明ができなかった。その違いは、本書で紹介した**バンド理論** (Band theory) とエネルギーギャップ (energy gap) の存在によって理解できたのである。

　すなわち、導体では、エネルギー許容帯 (allowed band) に電子の空席があり、外部から電場が印加され電子に力が働いたときに空席に移動できるため、電子が動くことができる。一方、絶縁体では、電子の空席がなく、エネルギーギャップがあるために、電場が働いても、電子が動くことができないのである。

　ところで、固体によっては、低温では絶縁体であるが、温度の上昇とともに伝導性を示すものがある。これを**半導体** (semiconductor) と呼んでいる。そして半導体は、トランジスターなど固体デバイスへの応用によって、現代のエレクトロニクス時代に、なくてはならない存在となったのである。その結果、半導体を研究する物理は、現代科学のなかで重要な位置を占めている。本章では、半導体の特性について、そのバンド構造から解説を試みる。

11.1.　バンド構造と半導体

　金属も、半導体も、絶縁体も、根本的な電子の E-k 分散関係に違いはなく、図 11-1 のような構造を有する。自由電子の場合には、電子のエネルギーは連続であるが、固体の場合には、それを形成する格子との相互作用によって、電子波の波長と格子定数のマッチングが生じる条件 $k=\pi/a$ においてエネルギーギャップ (energy gap: E_g) が生じ、禁制帯 (forbidden band) と呼ばれる電子に許容されないエネルギー範囲が生じる。電子が存在できるエネルギー領域を許容帯 (allowed band) と呼んでいる。

第 11 章 半導体

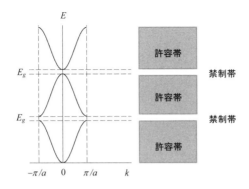

図 11-1 還元ゾーン表示の E-k 分散曲線とバンド構造

それでは、なぜ導体と絶縁体の違いが生じるのであろうか。それは、図 11-2 に示したような電子の充填構造にある。

金属のような導体の場合には、許容帯の一部を電子が占有しているだけで、空席がある。1価の金属では、第1ブリルアンゾーンに対応した第1バンドが半分ほど埋まっており、この空席のおかげで電子が運動することができる。それよりも価数が多い場合には、最初のバンドが埋まっても、つぎのバンドに空席がある場合もある。

一方、絶縁体では、許容帯がすべての電子で埋められているため、電子が動くことができない。このため、電気伝導性を示さないのである。

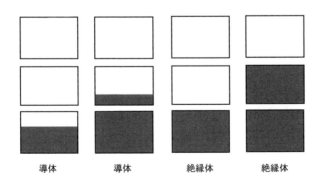

図 11-2 バンド構造と電子の充填構造による導体と絶縁体の違い

283

それでは、半導体と絶縁体の違いは何であろうか。結論からいうと、図 11-2 に模式的に示したバンド構造の充填に関しては違いはない。それでは何が違うかというとエネルギーギャップの大きさであり、半導体のエネルギーギャップは絶縁体よりも小さい。例えば、絶縁体のダイヤモンドの E_g は 6[eV] 程度であるが、半導体の Si や Ge では 1 [eV] 程度である。このため、温度が上昇して、電子が熱的に励起され、エネルギーギャップを超えて、上の伝導バンドに励起されると、電子が動けるようになる。これが半導体である。ここで使用した[eV]という単位は、電子ボルト (electron volt) と呼ばれる仕事の単位であり、素電荷 (elementary charge: e) を有する荷電粒子が 1 [V] の電圧で加速されるときのエネルギーに相当する。半導体物理ではよく使われる単位である。

演習 11-1　エネルギーの単位である電子ボルト [eV] をジュール[J]に変換せよ。

　解)　1 [C] の電荷を 1[V]の電位差で加速したときえられるエネルギーが 1 [J] である。素電荷は $e = 0.1602 \times 10^{-18}$ [C] であるので

$$1 \text{ [eV]} = 0.1602 \times 10^{-18} \text{ [J]}$$

となる。

　ちなみに、1 [eV] を温度に換算すると、ボルツマン定数が $k_B = 1.38 \times 10^{-23}$ [J/K] であるから

$$T\text{[K]} = \frac{0.1602 \times 10^{-18}\text{[J]}}{1.38 \times 10^{-23}\text{[J/K]}} = 1.16 \times 10^{4}\text{[K]}$$

程度となり、10000[K]にも達する。

11. 2.　フェルミ分布

　導体も、絶縁体も、半導体も、固体の中にフェルミ粒子である多数の電子が存在する。フェルミ粒子の特徴は、ひとつのエネルギー量子状態に 1 個の粒子しか入れないというものである。そして、フェルミ粒子のエネルギー分布は

$$f(E) = \cfrac{1}{1+\exp\left(\cfrac{E-E_F}{k_B T}\right)}$$

という関数によって与えられる。これを**フェルミ分布関数** (Fermi distribution function) と呼ぶのであった。ここで、E は粒子のエネルギー、k_B はボルツマン定数、T は温度、E_F はフェルミエネルギーである。半導体や絶縁体中の電子も、この分布にしたがう。

11.2.1. 絶対零度におけるフェルミ分布

絶対零度 $T = 0[\mathrm{K}]$ におけるフェルミ分布は、$E < E_F$ のとき

$$T \to 0 \quad \text{のとき} \quad f(E) = \cfrac{1}{1+\exp\left(\cfrac{E-E_F}{k_B T}\right)} \to 1$$

となる。つまり、$E < E_F$ のすべてのエネルギー準位に粒子が 1 個存在することになる。一方、$E > E_F$ のときは

$$f(E) = \cfrac{1}{1+\exp\left(\cfrac{E-E_F}{k_B T}\right)} \to 0$$

となり、$E > E_F$ のエネルギー準位には粒子は存在しない。したがって、絶対零度におけるフェルミ分布は、図 11-3 のようになる。

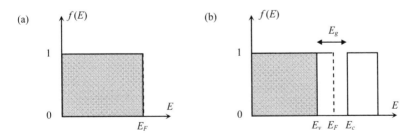

図 11-3　絶対零度 ($T = 0\mathrm{K}$) におけるフェルミ分布

すなわち、$E < E_F$ の量子エネルギー状態の占有率は 1 となり、$E > E_F$ のそれ

は0となるステップ関数となるのである。絶縁体や半導体でも、同様の分布をとる。ただし、図11-3(b)に示すように、半導体の場合、電子が詰まっている許容帯の最大エネルギーであるE_vはE_Fよりも低い。

半導体では、この電子で詰まった許容帯のことを価電子帯 (valence band) と呼ぶこともある。そして、E_vのことを価電子帯端エネルギーと呼ぶ。

演習 11-2 フェルミエネルギー $E = E_F$ におけるフェルミ分布関数$f(E)$の値を求めよ。

解) $f(E_F) = \dfrac{1}{1+\exp\left(\dfrac{E_F - E_F}{k_B T}\right)} = \dfrac{1}{1+\exp 0} = \dfrac{1}{2}$ となる。

この値は、温度Tに依存せずに、常に1/2となり、すべての分布曲線が、この点を通ることになる。これは、金属だけでなく、半導体にも適用できる。よって、半導体のフェルミエネルギーは$f(E_F)=1/2$によって定義することができる。金属の場合、自由電子モデルにしたがって、エネルギー準位の低いほうから電子を充填していった際の最大エネルギーがE_Fとなるが、半導体では価電子帯が電子で詰まっており、その最大エネルギーであるE_vよりも高い位置にE_Fはある。半導体におけるE_Fは、後ほど示すように、温度による電子の励起状態を考えたときに、より明確となる。

11.3. 有限温度におけるフェルミ分布

11.3.1. 金属の場合

有限温度におけるフェルミ分布を考えてみよう。金属の温度依存性については、第3章で紹介した自由電子モデルで、うまく説明することが可能であり、図11-4に示したようにまとめることができる。絶対零度$T = 0[\mathrm{K}]$では、フェルミエネルギーE_F以下のエネルギー準位を電子が占めるステップ関数型の分布となっている。温度上昇にしたがって、フェルミ面近傍の電子が熱的に励起され、E_F

286

以下のエネルギーを有する電子が一部励起され、E_F 以上のエネルギーを有することになる。その様子を図 11-4(b)に示した。

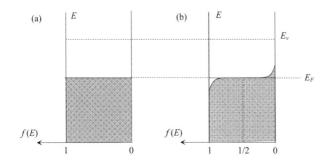

図 11-4 金属における(a) 絶対零度 ($T=0[K]$) および (b) 有限温度 ($T>0[K]$) での電子系のエネルギー分布

ここで、金属のフェルミエネルギー E_F は $E_F \cong 10^{-18}$ [J] 程度であることが知られている。この値を温度に換算すると $T = E_F/k_B \cong 72000[K]$ となり、かなり高温となる。したがって、室温である 300 [K]程度の熱励起では、ごく一部の電子しか E_F 以上に励起されないことになる。ちなみに、演習 11-2 で確認したように、フェルミ分布関数は $E = E_F$ において、$f(E) = 1/2$ という値をとる。

11.3.2. 半導体の場合

それでは、半導体中の電子の有限温度におけるフェルミ分布を考えてみよう。この場合は、熱的励起によって電子はエネルギーをえるが、半導体にはエネルギーギャップ E_g があり、E_v と E_v+E_g の範囲（禁制帯）のエネルギーをとることができないという制約がある。

そして、熱的に励起された電子の入ることのできる $E \geq E_v+E_g$ 以上のバンドを**伝導帯** (conduction band) と呼んでいる。ちなみに $E_c=E_v+E_g$ は、伝導帯の最低エネルギーであり、伝導帯端エネルギーと呼ばれる。この様子を図 11-5 に模式的に示す。

図のように、熱的に励起された電子の入ることのできる伝導帯は E_c 以上の位置にある。また、E_F は、伝導帯と価電子帯の間に位置し

$$E_F = E_v + (1/2)E_g = E_c - (1/2)E_g$$

となっている。

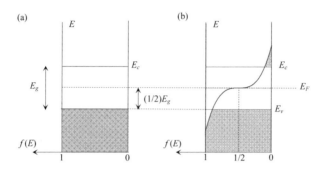

図 11-5　半導体における(a) 絶対零度 (T=0[K]) および (b) 有限温度 (T > 0[K]) での電子系のエネルギー分布

11.4.　半導体のキャリア濃度

11.4.1.　熱励起される電子数

半導体では、絶対零度では、すべての電子が価電子帯を埋めており、電子が動くことができない。しかし、有限の温度では、E_c 以上に熱的に励起された電子が存在し、これら伝導帯にある電子が動くことができる。

それでは、どの程度の数の電子が電気伝導に寄与できるのであろうか。ここで、第3章で示したように、フェルミ分布に従う電子の総数 N は

$$N = \int_0^\infty f(E)D(E)\,dE$$

という積分によって与えられる。ただし、$D(E)$ は電子のエネルギー状態密度であり $D(E) = \dfrac{4\pi V}{h^3}(2m)^{\frac{3}{2}}\sqrt{E}$、また、$f(E)$ はフェルミ分布関数であり

$$f(E) = \dfrac{1}{1+\exp\left(\dfrac{E-E_F}{k_B T}\right)}$$

と与えられる。半導体の場合にも、同様の取り扱いが可能である。ただし、$D(E)$ に対して少し修正が必要になる。図 11-6 を参照いただきたい。

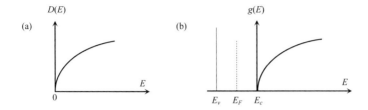

図 11-6 (a)自由電子の状態密度は $E=0$ からの積算となるが、(b)半導体における熱励起電子は $E=E_c$ が始点となる。

いま求めようとしている熱励起された電子の密度は $E=E_c$ でゼロであり、そこから立ち上がる。その E 依存性が自由電子と同様とすると、その状態密度は

$$g(E) = \frac{4\pi V}{h^3}(2m_c^*)^{\frac{3}{2}}\sqrt{E-E_c}$$

となる。さらに、ここでは電子の有効質量 m_c^* を使っている。

したがって、E_c 以上に励起された電子数 n_c は

$$n_c = \int_{E_c}^{\infty} f(E)g(E)dE$$

という積分で与えられ、積分範囲は $E \geq E_c$ となる。したがって

$$n_c = \frac{4\pi V}{h^3}(2m_c^*)^{\frac{3}{2}} \int_{E_c}^{\infty} \frac{(E-E_c)^{\frac{1}{2}}}{1+\exp\left(\dfrac{E-E_F}{k_B T}\right)}dE$$

となる。後は、この積分を計算すればよいのであるが、実は、解析的に求めることが難しい。そこで、まず

$$\exp\left(\frac{E-E_F}{k_B T}\right) \gg 1$$

ということを仮定して

$$1 + \exp\left(\frac{E - E_F}{k_B T}\right) \cong \exp\left(\frac{E - E_F}{k_B T}\right)$$

と置こう。すでに見たように $E \geq E_c$ であり

$$E_c = E_F + \frac{1}{2}E_g \qquad \text{であるので} \qquad E - E_F \geq E_c - E_F = \frac{1}{2}E_g$$

となる。ここで、半導体の E_g は 1[eV]程度であり、温度換算で 10000[K]にも達する。したがって、$E - E_F \gg k_B T$ としてよいのである。すると

$$n_c \cong \frac{4\pi V}{h^3}(2m_c^*)^{\frac{3}{2}} \int_{E_c}^{\infty} \frac{(E - E_c)^{\frac{1}{2}}}{\exp\left(\dfrac{E - E_F}{k_B T}\right)} dE = \frac{4\pi V}{h^3}(2m_c^*)^{\frac{3}{2}} \exp\left(\frac{E_F}{k_B T}\right) \int_{E_c}^{\infty} \frac{(E - E_c)^{\frac{1}{2}}}{\exp\left(\dfrac{E}{k_B T}\right)} dE$$

となる。ここで、$\dfrac{E - E_c}{k_B T} = u$ という変数変換を行うと $dE = k_B T du$ となり

$$E - E_c = k_B T u \qquad \text{から} \qquad (E - E_c)^{\frac{1}{2}} = (k_B T)^{\frac{1}{2}} u^{\frac{1}{2}}$$

となる。また

$$\exp\left(\frac{E - E_c}{k_B T}\right) = \exp\left(\frac{E}{k_B T}\right)\exp\left(-\frac{E_c}{k_B T}\right) = \exp u \qquad \text{より} \qquad \exp\left(\frac{E}{k_B T}\right) = \exp u \exp\left(\frac{E_c}{k_B T}\right)$$

となるので

$$\int_{E_c}^{\infty} \frac{(E - E_c)^{\frac{1}{2}}}{\exp\left(\dfrac{E}{k_B T}\right)} dE = (k_B T)^{\frac{3}{2}} \exp\left(-\frac{E_c}{k_B T}\right) \int_0^{\infty} \frac{u^{\frac{1}{2}}}{\exp u} du$$

となる。ここで、u に関する積分は

$$\int_0^{\infty} \frac{u^{\frac{1}{2}}}{\exp u} du = \int_0^{\infty} \exp(-u)u^{\frac{1}{2}} du$$

となるが、ガンマ積分の公式から

$$\int_0^{\infty} \exp(-u)u^{\frac{1}{2}} du = \Gamma\left(\frac{3}{2}\right) = \frac{\sqrt{\pi}}{2}$$

第 11 章　半導体

と値がえられる。したがって

$$\int_{E_c}^{\infty} \frac{(E-E_c)^{\frac{1}{2}}}{\exp\left(\dfrac{E}{k_B T}\right)} dE = \frac{\sqrt{\pi}}{2}(k_B T)^{\frac{3}{2}} \exp\left(-\frac{E_c}{k_B T}\right)$$

となり、結局

$$n_c = \frac{4\pi V}{h^3}(2m_c{}^*)^{\frac{3}{2}} \exp\left(\frac{E_F}{k_B T}\right) \times \frac{\sqrt{\pi}}{2}(k_B T)^{\frac{3}{2}} \exp\left(-\frac{E_c}{k_B T}\right)$$

から

$$n_c = 2V\left(\frac{2\pi m_c{}^* k_B T}{h^2}\right)^{\frac{3}{2}} \exp\left(\frac{E_F-E_c}{k_B T}\right)$$

となる。ここで

$$N_c = 2V\left(\frac{2\pi m_c{}^* k_B T}{h^2}\right)^{\frac{3}{2}}$$

のことを伝導帯における**有効状態密度** (effective density of state) と呼んでいる。
N_c を使うと

$$n_c = N_c \exp\left(\frac{E_F-E_c}{k_B T}\right) = N_c \exp\left(-\frac{E_c-E_F}{k_B T}\right)$$

となる。また exp のべきは $E_c > E_F$ となることを考慮して $E_c - E_F$ としている。
ここで $E_c - E_F = (1/2)E_g$ であったので

$$n_c = N_c \exp\left(-\frac{E_g}{2k_B T}\right)$$

となる。$N_c = 2V\left(\dfrac{2\pi m_c{}^* k_B T}{h^2}\right)^{\frac{3}{2}}$ であるから、結局、n_c の温度依存性は

$$n_c \propto T^{\frac{3}{2}} \exp\left(-\frac{E_g}{k_B T}\right)$$

と与えられることになる。このグラフを図 11-7 に示す。

　絶対零度では、熱励起される電子数は、もちろん 0 であるが、温度 T の上昇とともに、急激に上昇していくことがわかる。

291

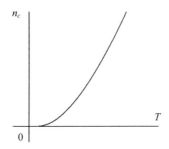

図 11-7　熱励起される電子数の温度依存性

さらに、半導体のエネルギーギャップ E_g が大きくなると、励起されるキャリア濃度 n_c は $\exp(-E_g/k_BT)$ のように急激に低下することがわかる。図 11-8 に、励起される電子数の E_g 依存性を示す。

図 11-8 には、温度の影響も示している。T が高ければ、E_g が大きくとも励起される電子数が増えることがわかる。室温程度では良好な絶縁体であっても、高温では電気伝導性を帯びる場合もある。

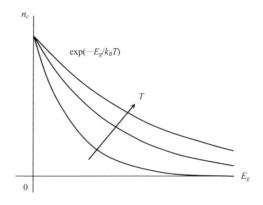

図 11-8　熱的に励起される電子数のエネルギーギャップ依存性

11.4.2.　正孔濃度

半導体において、価電子帯から熱的励起により電子が伝導帯に移動すると、価

電子帯に空席ができる。この空席のことを**正孔** (hole) と呼んでいる。負に帯電した電子が抜けた後は、見掛け上は、正に帯電した状態が生じるからである。

ところで、熱的に励起された電子の数 n_c と正孔の数 n_h は一致するはずである。ただし、ここでは、あらためて正孔の数として n_h を求めてみる。再びフェルミ分布関数を利用して

$$n_h = \int_0^\infty f_h(E) g_h(E) dE$$

という積分を考える。ただし、$f_h(E)$ と $g_h(E)$ は正孔の分布関数およびエネルギー状態密度となる。

まず、正孔の分布関数は

$$f_h(E) = 1 - f(E)$$

となるはずである。よって

$$f_h(E) = 1 - \frac{1}{1+\exp\left(\dfrac{E-E_F}{k_B T}\right)} = \frac{\exp(E-E_F/k_B T)}{1+\exp(E-E_F/k_B T)} = \frac{1}{1+\exp\left(-\dfrac{E-E_F}{k_B T}\right)}$$

となる。

つぎに、正孔のエネルギー状態密度を考えてみよう。図 11-9 を参照いただきたい。

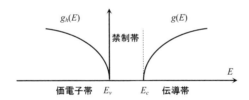

図 11-9 熱励起された電子と正孔のエネルギー状態密度

熱励起された電子のエネルギー状態密度は E_c から立ち上がる。一方、正孔($E <$ 0) はそれに対応して、価電子帯端エネルギーの E_v から負の方向に立ち上がる。したがって

$$g_h(E) = \frac{4\pi V}{h^3}(2m_h^*)^{\frac{3}{2}}\sqrt{E_v - E}$$

293

となる。ただし、$m_h{}^*$は価電子帯における正孔の有効質量である。

したがって、E_v以下に形成される正孔数 n_h は

$$n_h = \int_{-\infty}^{E_v} f_h(E) g_h(E) \, dE$$

という積分で与えられ、積分範囲は $E \leq E_v$ となる。したがって

$$n_h = \frac{4\pi V}{h^3} (2m_h{}^*)^{\frac{3}{2}} \int_{-\infty}^{E_v} \frac{(E_v - E)^{\frac{1}{2}}}{1 + \exp\left(-\dfrac{E - E_F}{k_B T}\right)} \, dE$$

となる。ここで、積分の下端を $-\infty$ としているのは、熱励起電子の積分において上端を $+\infty$ としたことに対応している。

演習 11-3　つぎのような近似を行い積分の値を求めよ。

$$\int_{-\infty}^{E_v} \frac{(E_v - E)^{\frac{1}{2}}}{1 + \exp\left(-(E - E_F)/k_B T\right)} \, dE \cong \int_{-\infty}^{E_v} \frac{(E_v - E)^{\frac{1}{2}}}{\exp\left(-(E - E_F)/k_B T\right)} \, dE$$

解）　$\dfrac{E_v - E}{k_B T} = x$　という変数変換を行うと $dE = -k_B T dx$ となり

$$E_v - E = k_B T x \qquad から \qquad (E_v - E)^{\frac{1}{2}} = (k_B T)^{\frac{1}{2}} x^{\frac{1}{2}}$$

となる。また

$$\exp\left(\frac{E_v - E}{k_B T}\right) = \exp\left(\frac{E_v}{k_B T}\right) \exp\left(-\frac{E}{k_B T}\right) = \exp x \qquad より \qquad \exp\left(-\frac{E}{k_B T}\right) = \exp x \exp\left(-\frac{E_v}{k_B T}\right)$$

となるので

$$\int_{-\infty}^{E_v} \frac{(E_v - E)^{\frac{1}{2}}}{\exp\left(-\dfrac{E - E_F}{k_B T}\right)} \, dE = \exp\left(-\frac{E_F}{k_B T}\right) \int_{-\infty}^{E_v} \frac{(E_v - E)^{\frac{1}{2}}}{\exp\left(-\dfrac{E}{k_B T}\right)} \, dE$$

294

$$
= (k_B T)^{\frac{3}{2}} \exp\left(\frac{E_v - E_F}{k_B T}\right) \left\{ -\int_\infty^0 \frac{x^{\frac{1}{2}}}{\exp x} dx \right\} = (k_B T)^{\frac{3}{2}} \exp\left(\frac{E_v - E_F}{k_B T}\right) \int_0^\infty \frac{x^{\frac{1}{2}}}{\exp x} dx
$$

となる。したがって

$$
\int_{-\infty}^{E_v} \frac{(E_v - E)^{\frac{1}{2}}}{\exp\left(\dfrac{E - E_F}{k_B T}\right)} dE = \frac{\sqrt{\pi}}{2}(k_B T)^{\frac{3}{2}} \exp\left(\frac{E_v - E_F}{k_B T}\right)
$$

となる。

したがって、正孔の数は

$$
n_h = \frac{4\pi V}{h^3}(2 m_h{}^*)^{\frac{3}{2}} \int_{-\infty}^{E_v} \frac{(E_v - E)^{\frac{1}{2}}}{1 + \exp\left(-\dfrac{E - E_F}{k_B T}\right)} dE = 2V\left(\frac{2\pi m_h{}^* k_B T}{h^2}\right)^{\frac{3}{2}} \exp\left(\frac{E_v - E_F}{k_B T}\right)
$$

となる。ここで

$$
N_h = 2V\left(\frac{2\pi m_h{}^* k_B T}{h^2}\right)^{\frac{3}{2}}
$$

は正孔の**有効状態密度** (effective density of state) と呼ばれる。N_h を使うと

$$
n_h = N_h \exp\left(\frac{E_v - E_F}{k_B T}\right)
$$

となる。

演習 11-4　熱励起される電子数 n_c と、正孔の数 n_h が等しいという条件からフェルミエネルギーE_Fを求めよ。

解）
$$
n_c = 2V\left(\frac{2\pi m_c{}^* k_B T}{h^2}\right)^{\frac{3}{2}} \exp\left(\frac{E_F - E_c}{k_B T}\right)
$$

および

$$n_h = 2V \left(\frac{2\pi m_h * k_B T}{h^2} \right)^{\frac{3}{2}} \exp\left(\frac{E_v - E_F}{k_B T} \right)$$

において $n_c = n_h$ と置くと

$$\left(m_c * \right)^{\frac{3}{2}} \exp\left(\frac{E_F - E_c}{k_B T} \right) = \left(m_h * \right)^{\frac{3}{2}} \exp\left(\frac{E_v - E_F}{k_B T} \right)$$

となる。両辺の対数をとると

$$\frac{3}{2} \ln\left(m_c * \right) + \left(\frac{E_F - E_c}{k_B T} \right) = \frac{3}{2} \ln\left(m_h * \right) + \left(\frac{E_v - E_F}{k_B T} \right)$$

$$\frac{2E_F}{k_B T} = \frac{3}{2} \left\{ \ln\left(m_h * \right) - \ln\left(m_h * \right) \right\} + \left(\frac{E_v + E_c}{k_B T} \right)$$

より

$$E_F = \frac{E_v + E_c}{2} + \frac{3}{4} k_B T \ln\left(\frac{m_h *}{m_c *} \right)$$

となる。

したがって、伝導電子と正孔の有効質量が等しいとき($m_h * = m_c *$)には

$$E_F = \frac{E_v + E_c}{2}$$

となる。これは、E_F が E_v と E_c の中間に位置することを示していて、いままで採用してきたフェルミエネルギーの定義そのものである。しかし、$m_h * \neq m_c *$ のときには、フェルミエネルギーの位置が少しずれることになる。

ただし、$k_B T$ に比べて、他のエネルギーは非常に大きいうえ、有効質量の違いもそれほどないとすると、この項は無視できることになる。

演習 11-5　半導体の熱励起電子数 n_c および正孔数 n_v 表式にいま求めた E_F を代入せよ。

第 11 章　半導体

解)

$$n_c = 2V\left(\frac{2\pi m_c{}^* k_B T}{h^2}\right)^{\frac{3}{2}} \exp\left(\frac{E_F - E_c}{k_B T}\right) = 2V\left(\frac{2\pi m_c{}^* k_B T}{h^2}\right)^{\frac{3}{2}} \exp\left(\frac{E_F}{k_B T}\right)\exp\left(-\frac{E_c}{k_B T}\right)$$

に

$$E_F = \frac{E_v + E_c}{2} + \frac{3}{4}k_B T \ln\left(\frac{m_h{}^*}{m_c{}^*}\right)$$

を代入しよう。すると

$$\frac{E_F}{k_B T} = \frac{E_v + E_c}{2k_B T} + \frac{3}{4}\ln\left(\frac{m_h{}^*}{m_c{}^*}\right)$$

から

$$\exp\left(\frac{E_F}{k_B T}\right) = \exp\left(\frac{E_v + E_c}{2k_B T}\right)\times\left(\frac{m_h{}^*}{m_c{}^*}\right)^{\frac{3}{4}}$$

となるので

$$n_c = 2V\left(\frac{2\pi k_B T}{h^2}\right)^{\frac{3}{2}}\left(m_c{}^* m_h{}^*\right)^{\frac{3}{4}} \exp\left(\frac{E_v - E_c}{2k_B T}\right)$$

となる。つぎに

$$n_h = 2V\left(\frac{2\pi m_h{}^* k_B T}{h^2}\right)^{\frac{3}{2}} \exp\left(\frac{E_v - E_F}{k_B T}\right) = 2V\left(\frac{2\pi m_h{}^* k_B T}{h^2}\right)^{\frac{3}{2}} \exp\left(\frac{-E_F}{k_B T}\right)\exp\left(\frac{E_v}{k_B T}\right)$$

として

$$\exp\left(\frac{-E_F}{k_B T}\right) = \exp\left(-\frac{E_v + E_c}{2k_B T}\right)\times\left(\frac{m_h{}^*}{m_c{}^*}\right)^{-\frac{3}{4}} = \exp\left(-\frac{E_v + E_c}{2k_B T}\right)\times\left(\frac{m_c{}^*}{m_h{}^*}\right)^{\frac{3}{4}}$$

を代入すると

$$n_h = 2V\left(\frac{2\pi k_B T}{h^2}\right)^{\frac{3}{2}}\left(m_c{}^* m_h{}^*\right)^{\frac{3}{4}} \exp\left(\frac{E_v - E_c}{2k_B T}\right)$$

となる。

297

当然のことながら、n_c と n_h は同じものがえられる。さらに

$$E_c - E_v = E_g$$

という関係を使うと

$$n_c = n_h = 2V\left(\frac{2\pi k_B T}{h^2}\right)^{\frac{3}{2}}\left(m_c * m_h *\right)^{\frac{3}{4}}\exp\left(-\frac{E_g}{2k_B T}\right)$$

という関係もえられる。

第 12 章 磁性

　磁石は現代生活にはなくてはならない存在である。例えば、ほとんどの電気は、電磁誘導 (electromagnetic induction) と呼ばれる現象を利用して、磁石の回転によってつくられている。水力、火力、原子力、風力発電などがそうである。さらに、電力機器は、必ず電気と磁気の組み合わせで出力が行われる。スピーカーや携帯電話などに磁石が組み込まれているのは有名である。

　電気と磁気の関係については、**電磁気学** (electromagnetism) という学問分野が確立されており、**マックスウェル方程式** (Maxwell equation) によって、多くの現象を説明することができる。そして、磁場のもとが電子の流れ、すなわち電流であることが明らかになった。

　しかしながら、なぜ鉄やニッケルが永久磁石となるかは説明ができなかったのである。多くの実験や理論的解析によって、実は、電子にはスピンと呼ばれる磁性が内在し、それ自身が磁石のようにふるまうことがわかったのである。

　本章では、物質の磁気的性質として**反磁性** (diamagnetism) と**常磁性** (paramagnetism) について取り扱う。反磁性とは、簡単にいえば、外部磁場が印加されたときに、逆方向（反対方向）に磁化される性質のことをいう。つまり、磁石を近づけると反発する性質を有する。このため、「反」という字がつく。英語では"dia-"という「逆方向の」という意味の接頭語が**磁性** (magnetism) の前につく。

　一方、常磁性とは、外部磁場と同方向に磁化される性質のことを指す。通常の磁性ということで日本語では「常」の字を使うが、英語では、"normal"ではなく、"para-"という接頭語を使う。この接頭語には、いろいろな意味があるが、「まわりによくある」という意味であろうか。日本語でも**パラ磁性**と呼ぶ場合もある。常磁性は、磁場に引き寄せられる性質があるが、その磁性は弱いので、普段は磁場には反応しないように見える場合が多い。ただし、常磁性磁化が強い物質では、

299

Fe-Nd-B のような強力磁石に引き寄せられるものもある。

そして、反磁性も常磁性も、外部磁場を取り除けば、磁化がゼロの状態に戻る。つまり、磁場があるときだけの性質である。ところが、この他にも**強磁性** (ferromagnetism) という性質がある。強磁性体では、外部磁場を取り去った後にも、自発磁化が残り、磁石として作用する。Fe, Ni, Co などがその代表である。この特性に関しては、次章で取り扱う。

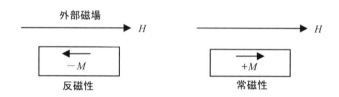

図 12-1 反磁性体は、外部磁場と逆の方向に磁化される。一方、常磁性体は外部磁場の向きに磁化される。ただし、外部磁場を取り去れば磁化は消える。

一般に反磁性物質の磁化は非常に弱い。ただし、ビスマスやグラファイト（炭素）などでは、例外的に大きな値が観察され、図 12-2 に示すように、永久磁石を浮上させる力を発する場合もある。

図 12-2 グラファイトの反磁性効果による永久磁石浮上：グラファイト板に挟まれて Fe-Nd-B 磁石が浮上している。上方にあるのはフェライト磁石。

また、強磁性体といっても、温度を上昇させると、磁石ではなくなり、常磁性を示すようになる。したがって、正式には温度範囲を示す必要がある。常磁性体

とは、全温度範囲にわたって常磁性を示す物質のことである。

実は、物質の磁性は、電子が有するスピンと呼ばれる磁性と、電子が原子核のまわりを軌道運動することにともなう磁性によって説明される。

このスピンは電子が有するミクロ磁石の性質であり、電子固有の性質と考えられている。スピンは、英語では"spin"であり、日本語に訳せば「回転」となる。そして、電子の自転にともなって発生する磁石特性と考えられており、上向きスピンと下向きスピンの2種類がある。強磁性や常磁性は、これらスピンに起因する磁性である。ただし、電子の自転を観察することはできない。

図 12-3 電子の自転（スピン）にともなう磁性。回転方向によって上向きスピン（N極）と下向きスピン（S極）があると考えられている。ここでは、電子が負の電荷を有するとして、電子の円電流がつくる磁場方向を参考までに示している。

一方、電子の軌道運動にともなう磁性は、円電流が発生する磁場と等価である。電子の軌道運動にともなう磁性の最小単位は、最小のボーア半径で運動する電子による磁性であり、その磁気モーメントは、**ボーア磁子** (Bohr magnetron) と呼ばれている。物質中には、これら小磁石が数多く存在するが、一般には、互いの磁場を打ち消しあう。

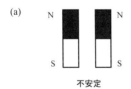

図 12-4 磁石配列: (a) 同極が対向する場合は不安定; (b) 異極が対向する場合は安定

図 12-4 に示すように、2個の磁石があった場合、磁石は**平行** (parallel) に並ぶよりも、互いに**反平行** (anti-parallel) となったほうがエネルギーは低くなる。

実際に 2 個の棒磁石を近づけるとき、図 12-4(a)のように、同極どうしが対向するように磁石を並べた場合、手を離すと、どちらかの磁石が反転して、異極が互いにくっついてしまう。
　多くの元素や物質では、内在するミクロ磁石が互いの磁場を打ち消す配置をとることで、磁性を示さない**非磁性物質** (non-magnetic material) となるのである。よって、強磁性体などの特殊なケースを除いて、マクロな磁性が外に現れることがない。ただし、磁場を加えたときには、その応答の仕方によって、反磁性や常磁性を示すものと考えられる。

12.1. 反磁性

　すべての物質は原子からできており、原子の中では、電子が原子核のまわりを回っている。反磁性は、外部磁場が印加されたときに、電子の軌道運動に付随して生じる磁性である。この磁性は、非常に弱いため、スピンにともなう磁性が見られない場合に、観察される。
　物質に磁場を印加したとき、原子核のまわりを軌道運動している電子には図 12-5 に示すような方向にローレンツ力（F_L）が働く。

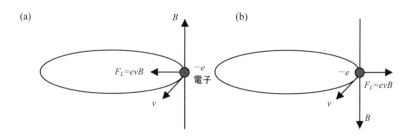

図 12-5　原子内で反時計まわりに円運動している電子に磁場を印加したときに働くローレンツ力。磁場の向きによって (a) 向心力あるいは (b) 遠心力となる。

　ローレンツ力とは、磁場中を運動している電荷 q [C] に働く力であり、つぎのベクトル積によって与えられる。

$$\vec{F}_L = q\vec{v} \times \vec{B}$$

$\vec{B}$ [Wb/m^2] は磁束密度ベクトル、$\vec{v}$ [m/s] は電荷の速度ベクトル、$\vec{F}_L$ [N]がロー

レンツ力である。電子は負の**素電荷** (elementary electric charge)：$-e$[C]を有するので $q=-e$ となる。(ここでは、e を正としている。)

よって、図 12-5 のように、外部磁場のもとで、電子が反時計方向 (counterclockwise) に回転していると、磁場の方向によって、$F_L = evB$ の力が、向心力 (centripetal force) あるいは遠心力 (centrifugal force) として付加される。

それでは、原子核のまわりを周回運動している電子の運動の外部磁場による変化を計算してみよう。

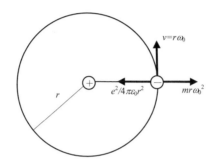

図 12-6 原子核のまわりの半径 r の軌道を電子が円運動していると仮定する。

図 12-6 に模式的に示すように、原子核のまわりを電子が円運動しているものと仮定する。このとき、電子の質量を m [kg]、電子軌道の半径を r [m]、角周波数を ω_0 [rad/s] とする。ただし、rad は無次元なので、実際の単位は [s^{-1}] となることを注意されたい。以後は、この単位を使う。このとき、電子の回転速度は

$$v = r\omega_0 \quad [\text{m/s}]$$

と与えられる。

磁場がない場合には、クーロン引力と電子の円運動にともなう遠心力が釣り合っているので

$$mr\omega_0^2 = \frac{e^2}{4\pi\varepsilon_0 r^2}$$

という関係が成立する。ただし、ε_0 [F/m] は**真空の誘電率** (permittivity of vacuum) である。

ここで、外部から磁場 B [Wb/m^2]（正式には磁束密度）を印加したとしよう。このとき、電子に対して、ローレンツ力が働くが、ラーモア (Larmor) は、この

力の作用によって、電子の回転半径 r は変化せずに、電子の回転速度 $v = r\omega_0$ が変化すると仮定した。つまり角周波数のみが変化するという仮定である。

演習 12-1　図 12-5(a)の場合を想定し、磁束密度 B の磁場を印加したことによって、角周波数が ω_0 から ω [s^{-1}]に変化したとする。このときの、新たな力のつりあい方程式を求めよ。

　解）　磁場によるローレンツ力 $F_L = evB = er\omega B$ は向心力のほうに加わるので

$$mr\omega^2 = \frac{e^2}{4\pi\varepsilon_0\, r^2} + er\omega B$$

という新たなつりあい方程式がえられる。$mr\omega_0{}^2 = \dfrac{e^2}{4\pi\varepsilon_0\, r^2}$ を代入すると

$$mr\omega^2 = mr\omega_0{}^2 + er\omega B$$

となる。

　いま求めた式は、ω に関する 2 次方程式であるので、解の公式を使えば求められるが、ここでは、つぎのような工夫をして解いてみよう。まず、与式をつぎのように変形する。

$$\omega^2 - \omega_0{}^2 = \frac{eB}{m}\omega$$

すると左辺は

$$(\omega + \omega_0)(\omega - \omega_0) = \frac{eB}{m}\omega$$

と因数分解できる。ここで、磁場による角周波数変化が小さいとすれば

$$\omega + \omega_0 \cong 2\omega$$

と近似できる。すると

$$2\omega(\omega - \omega_0) = \frac{eB}{m}\omega \quad \text{から} \quad \omega - \omega_0 = \frac{eB}{2m}$$

となる。これは、磁束密度 B を印加したことによって、角周波数が

$$\omega_L = \omega - \omega_0$$

だけ大きくなったことを示しており、ω_L のことを**ラーモア周波数** (Larmor frequency) と呼んでいる。この変化によって発生する磁場を考えてみよう。ω_0 は、外部磁場がないときの角周波数である。この電子の運動 ω_0 によって発生する磁場は、他の電子の磁場成分とキャンセルされ、マクロな磁性には寄与しない。

一方、ω_L は、外部磁場の印加によって生成した新たな磁場成分である。よって、この電子の軌道運動による磁場成分が、物質の磁性となる。ここで、ω_L の電流成分は図 12-5(a)の電子の反時計まわりであった。したがって、電流は時計回りとなるから、図 12-7 に示すように、外部磁場と反対方向の磁場を生成することになる。よって、反磁性成分 B_d をつくりだす。

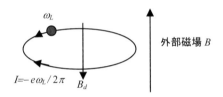

図 12-7　外部磁場によって誘導された電子の軌道運動(ω_L)は、外部磁場と逆方向の磁場 (B_d)をつくる。

これは、たまたまであろうか。実は、この軌道運動にともなう磁性は、常に反磁性を示すのである。それを示そう。このため、図 12-5(b)のように印加磁場の向きが逆となる場合を考えてみよう。この場合は、磁場によって向心力ではなく、遠心力 $F_L = er\omega B$ が加わるので、つりあい方程式は

$$mr\omega^2 + er\omega B = \frac{e^2}{4\pi\varepsilon_0 r^2}$$

となり

$$\omega_L = -\frac{eB}{2m}$$

となって、ラーモア周波数の符号が逆転する。つまり、周波数は減少する。よって、この成分によって生じる磁場は図 12-5(a)とは逆方向となるが、印加されている外部磁場の方向も逆であったから、この場合も反磁性となるのである。このように、磁場の印加によって電子の角周波数は高周波数側にも、低周波数側にも

移動するが、電子の軌道運動に付随する磁性は、必ず反磁性となる。

演習 12-2　原子核のまわりを角周波数 $\omega\,[\mathrm{s}^{-1}]$ で回っている電子を円電流とみなした場合の電流値 $i\,[\mathrm{A}]$ の大きさを求めよ。

解）　電流とは、単位時間にある点を通過する電荷量 [C/s]である。よって、円電流では、電子の電荷 $e[\mathrm{C}]$ に単位時間の回転数$[\mathrm{s}^{-1}]$を乗ずれば電流となる。例えば、単位時間に電子が 10 回転すれば、その電流は$-10e$ [A]となる。負の符号がつくのは、電子の運動方向と、電流の向きが逆となるためである。

　角周波数 ω の電子の円周上の速さは $v=r\omega$ [m/s] である。これを円周の長さ $2\pi r[\mathrm{m}]$で割れば、回転数 $[\mathrm{s}^{-1}]$ がえられる。よって、電流値 $i\,[\mathrm{A}]$ は

$$i = -e\frac{r\omega}{2\pi r} = -e\frac{\omega}{2\pi}$$

となる。

　これが、1 個の電子が角速度 ω で原子核のまわりを回転しているときの電流 i である。よって、原子番号 Z の原子では

$$I = Zi = -Ze\frac{\omega}{2\pi}$$

となる。よって角周波数が ω_L だけ変化したときの、電流変化 ΔI は

$$\Delta I = -Ze\frac{\omega_L}{2\pi} \qquad \text{から} \qquad \Delta I = -Ze\frac{\omega_L}{2\pi} = \frac{Ze^2 B}{4\pi m}$$

となる。

　すでに考察したように、この付加された電流成分による磁場は、常に外部磁場とは逆方向、すなわち、反磁性成分となるから、後は、その大きさのみに注目しよう。

　電流 ΔI [A]が半径 r [m] の円周に沿って流れたときに、発生する磁気モーメント $\mu\,[\mathrm{Am}^2]$ は

$$\mu = \Delta I\pi r^2 = \frac{Ze^2 B}{4m}r^2 \quad [\mathrm{Am}^2]$$

第 12 章　磁性

と与えられる（円電流により発生する磁気モーメントについては補遺を参照され
たい）。単位体積中の原子数を $N\,[\mathrm{m}^{-3}]$ すると、反磁性磁化の大きさは

$$M = N\mu = \frac{NZe^2}{4m}r^2 B \quad [\mathrm{A/m}]$$

程度となる。N は、単位体積あたりの原子数であるから、密度に対応する。よっ
て単位は$[\mathrm{m}^{-3}]$となる。また、磁化とは、単位体積あたりの磁気モーメントであ
る。（磁気モーメントを発生するミクロ磁石が、単位体積中に N 個ある場合は、
N 倍すればよい。）

演習 12-3　反磁性磁化 M を磁束密度 B ではなく、磁場 H で表記せよ。

　解）　　$B = \mu_0 H$ という関係を使うと

$$M = \frac{NZe^2}{4m}r^2 B = \mu_0 \frac{NZe^2}{4m}r^2 H$$

となる。

　ここで、磁化率をχとすると、磁化 M と磁場 H は

$$M = \chi H$$

という関係にあるから、反磁性磁化率は

$$\chi = \frac{M}{H} = \mu_0 \frac{NZe^2}{4m}r^2$$

となる。

　反磁性は、すべての物質が有する基本性質であり、温度には依存しない。ただ
し、その磁化率χの値は 10^{-6} 程度であり、あまりにも小さく、物質の他の磁性、
例えば、常磁性が生じる場合には、そのオーダーの違いにより観察することはで
きない。

　ところで、炭素からできているグラファイトの反磁性磁化は例外的に大きい。
これは、第 9 章で紹介したベンゼンと同様に、グラファイトでは 6 角形の大きな
環を C 原子が形成しており、その波動関数がこの環に沿って広がっているため、
反磁性電流の半径 r が原子半径よりも、かなり大きくなるためである。

307

演習 12-4　磁場が印加された場合の力のつりあい方程式を解法し、磁場印加にともなう角周波数の変化を解析せよ。

$$mr\omega^2 - eBr\omega - mr\omega_0^{\ 2} = 0$$

　解）　表記の方程式を r で除すと

$$m\omega^2 - eB\omega - m\omega_0^{\ 2} = 0$$

となる。ここで、2 次方程式の解の公式を使うと

$$\omega = \frac{eB \pm \sqrt{(eB)^2 + 4m^2\omega_0^{\ 2}}}{2m}$$

となる。角周波数は正であるから、物理的意味のある解は

$$\omega = \frac{eB + \sqrt{(eB)^2 + (2m\omega_0)^2}}{2m}$$

と与えられる。ここで、$B = 0$ のとき

$$\omega = \frac{\sqrt{(2m\omega_0)^2}}{2m} = \omega_0$$

となる。これは当然であろう。$B \neq 0$ の場合は

$$\omega - \omega_0 = \frac{eB}{2m} + \left\{ \frac{\sqrt{(eB)^2 + (2m\omega_0)^2}}{2m} - \omega_0 \right\}$$

となる。ここで

$$2m\omega_0 \gg eB$$

の場合

$$\frac{\sqrt{(eB)^2 + (2m\omega_0)^2}}{2m} - \omega_0 \cong \frac{\sqrt{(2m\omega_0)^2}}{2m} - \omega_0 = \omega_0 - \omega_0 = 0$$

から

$$\omega - \omega_0 \cong \frac{eB}{2m}$$

となって、すでに求めた近似解と同じものがえられる。

　ここで、問題は $2m\omega_0 \gg eB$ が成立するかどうかである。そこで、かなり強い

308

第 12 章　磁性

磁場である $B = 1$ [Wb/m^2] = 1[T]（テスラ）として計算してみよう。これは、10000 [G](ガウス)という強い磁場に相当する。ここで、ω_0 は 10^{15} [s^{-1}]程度であり、素電荷は e=1.6×10^{-19}[C], 電子の質量は $m = 9.1×10^{-31}$[kg] であるから、左辺のオーダーは 10^{-15} に対し、右辺は 10^{-19} 程度で、4 桁程度の差があるので、近似が可能となることがわかる。

　磁場が 10 [T] と強くなっても、$2m\omega_0 \gg eB$ の右辺は左辺よりも 1/1000 と小さいので、いまの近似をそのまま適用できる。ちなみに、もうひとつの方程式

$$mr\omega^2 + eBr\omega - mr\omega_0{}^2 = 0$$

の近似解は

$$\omega - \omega_0 \cong -\frac{eB}{2m}$$

となる。右辺が負であり、先ほどの解とは逆に、角周波数を減少させる変化に相当するが、すでに確認したように、この場合でも、反磁性となる。

　電磁誘導のレンツの法則によれば、磁場を増加させる変化に対しては、それを緩和する方向に物体は応答するので、電子の軌道運動に付随する反磁性は自然の摂理にかなっていることになる。

12. 2.　常磁性

12. 2. 1　キュリーの法則

　すでに紹介したように、電子には、原子核のまわりの軌道運動にともなう磁性とともに、スピンと呼ばれる電子の自転に付随する（と考えられている）。磁性が内在する。そして、スピンによる磁性のほうが、軌道運動にともなう磁性よりもはるかに強いため、スピンによる磁性が存在する場合には、反磁性は観測されなくなる。スピンには、磁石の N 極と S 極に対応して上向きスピンと下向きスピンの 2 種類がある。

　ここでは、まず、もっとも簡単な例として、電子にともなうスピン磁気モーメントが$+\mu_B$と$-\mu_B$の 2 準位の場合を考える。このような単純化でも、多くの物質の磁化を理解することができる。

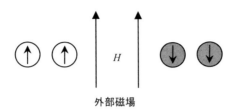

図 12-8　外部磁場と電子のスピン磁気モーメント

　図 12-8 に示すように、外部磁場 H が印加されたとき、電子のスピン磁気モーメントの向きが平行となると、エネルギーは $-\mu_B H$ となり、エネルギーが $\mu_B H$ だけ低下する。一方、スピン磁気モーメントの向きが外部磁場と反平行となると、エネルギーは $+\mu_B H$ となり、エネルギーは $\mu_B H$ だけ増加することになる。したがって、磁場が印加されると、より安定である外部磁場とスピン磁気モーメントが平行となる電子数が増加する。

　電子の総数を N とし、外部磁場とスピン磁気モーメントが平行になる電子の数を N^+、反平行となる数を N^- とすると、A を定数として

$$N^+ = A\exp\left(\frac{\mu_B H}{k_B T}\right) \qquad N^- = A\exp\left(-\frac{\mu_B H}{k_B T}\right)$$

とおける。これは、統計力学におけるカノニカル分布であり、系の状態数が系のエネルギー E のボルツマン因子 $\exp(-E/k_B T)$ に比例するという関係を使っている。(拙著『なるほど統計力学』(海鳴社) を参照)

演習 12-5　電子の総数 N が $N = N^+ + N^-$ という関係にあることを利用して、定数 A の値を N を用いて示せ。

　解）　$N = N^+ + N^-$ より

$$N = A\left\{\exp\left(\frac{\mu_B H}{k_B T}\right) + \exp\left(-\frac{\mu_B H}{k_B T}\right)\right\}$$

となるので、結局

第 12 章　磁性

$$A = \frac{N}{\exp\left(\dfrac{\mu_B H}{k_B T}\right) + \exp\left(-\dfrac{\mu_B H}{k_B T}\right)}$$

となる。

　ちなみに、ここで求めた分母

$$Z = \exp\left(\dfrac{\mu_B H}{k_B T}\right) + \exp\left(-\dfrac{\mu_B H}{k_B T}\right)$$

は、**分配関数** (partition function) と呼ばれるもので、統計力学において重要なパラメーターとなる。（拙著『なるほど統計力学』（海鳴社）参照）
　したがって、磁化 M は

$$M = (N^+ - N^-)\mu_B = A\mu_B\left\{\exp\left(\dfrac{\mu_B H}{k_B T}\right) - \exp\left(\dfrac{-\mu_B H}{k_B T}\right)\right\}$$

から

$$M = N\mu_B \frac{\exp\left(\dfrac{\mu_B H}{k_B T}\right) - \exp\left(\dfrac{-\mu_B H}{k_B T}\right)}{\exp\left(\dfrac{\mu_B H}{k_B T}\right) + \exp\left(\dfrac{-\mu_B H}{k_B T}\right)}$$

と与えられる。

演習 12-6　$\sinh\theta = \dfrac{\exp\theta - \exp(-\theta)}{2}$ および $\cosh\theta = \dfrac{\exp\theta + \exp(-\theta)}{2}$ という関係を用いて、磁化 M を変形せよ。

　解）　$\theta = \dfrac{\mu_B H}{k_B T}$ と置くと　$M = N\mu_B \dfrac{\exp\theta - \exp(-\theta)}{\exp\theta + \exp(-\theta)} = N\mu_B \dfrac{\sinh\theta}{\cosh\theta}$

となるので

311

$$M = N\mu_B \frac{\exp\left(\dfrac{\mu_B H}{k_B T}\right) - \exp\left(\dfrac{-\mu_B H}{k_B T}\right)}{\exp\left(\dfrac{\mu_B H}{k_B T}\right) + \exp\left(\dfrac{-\mu_B H}{k_B T}\right)} = N\mu_B \frac{\sinh\left(\dfrac{\mu_B H}{k_B T}\right)}{\cosh\left(\dfrac{\mu_B H}{k_B T}\right)} = N\mu_B \tanh\left(\dfrac{\mu_B H}{k_B T}\right)$$

となる。

ちなみに、ここでは $\tanh\theta = \sinh\theta/\cosh\theta$ という関係も使っている。

演習 12-7 θ が $\theta \ll 1$ のとき $\tanh\theta \cong \theta$ という近似式が成立することを確かめよ。

解) $\exp\theta$ の展開式は $\exp\theta = 1 + \theta + \dfrac{1}{2}\theta^2 + \dfrac{1}{3!}\theta^3 + \ldots$ となるので、$\theta \ll 1$ のとき

$$\exp\theta \cong 1 + \theta$$

したがって

$$\tanh\theta = \frac{\exp\theta - \exp(-\theta)}{\exp\theta + \exp(-\theta)} \cong \frac{(1+\theta)-(1-\theta)}{(1+\theta)+(1-\theta)} = \frac{2\theta}{2} = \theta$$

となる。

ここで、電子のスピン磁化率は非常に小さいため、一般的に

$$\mu_B H \ll k_B T$$

が成立する。このとき $\tanh\left(\dfrac{\mu_B H}{k_B T}\right) \cong \dfrac{\mu_B H}{k_B T}$ と置けるので $M = N\dfrac{\mu_B{}^2 H}{k_B T}$ となる。よって磁化率 χ は

$$\chi = \frac{M}{H} = N\frac{\mu_B{}^2}{k_B T}$$

と与えられる。このように、常磁性の磁化率 (paramagnetic susceptibility) は温度に反比例する。キュリー (Pierre Curie) は、いろいろな物質の磁化率を調べる実験を行い、ある種のグループの磁化率が温度に反比例することを発見する。これら物質が常磁性体である。また、この温度依存性を**キュリーの法則** (Curie's law) と呼んでいる。

12.2.2. スピンの自由回転と磁性

前節では、スピン磁気モーメントは外部磁場に平行か反平行かのいずれかであると仮定して磁化特性を調べてきた。このような単純化でも、常磁性を説明することができた。

しかし、より一般的には、スピン磁気モーメントの向きは自由であり、図 12-9 に示すように、外部磁場 H に対して角度 θ として 0 から π まで変化できるはずである。

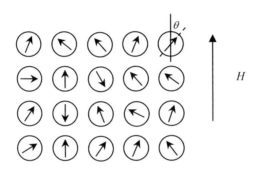

図 12-9 外部磁場 H へのスピン磁気モーメントの応答

ここで、外部磁場とスピン磁気モーメントが平行であれば、そのエネルギーは $E = -\mu_B H$ であったが、図 12-9 のように外部磁場と θ の角度をなすスピンのエネルギーは

$$E = -\mu_B H \cos\theta$$

となる。磁場と平行の場合には $\theta = 0$ となるので $-\mu_B H$ となり、反平行の場合には $\theta = \pi$ となるので $+\mu_B H$ となる。

それでは、スピン磁気モーメントが外部磁場と角度 θ をなす確率 $p(\theta)$ を求めてみよう。ここで、われわれは 3 次元のスピン分布を考え、θ と $\theta + d\theta$ の範囲に角度が入る状態密度 $D(\theta)$ をまず求める必要がある。ここで、図 12-10 を見ていただこう。すると、θ によってスピンの状態密度は異なることがわかる。図 12-10 を半径 μ_B の球と考えると、図 12-10(a)に示すように、磁場 H と角度 θ をなすスピンは図の半径 $\mu_B \sin\theta$ 上の点となる。この球上の点が、角度 θ と $\theta + d\theta$ の範囲に入る割合は、球の全表面積 $s = 4\pi\mu_B^2$ に対する、図の斜線部の表面積 Δs の割合とな

る。ここで、Δs は、円周 $2\pi\mu_B \sin\theta$ に円弧の長さ $\mu_B d\theta$ を乗じた

$$\Delta s = 2\pi\mu_B \sin\theta(\mu_B d\theta) = 2\pi\mu_B^2 \sin\theta\, d\theta$$

となる。

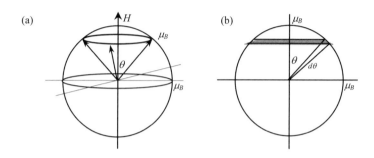

図 12-10　外部磁場とスピンの角度

よって　$D(\theta)d\theta = \dfrac{\Delta s}{s} = \dfrac{1}{2}\sin\theta\, d\theta$　となり

$$\int_0^\pi D(\theta)\, d\theta = \frac{1}{2}\int_0^\pi \sin\theta\, d\theta = \left[-\frac{\cos\theta}{2}\right]_0^\pi = 1$$

となることが確かめられる。

したがって、統計力学の手法に従うと、1 スピン系の分配関数（1 スピン系がとりうるエネルギー状態の和）は

$$Z = \int_0^\pi \frac{1}{2}\exp\left(\frac{\mu_B H \cos\theta}{k_B T}\right)\sin\theta\, d\theta$$

と与えられることになる。

演習 12-8　$\cos\theta = t$ という変数変換を施すことで、Z の値を求めよ。

解）　$\cos\theta = t$ と置くと、積分範囲は $-1 \leq t \leq 1$ となり $dt = -\sin\theta\, d\theta$ であるから

$$Z = \int_0^\pi \frac{1}{2}\exp\left(\frac{\mu_B H \cos\theta}{k_B T}\right)\sin\theta\, d\theta = \frac{1}{2}\int_{-1}^1 \exp\left(\frac{\mu_B H}{k_B T}t\right)dt$$

第 12 章　磁性

$$= \frac{k_B T}{2\mu_B H}\left\{\exp\left(\frac{\mu_B H}{k_B T}\right) - \exp\left(-\frac{\mu_B H}{k_B T}\right)\right\}$$

となる。

よって、スピンが θ 方向を向く確率は

$$p(\theta)d\theta = \frac{1}{Z}\left\{\exp\left(\frac{\mu_B H \cos\theta}{k_B T}\right)\cdot\frac{1}{2}\sin\theta\right\}d\theta$$

と与えられる。ここで、θ 方向を向いたスピンの磁場 H 方向への寄与は $\mu_B\cos\theta$ であるので、平均磁化 m は

$$m = <\mu_B\cos\theta> = \int_0^\pi \mu_B\cos\theta\, p(\theta)d\theta$$

と与えられる。よって

$$m = \frac{\mu_B}{2Z}\int_0^\pi \left\{\exp\left(\frac{\mu_B H\cos\theta}{k_B T}\right)\cos\theta\sin\theta\right\}d\theta$$

となる。

演習 12-9　$\cos\theta = t$ という変数変換を行い $\alpha = \dfrac{\mu_B H}{k_B T}$ と置いて、m の値を求めよ。

解）　積分範囲は $-1 \le t \le 1$ となり $dt = -\sin\theta d\theta$ であるから

$$m = \frac{\mu_B}{2Z}\int_0^\pi \left\{\exp\left(\frac{\mu_B H\cos\theta}{k_B T}\right)\cos\theta\sin\theta\right\}d\theta = \frac{\mu_B}{2Z}\int_{-1}^1 \left\{t\exp\left(\frac{\mu_B H}{k_B T}t\right)\right\}dt$$

となる。さらに $\alpha = \dfrac{\mu_B H}{k_B T}$ と置くと

$$m = \frac{\mu_B}{2Z}\int_{-1}^1 t\exp(\alpha t)\,dt$$

となる。ここで

$$\int t\exp(\alpha t)\,dt = \frac{1}{\alpha}t\exp(\alpha t) - \frac{1}{\alpha}\int\exp(\alpha t)dt = \frac{\exp(\alpha t)}{\alpha}\left(t - \frac{1}{\alpha}\right)$$

となるから、結局

315

$$m = \frac{\mu_B}{2Z}\left[\frac{\exp(\alpha t)}{\alpha}\left(t - \frac{1}{\alpha}\right)\right]_{-1}^{1} = \frac{\mu_B}{2Z}\left\{\frac{\exp(\alpha)}{\alpha}\left(1 - \frac{1}{\alpha}\right) + \frac{\exp(-\alpha)}{\alpha}\left(1 + \frac{1}{\alpha}\right)\right\}$$

$$= \frac{\mu_B}{2Z}\left\{\frac{\exp(\alpha) + \exp(-\alpha)}{\alpha} - \frac{\exp(\alpha) - \exp(-\alpha)}{\alpha^2}\right\}$$

となる。

ここで

$$Z = \frac{k_B T}{2\mu_B H}\left\{\exp\left(\frac{\mu_B H}{k_B T}\right) - \exp\left(-\frac{\mu_B H}{k_B T}\right)\right\} = \frac{1}{2\alpha}\{\exp(\alpha) - \exp(-\alpha)\}$$

であるから

$$m = \mu_B\left(\frac{\exp(\alpha) + \exp(-\alpha)}{\exp(\alpha) - \exp(-\alpha)} - \frac{1}{\alpha}\right) = \mu_B\left(\coth\alpha - \frac{1}{\alpha}\right)$$

となる。右辺のカッコ内の

$$L(\alpha) = \coth\alpha - \frac{1}{\alpha}$$

は**ランジュバン関数** (Langevin function) と呼ばれる。

ここで、1格子点の平均磁化（平均スピン）m を $\alpha = \mu_B H / k_B T$ の関数として描くと、図 12-11 のようになる。

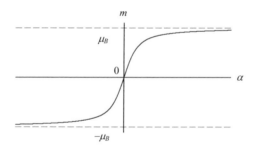

図 12-11　平均磁化 m の α 依存性

磁場 H が大きい極限では、$\alpha = \mu_B H / k_B T \to \infty$ となり、スピン磁化は μ_B に漸近していく。これは、すべてのスピンが磁場方向を向くことを意味している。逆方向の $\alpha = \mu_B H / k_B T \to -\infty$ においては、外部磁場が逆方向を向くことを意味し、

第 12 章　磁性

この場合は、すべてのスピンが負の方向を向くことになる。磁場が小さい場合には $\alpha = \mu_B H / k_B T \to 0$ では、平均磁化 m は 0 となる。これはスピンがランダムな方向を向いている状態である。磁場 H がある程度の大きさを持っていても、高温では $\alpha = \mu_B H / k_B T \to 0$ となるので、高温では磁気的秩序が失われる傾向にあることを示している。

ところで、ランジュバン関数 $L(\alpha) = \coth \alpha - (1/\alpha)$ には $1/\alpha$ の項があるので $\alpha \to 0$ で発散しないのであろうか。実は

$$\coth \alpha = \frac{1}{\alpha} + \frac{\alpha}{3} - \frac{\alpha^3}{45} + \frac{2\alpha^5}{945} + \dots$$

と級数展開できるので

$$L(\alpha) = \coth \alpha - \frac{1}{\alpha} = \frac{\alpha}{3} - \frac{\alpha^3}{45} + \frac{2\alpha^5}{945} + \dots$$

となり、$\alpha = 0$ で　$L(\alpha) = 0$　となるのである。

さらに $\alpha \ll 1$ の領域（磁場が小さいか、温度が高い領域）では

$$m = \mu_B \left(\coth \alpha - \frac{1}{\alpha} \right) \cong \frac{\mu_B \alpha}{3} = \frac{\mu_B{}^2 H}{3 k_B T}$$

と近似できる。格子点の数を N とすると、マクロな磁化 M は

$$M = Nm = \frac{N \mu_B{}^2 H}{3 k_B T}$$

と与えられる。よって、磁化率 χ は

$$\chi = \frac{M}{H} = \frac{N \mu_B{}^2}{3 k_B T}$$

となり、磁場が低い場合には、スピンの回転角が自由と仮定した場合でも、スピンが平行、反平行の 2 準位しかないとした場合と同様に、磁化率が温度 T に反比例するというキュリーの法則がえられるのである。

ところで本節では、電子のスピンの自由度を考えて物質の磁化を考えたが、実は、量子力学的効果により、スピンの向きも量子化されることが明らかとなっている。しかも、スピンの場合には上向きと下向きの 2 準位をとることがわかっており、近似ではなく、スピンの量子化によって 2.1 節で紹介した結果がえられるのである。

317

12.2.3. パウリ常磁性

実は、金属の磁化率を測定しても、キュリーの法則で求めた式には従わないことがわかっている。その理由を考えてみよう。パラ磁性（常磁性）を求める際に、ミクロな磁石が整然と並んでおり、それが外部磁場に反応して向きを変えるということを考えた。

一方、金属の電子はフェルミ分布にしたがって、低エネルギー準位から E_F 近傍まで詰まっている。このとき、ひとつのエネルギー準位には、スピンの自由度のため、正と負のスピンを有する2個の電子が入ることができる。このような制約のもと、絶対零度であっても、フェルミエネルギー (E_F) というかなり高いエネルギーまで電子が充填されている。このとき $E_F \gg \mu_B H$ という関係にあり、さらに室温付近では $E_F \gg k_B T$ である。

そのうえで、金属電子のエネルギーはフェルミ分布関数を基本に考える必要がある。このとき、前章で見たように、フェルミ分布に従う電子の総数 N は

$$N = \int_0^\infty f(E) D(E) \, dE$$

という積分によって与えられる。ただし、$D(E)$ は電子のエネルギー状態密度、$f(E)$ はフェルミ分布関数である。

この式をもとに、磁場を印加した場合の金属のエネルギー状態密度を考えてみよう。すると、スピンが平行の場合と、反平行の場合は、$D(E)$ から、それぞれ $D(E + \mu_B H)$ および $D(E - \mu_B H)$ へと変化する。その様子を図12-12に示す。

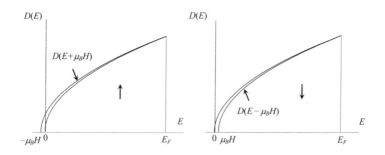

図 12-12 外部磁場に電子スピンが平行(↑)な場合と反平行(↓)となる場合の、電子系のエネルギー状態密度の変化

318

第 12 章　磁性

$\mu_B H$ が、電子系のエネルギーに対してわずかな変化と捉え、微分の定義

$$\lim_{\Delta E \to 0} \frac{D(E + \Delta E) - D(E)}{\Delta E} = \frac{dD}{dE} \qquad \text{から} \qquad \frac{D(E + \Delta E) - D(E)}{\Delta E} \cong \frac{dD}{dE}$$

と近似すると　$D(E + \Delta E) = D(E) + \Delta E \dfrac{dD}{dE}$　と置ける。

演習 12-10　電子系のエネルギー変化が $\Delta E = \pm \mu_B H$ となるときの $D(E + \Delta E)$ を求めよ。

　解）　$D(E + \mu_B H)$ については、上式に、そのまま $\Delta E = \mu_B H$ を代入して

$$D(E + \mu_B H) = D(E) + \mu_B H \frac{dD}{dE} \qquad \text{となる。}$$

$D(E - \mu_B H)$ については

$$\frac{D(E) - D(E - \mu_B H)}{\mu_B H} \cong \frac{dD(E)}{dE}$$

とすれば

$$D(E - \mu_B H) = D(E) - \mu_B H \frac{dD}{dE}$$

となる。

　ここで、スピンが外部磁場と平行となる電子数を N^+ と置くと

$$N^+ = \frac{1}{2} \int_{-\mu_B H}^{\infty} f(E) D(E + \mu_B H) \, dE$$

となる。係数 1/2 は、スピンの正負が全電子数の半分であることに由来している。
　ここで

$$N^+ = \frac{1}{2} \int_{-\mu_B H}^{\infty} f(E) D(E + \mu_B H) \, dE = \frac{1}{2} \int_{-\mu_B H}^{\infty} f(E) \left\{ D(E) + \mu_B H \frac{dD(E)}{dE} \right\} dE$$

$$= \frac{1}{2} \int_{-\mu_B H}^{\infty} f(E) D(E) \, dE + \frac{1}{2} \mu_B H \int_{-\mu_B H}^{\infty} f(E) \frac{dD(E)}{dE} dE$$

と与えられる。

319

演習 12-11　磁場 H を印加した際に、スピンが反平行になる電子数 N^- を N^+ にならって積分形で求めよ。

解）　　$N^- = \dfrac{1}{2}\displaystyle\int_{+\mu_B H}^{\infty} f(E)D(E-\mu_B H)\,dE = \dfrac{1}{2}\int_{+\mu_B H}^{\infty} f(E)\left\{D(E)-\mu_B H\dfrac{dD(E)}{dE}\right\}dE$

$$= \dfrac{1}{2}\int_{+\mu_B H}^{\infty} f(E)D(E)\,dE - \dfrac{1}{2}\mu_B H\int_{+\mu_B H}^{\infty} f(E)\dfrac{dD(E)}{dE}\,dE$$

となる。

　ここで $\mu_B H$ は電子系のエネルギーに比べて小さいので、積分の下端を 0 として近似すると

$$N^+ \cong \dfrac{1}{2}\int_{0}^{\infty} f(E)D(E)\,dE + \dfrac{1}{2}\mu_B H\int_{0}^{\infty} f(E)\dfrac{dD(E)}{dE}\,dE$$

および

$$N^- \cong \dfrac{1}{2}\int_{0}^{\infty} f(E)D(E)\,dE - \dfrac{1}{2}\mu_B H\int_{0}^{\infty} f(E)\dfrac{dD(E)}{dE}\,dE$$

となる。

　したがって、平行スピンと反平行スピンの電子数の差は

$$N^+ - N^- \cong \mu_B H\int_{0}^{\infty} f(E)\dfrac{dD(E)}{dE}\,dE$$

となる。つまり、右辺の積分は求めればよいことになる。実際に、$f(E)$ ならびに $D(E)$ を E の関数として代入し、積分を求める方法もあるが、ここでは、第 3 章でも使った手法を利用してみよう。すなわち

$$\int_{0}^{\infty} f(E)\dfrac{dD(E)}{dE}\,dE$$

を求めるために、部分積分を利用するのである。すると

$$\int_{0}^{\infty} f(E)\dfrac{dD(E)}{dE}\,dE = \Big[f(E)D(E)\Big]_{0}^{\infty} - \int_{0}^{\infty}\dfrac{df(E)}{dE}D(E)\,dE$$

となる。

　まず、右辺の第 1 項を求めてみよう。すると、$D(E)$ は E に関して $E^{1/2}$ 程度であるが、$f(E)$ は、実際は温度 T の関数であり

$$f(E,T) = \frac{1}{1+\exp\left(\dfrac{E-E_F}{k_B T}\right)}$$

であった。このグラフを描くと、図 12-13 のようになる。

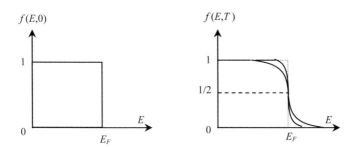

図 12-13 フェルミ分布関数：左図は絶対零度、右図は有限温度。有限温度では、E_F 以下のエネルギーを有する電子が、E_F 以上の準位に励起される。ただし、フェルミ温度は 70000K と高いので、室温(300K)程度では励起される電子数は、ごくわずかである。

ここで、有限温度の分布は、少し誇張して描いているが、実際には、室温では、ほぼ絶対零度の分布と変わらない。ここで、$f(E)D(E)$ のグラフを描くと、図 12-14 のようになる。

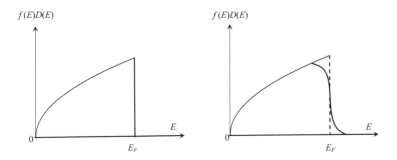

図 12-14 電子のエネルギー分布を示す $f(E)D(E)$ のグラフ。左図は絶対零度、右図は有限の温度に対応する。

まず、$T = 0$ の場合を考えてみよう。図からもわかるように $E \to \infty$ で $f(E)D(E) \to 0$，$E = 0$ で $D(E) = 0$ なので $f(E)D(E) = 0$ よって

321

$$\left[f(E)D(E) \right]_0^\infty = 0$$

となる。ここで、数式によっても $E \to \infty$ で $f(E)D(E) \to 0$ となることを確かめておこう。

$$D(E) = \frac{4\pi V}{h^3}(2m)^{\frac{3}{2}}\sqrt{E}$$

であったから

$$f(E)D(E) = A\frac{\sqrt{E}}{1+\exp\left(\dfrac{E-E_F}{k_B T}\right)} = A\frac{E^{\frac{1}{2}}}{1+B\exp(\beta E)}$$

とおける。A, B は定数であり、$\beta = 1/k_B T$ である。

$$\exp(\beta E) = 1 + \beta E + \frac{1}{2!}(\beta E)^2 + \frac{1}{3!}(\beta E)^3 + \dots$$

と級数展開できるから、$E \to \infty$ で $f(E)D(E) \to 0$ となることがわかる。したがって

$$\int_0^\infty f(E)\frac{dD(E)}{dE}dE = -\int_0^\infty \frac{df(E)}{dE}D(E)dE$$

ここで、絶対零度では、$f(E)$はステップ関数であり、$E = E_F$ で1から0に変化する。したがって、$df(E)/dE$ はデルタ関数となり $E = E_F$ のみで値を持ち、これ以外の領域ではゼロとなる。また、傾きは負となる。つまり

$$\int_0^\infty \frac{df(E)}{dE}dE = -\int_0^\infty \delta(E - E_F)dE = -1$$

よって

$$-\int_0^\infty \frac{df(E)}{dE}D(E)dE = \int_0^\infty \delta(E - E_F)D(E)dE = D(E_F)$$

となる。この結果

$$N^+ - N^- \cong \mu_B H \int_0^\infty f(E)\frac{dD(E)}{dE}dE = \mu_B H D(E_F)$$

と与えられる。

第 12 章　磁性

演習 12-12　外部磁場 H を印加したときの、フェルミ電子系からなる金属の絶対零度における磁化率 χ を求めよ。

解）　ミクロ磁石の磁気モーメントを μ_B と置くと、マクロな磁化は

$$M = (N^+ - N^-)\mu_B = \mu_B{}^2 H D(E_F)$$

と与えられる。よって

$$\chi = \frac{M}{H} = \mu_B{}^2 D(E_F)$$

となる。

ここで　$D(E_F) = \dfrac{4\pi V}{h^3}(2m)^{\frac{3}{2}}\sqrt{E_F}$　であるが、原子数 N は　$N = \dfrac{8\pi}{3}\dfrac{V}{h^3}(2mE_F)^{\frac{3}{2}}$

であったので　$D(E_F) = \dfrac{3N}{2E_F}$　となり　$\chi = \dfrac{3N\mu_B{}^2}{2E_F}$　となる。さらに、$E_F = k_B T_F$

であるから、常磁性磁化率は　$\chi = \dfrac{3N\mu_B{}^2}{2k_B T_F}$　となる。

フェルミ温度は、非常に高いため、室温程度の温度では、フェルミ分布に大きな変化は生じない。このため、有限の温度であっても、磁化率に大きな変化は生じない。

ここでは、温度依存性についても考えてみよう。この場合は、$f(E)$ はステップ関数からわずかにずれる。ただし、その場合でも $f'(E)$ は $E = E_F$ の近傍で、するどいピークを有する関数となる。したがって、第 3 章で行ったように、$D(E)$ を $E = E_F$ のまわりでテーラー展開し

$$D(E) = D(E_F) + D'(E_F)(E - E_F) + \frac{1}{2}D''(E_F)(E - E_F)^2 +$$

$$+ \frac{1}{3!}D'''(E_F)(E - E_F)^3 + \frac{1}{4!}D^{(4)}(E_F)(E - E_F)^4 + \ldots$$

とする。そのうえで

$$\int_0^\infty \frac{df(E)}{dE}D(E)\,dE = \int_0^\infty f'(E)D(E)\,dE$$

323

に代入してみよう。すると

$$\int_0^\infty f'(E)D(E)\,dE = D(E_F)\int_0^\infty f'(E)\,dE + D'(E_F)\int_0^\infty f'(E)(E-E_F)\,dE$$

$$+\frac{1}{2}D''(E_F)\int_0^\infty f'(E)(E-E_F)^2\,dE + \frac{1}{3!}D'''(E_F)\int_0^\infty f'(E)(E-E_F)^3\,dE$$

$$+\frac{1}{4!}D^{(4)}\int_0^\infty f'(E)(E_F)(E-E_F)^4\,dE+\dots$$

となる。すでに、3章で、この計算は行っており、第5項までの結果を示すと

$$\int_0^\infty f'(E)D(E)\,dE = -D(E_F) - \frac{\pi^2}{6}(k_B T)^2 D''(E_F) - \frac{7}{360}\pi^4(k_B T)^4 D^{(4)}(E_F)$$

となるのであった。通常は、最後の項は無視して

$$N^+ - N^- \cong \mu_B H \int_0^\infty f(E)\frac{dD(E)}{dE}\,dE = \mu_B H\left\{D(E_F) + \frac{\pi^2}{6}(k_B T)^2 D''(E_F)\right\}$$

となる。したがって、磁化は

$$M = \left(N^+ - N^-\right)\mu_B = \mu_B{}^2 H\left\{D(E_F) + \frac{\pi^2}{6}(k_B T)^2 D''(E_F)\right\}$$

となり、磁化率は

$$\chi = \frac{M}{H} = \mu_B{}^2\left\{D(E_F) + \frac{\pi^2}{6}(k_B T)^2 D''(E_F)\right\}$$

となる。

$$D(E) = \frac{4\pi V}{h^3}(2m)^{\frac{3}{2}}\sqrt{E} = CE^{\frac{1}{2}} \quad \text{より} \quad D'(E) = \frac{1}{2}CE^{-\frac{1}{2}} \quad D''(E) = -\frac{1}{4}CE^{-\frac{3}{2}}$$

であったので

$$\chi = \mu_B{}^2 C\left\{E_F{}^{\frac{1}{2}} - \frac{\pi^2}{24}(k_B T)^2 E_F{}^{-\frac{3}{2}}\right\} = \mu_B{}^2 C\sqrt{E_F}\left\{1 - \frac{\pi^2}{24}(k_B T)^2 E_F{}^{-2}\right\}$$

$$= \mu_B{}^2 D(E_F)\left\{1 - \frac{\pi^2}{24}\left(\frac{k_B T}{E_F}\right)^2\right\} = \mu_B{}^2 D(E_F)\left\{1 - \frac{\pi^2}{24}\left(\frac{T}{T_F}\right)^2\right\}$$

となる。これがスピン常磁性の温度依存性である。ただし、常温程度の低温では、温度依存性を観察することはできない。

324

第 12 章　磁性

補遺　閉じた電流ループの磁気モーメント

A12.1.　円電流の磁気モーメント

閉じた円電流は、図 A12-1 に示すように磁場を発生する。このとき、円電流は小磁石と同じ機能を有し、磁気モーメントを有する。

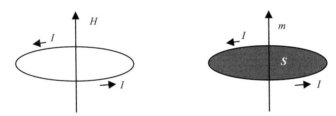

図 A12-1　円電流は磁場を発生する。また円電流は小磁石としての機能を有し、磁気モーメントを有する。

円電流の中心に発生する磁場 H [A/m]の大きさは、電流を I [A], 円の半径を r [m] とすると

$$H = \frac{I}{2r} \quad [\text{A/m}]$$

と与えられる。一方、この円電流によって生じる磁気モーメントの大きさ m [Wbm] は、円が囲む面積を S [m^2] とすると

$$m = \mu_0 I S \quad [\text{Wbm}]$$

と与えられる。ただし、μ_0 [Wb/mA] は**真空の透磁率** (permeability of vacuum) である。円の面積は $S = \pi r^2$ であるから

$$m = \mu_0 I \pi r^2 \quad [\text{Wbm}]$$

となる。実は、円に限らず、閉じた電流ループの場合、ループによって囲まれる

面積を S とすれば、$m = \mu_0 IS$ が一般的に成立するのである。ただし、磁気モーメントして

$$\mu = IS \quad [\text{Am}^2]$$

を採用する場合もある。本章では、こちらを採用している。後ほど説明するように、前者が E-H 対応であり、後者が E-B 対応である。また、E-H 対応では、m を磁気モーメントではなく、磁気双極子モーメントと区別して呼ぶ場合もある。

ところで、本来の磁気モーメントは磁石の強さを示すために導入された概念でありベクトルである。そこで、まず、棒磁石（磁荷対）の磁気モーメントについて復習する。

A12.2. 棒磁石の磁気モーメント

棒磁石は、図 A12-2 に示すように、$+q_m$ [Wb]と$-q_m$ [Wb]の磁荷が距離 d [m]だけ離れた磁荷対（磁気双極子）とみなすことができる。

ここで、負の磁荷（S 極）から正の磁荷（N 極）に向かう、大きさが d [m]のベクトルを $\vec{d}$ として、新たなベクトル $\vec{m} = q_m \vec{d}$ [Wbm]を考える。$\vec{d}$ は、磁化対の腕の長さと方向を与える指標となる。

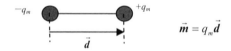

図 A12-2　磁荷対の磁気モーメント

このベクトル $\vec{m} = q_m \vec{d}$ の大きさは、磁荷に腕の長さをかけたもの

$$m = |\vec{m}| = q_m d \quad [\text{Wbm}]$$

となる。このベクトルを、**磁気モーメント** (magnetic moment) と呼んでいる。

また、位置ベクトルの方向は−から＋に向く方向、つまり、S 極から N 極へ向かう方向となる。よって、磁石の磁荷の大きさ q_m [Wb]が大きいほど強い磁石となる。これは、考えれば当たり前である。一方、磁荷の大きさが同じ場合、腕の長さ d [m]が長いほど、磁石としての能力が高くなることを示している。

A12.3. 磁気モーメントとトルク

磁気モーメントという名称がついたのは、磁場に対して、棒磁石が平行になろうとするトルクが働くためである。その様子を図 A12-3 に示す。

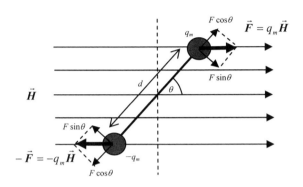

図 A12-3 磁場に置かれた棒磁石(磁荷対)に働く力

それぞれの磁荷± q_m [Wb] に働く力は

$$\vec{F} = \pm q_m \vec{H} \quad [\text{N}]$$

となり、その方向は磁場に平行となる。このとき、棒磁石に平行な成分は

$$q_m H\cos\theta - q_m H\cos\theta = 0$$

となり、互いに打消しあい 0 となる。これは、棒磁石が、一様な磁場に置かれたときに必ず成立する性質である。

一方、磁場に置かれた棒磁石の軸に垂直な成分の大きさは

$$\left|\vec{F}\right|\sin\theta = F\sin\theta = q_m H\sin\theta \quad [\text{N}]$$

となるが、これは、棒磁石を、軸の中心点のまわりに回転させる力となる。これを示すと、図 A12-4 のようになる。

図 A12-4 では、時計まわりの回転となる。これを回転モーメント(トルク: T)として、表現すると、それぞれ腕の長さが $d/2$ のモーメントの和となるので

$$T = q_m H\sin\theta \times \frac{d}{2} + q_m H\sin\theta \times \frac{d}{2} = q_m dH\sin\theta = mH\sin\theta \quad [\text{Nm}]$$

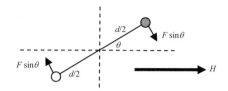

図 A12-4 磁場中に置かれた棒磁石に働く偶力。棒磁石を回転させようとする力は $F\sin\theta$ である。ただし、$F = q_m H$ と与えられる。

となる。この演算は、実際には磁気モーメントベクトルと磁場ベクトルの外積となり

$$\vec{T} = \vec{m} \times \vec{H} \quad [\text{Nm}]$$

と与えられる。スカラーでは $T = mH$ となる。

図 A12-4 からわかるように、$\theta = 0$ となったとき、すなわち、磁場と棒磁石（磁荷対）が平行になったとき、トルクは働かなくなる。つまり、この状態が安定となり、磁場に置かれた棒磁石は、磁場と平行になろうとするのである。

A12.4. 磁場中で電流に働く力

磁場中に置かれた電線に電流を流すと力が働く。磁場の強さを H [A/m]、電流を I [A]とすると、この電線の単位長さ、つまり 1[m]あたりに働く力は

$$f = \mu_0 I H \quad [\text{N/m}]$$

と与えられる。あるいは、電線の長さを ℓ [m]とすると、電線に働く力は

$$F = \mu_0 \ell I H \quad [\text{N}]$$

となる。ただし、この式が成立するのは、電流ベクトルと磁場ベクトルが直交している場合である。電流ベクトルと磁場ベクトルがなす角度を θ とすると、力は

$$F = \mu_0 \ell I H \sin\theta \quad [\text{N}]$$

となる。この力を**アンペールの力** (Ampere force) と呼んでいる。

ただし、より正式には、アンペールの力はベクトル積で表され、単位長さあたりの力は

$$\vec{F} = \mu_0 \vec{I} \times \vec{H} \quad [\text{N}]$$

というベクトル積によって与えられる。

第 12 章　磁性

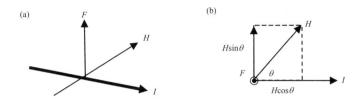

図 A12-5　磁場 H [A/m]の中に置かれた電流 I [A]に働く力: (a) 電流の向きを x 方向、磁場の向きを y 方向とすると、力の向きは z 方向となる。 (b) 磁場と電流が垂直でない場合には、電流に対する磁場の垂直成分 $H\sin\theta$ が電磁力のもととなる。

A12.5.　電流ループに働くトルク

ここで、図 A12-6 の矩形の回路に電流 I [A] が流れ、磁場 H [A/m] が図に示した方向に印加されているとしよう。

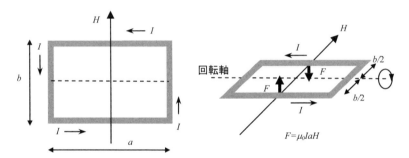

図 A12-6　長方形のかたちをした閉ループに電流 I [A]を流した場合のトルク。長軸の長さを a [m]、短軸の長さを b [m]とし、磁場 H [A/m] は短軸に平行に印加されている。

ここで、電流と磁場が平行の場合には力が働かない。よって、力が働く電流成分は、長軸の a 軸に沿って流れている部分であり、その力の大きさは

$$F = \mu_0 IaH \quad [\text{N}]$$

となる。この力は、図 A12-6 の上辺では下向きに、下辺では上向きに働くので、b 軸の中心線のまわりにトルクが働く。このときの、中心線からの距離は $b/2$ となるので、トルクは

$$T = 2\left(F \times \frac{b}{2}\right) = \mu_0 IabH \quad [\text{Nm}]$$

となる。これを磁石によるトルク

$$T = mH \quad [\text{Nm}]$$

と比較すると、磁気モーメント m は

$$m = \mu_0 Iab$$

という関係にある。ここで、ab は閉ループによって囲まれた面積であるので $m = \mu_0 IS$ となる。閉ループが長方形ではなく、1 辺が a の正方形の場合には $m = \mu_0 Ia^2$ となる。

A12.6. 円電流の磁気モーメント

それでは、閉ループが円のかたちをした場合のトルクを求めてみよう。ここで、図 A12-7 のように θ をとると、電流 I の磁場 H に垂直な成分は $I\sin\theta$ となる。このときの回転軸までの距離は $r\sin\theta$ となる。この位置からわずかに $d\theta$ だけ増やしたときの円周成分は $rd\theta$ となる。よって、ここに流れる電流成分は $Ird\theta$ となるが、トルクに寄与するのは、磁場と垂直な成分であるので $Ir\sin\theta d\theta$ となる。このときの力は

$$dF = \mu_0 IrH\sin\theta d\theta$$

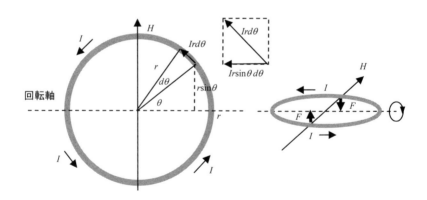

図 A12-7　磁場 H を図の向きに印加した際の円電流による磁気モーメント

第 12 章　磁性

モーメントの成分は

$$dT = dF \times r\sin\theta = \mu_0 Ir^2 H\sin^2\theta\, d\theta$$

よって、上半分のループからのトルクは

$$\frac{T}{2} = \int_0^\pi \mu_0 Ir^2 H\sin^2\theta\, d\theta = \mu_0 Ir^2 H \int_0^\pi \sin^2\theta\, d\theta$$

となる。

$$\int_0^\pi \sin^2\theta\, d\theta = \int_0^\pi \frac{1-\cos2\theta}{2}\, d\theta = \left[\frac{\theta}{2} - \frac{\sin2\theta}{4}\right]_0^\pi = \frac{\pi}{2}$$

であるので

$$\frac{T}{2} = \mu_0 Ir^2 H\left(\frac{\pi}{2}\right) \qquad から \qquad T = \mu_0 I\pi r^2 H$$

となる。したがって、円電流による磁気モーメントは

$$m = \mu_0 I\pi r^2$$

となる。ここで、$S = \pi r^2$ は円の面積であるから

$$m = \mu_0 IS$$

と与えられる。

A12. 7.　$E\text{-}H$ 対応と $E\text{-}B$ 対応

ところで、電子などの軌道運動に伴う磁性を論ずる場合には m を μ_0 で除した

$$\mu = \frac{m}{\mu_0} = IS$$

を磁気モーメントと定義する場合もある。本書では、こちらを採用している。このとき、m のほうを磁気双極子モーメントと区別して呼ぶこともある。

　実は、m と μ の使いわけは、それぞれ $E\text{-}H$ 対応と、$E\text{-}B$ 対応の違いに由来する。単位も異なり、前者では[Wbm]，後者では[Am^2] となる。前者の立場は、電荷と同様に、磁荷の存在を仮定し、磁場の根源が、磁荷対（N と S の組）からなるミクロ磁石（磁気双極子モーメント）とするのに対し、後者では、電荷と異なり、磁荷は実際には存在しないのであるから、磁場の根源としてミクロ電流（磁気モーメント）を採用し、それを基本に電磁気学を構築すべきという立場である。

　ただし、もともと、磁気モーメントは、本補遺で紹介したように、棒磁石の強

さを示すために導入された概念で、磁石端部の磁荷の大きさ [Wb] に、磁荷間の距離（腕の長さ） [m] をかけたものとみなせば、 [Wbm]のほうが、モーメントの単位として直観的にわかりやすい。これが E-H 対応である。

一方、量子力学や基礎物理分野では

$$\mu = IS$$

のように閉ループに流れる電流 I [A] と、閉ループが囲む面積 S [m^2] の積を、磁気モーメントとして採用することが多く、この場合の単位は IS の積の [Am^2] となる。

このような対応の違いは、磁場 H [A/m] を基本とするか、それとも磁場と等価な磁束密度 B [Wb/m^2] のほうを採用するかによっていて、E-H 対応と E-B 対応と呼ばれる所以である。ただし、$B = \mu_0 H$ という対応関係を使えば、両者は行き来することができる。

E-H 対応と E-B 対応は、根本的に異なるということを主張する研究者もいるが、電磁気学を理解するうえでは、本質的に同じものであり、単位さえ気をつけていれば問題ない。ここで、気をつけるべきは、磁化 M の単位である。磁化 M は、単位体積あたりの磁気モーメントである。よって、単位体積中にミクロ磁石が N 個あれば、磁気モーメントを N 倍すればよい。

E-H 対応では、磁気モーメント（磁気双極子モーメント）の単位は m [Wbm] であったから

$$M = Nm \, [\text{Wbm}][\text{m}^{-3}] = Nm \, [\text{Wb/m}^2]$$

となり、結果として磁束密度 B と同じ単位[Wb/m^2]となる。電場との対応から磁化を磁気分極と呼んで区別する場合もある。

一方、E-B 対応では、磁気モーメントの単位はμ [Am^2] であるから、磁化 M は

$$M = N\mu \, [\text{Am}^2][\text{m}^{-3}] = N\mu \, [\text{A/m}]$$

と与えられ、その単位は磁場 H と同じ[A/m]となる。結局、磁束密度 B、磁場 H、磁化 M の関係は

E-H 対応では $\qquad B = \mu_0 H + M$

E-B 対応では $\qquad B = \mu_0 H + \mu_0 M$

となる。

ところで、われわれが物質の磁性を評価する場合、**磁化率** (magnetic susceptibility) χを使うことも多い。これは物質の磁化を M とすると

第 12 章　磁性

$$M = \chi H$$

によって与えられる。つまり、外部磁場 H を与えたときに、物質がどれだけ磁化されるか（磁場に反応するか）の指標である。この場合、E-B 対応では M も H も単位が同じ[A/m] であるから、χ は無次元となる。しかし、E-H 対応では、M の単位は[Wb/m^2]となるのでχ は無次元とならずにμ_0 と同じ[Wb/mA]（一般にはヘンリーH を使い[H/m] とすることもある）という単位を有することになる。ただし、E-H 対応であっても、χ を無次元とするのが一般的である。

　実は、多くの教科書や、電磁気学を実際に応用する現場では、E-H 対応と E-B 対応を厳密に区別せずに、都合のよい単位を適当に選んで使っている場合が多い。例えば、超伝導では、臨界電流を磁化 M から計算するが、この場合は、単位として、電流の単位の[A]が入った[A/m]を使ったほうがわかりやすい。一方、磁場については、H[A/m] ではなく、磁束密度の B [Wb/m^2] を使う。実際には[Wb/m^2]と等価な [T] のほうを使う。なぜなら 1 [T] は、79770 [A/m] に相当するが、後者では数が大きいうえ、なじみがないからである。

　よって、電磁気学を学ぶ場合にも、磁化 M の単位や磁化率χ の単位に気をつけてさえいれば、問題はないのである。磁気双極子モーメント m と磁気モーメントμ についても同様である。ちなみに、磁気双極子モーメントを p_m、磁気モーメントを m と表記する場合もある。また、両者を磁気モーメントと呼ぶことも多い。

333

第 13 章　強磁性

　鉄、ニッケル、コバルトでは、外部から磁場を印加しなくとも、電子のスピンがそろった状態が安定となり、永久磁石として作用する。磁石の相互作用を見ればわかるように、2 個以上の磁石の極がそろった状態は安定ではなく、磁石は反転し、磁気回路が閉じた状態となる。これは、ミクロ磁石においても同様であり、一般には電子スピンがそろった状態は不安定となる。

　しかし、一部の材料では、量子力学的な効果により、スピンが平行となった状態のエネルギーが低下し磁石となる。これを**自発磁化** (spontaneous magnetization) と呼んでいる。

　温度が上昇すると自発磁化は消失する。この臨界の温度をキュリー温度 (Curie temperature: T_c) と呼ぶ。キュリー温度以上では、物質は常磁性となり、磁化率の温度依存性はキュリーの法則に従い、以下のようになる。

$$\chi = \frac{C}{T - T_c}$$

これをキュリー・ワイスの法則と呼んでいる。

　それでは、量子力学的効果とは、いったい、どのようなものなのであろうか。それは、**交換相互作用** (exchange interaction) と呼ばれるものである。本章では、まず、2 個の電子に働く相互作用について考え、その相互作用のひとつである交換相互作用によって強磁性が生じるメカニズムを簡単に解説する。

13.1.　2 電子のシュレーディンガー方程式

　ここでは、スピンが平行となりうる理由を探るため、まず、2 個の電子の相互作用について考えてみる。2 個の電子に対応した波動関数を $\varphi(x_1, x_2)$ と置こう。x_1, x_2 は、それぞれ電子 1, 2 の位置である。もし、電子どうしに相互作用がなけ

第 13 章 強磁性

れば、この波動関数は

$$\varphi(x_1, x_2) = \varphi_a(x_1)\varphi_b(x_2)$$

のように、それぞれの電子の波動関数の掛け算となる。ただし、a は電子 1 の軌道、b は電子 2 の軌道を示している。

つぎに、ハミルトニアンを考えてみよう。まず、電子 1 のハミルトニアンは

$$\hat{H}_1 = -\frac{\hbar^2}{2m}\frac{\partial^2}{\partial x_1^{\,2}} + V_1(x_1)$$

となる。ここで、右辺の第 2 項は、電子 1 が感じるポテンシャルである。そして、固有値方程式は

$$\hat{H}_1\varphi_a(x_1) = E_1\varphi_a(x_1)$$

と与えられる。E_1 は、電子 1 のエネルギー固有値である。

電子 2 のハミルトニアンも同様に

$$\hat{H}_2 = -\frac{\hbar^2}{2m}\frac{\partial^2}{\partial x_2^{\,2}} + V_2(x_2)$$

と与えられる。固有値方程式は

$$\hat{H}_2\varphi_b(x_2) = E_2\varphi_b(x_2)$$

となる。

演習 13-1　相互作用のない 2 電子系のハミルトニアンは

$$\hat{H} = \hat{H}_1 + \hat{H}_2$$

と与えられる。このとき、2 電子系の固有値方程式を求めよ。

解）　　$\hat{H}\ \varphi(x_1, x_2) = (\hat{H}_1 + \hat{H}_2)\ \varphi_a(x_1)\varphi_b(x_2)$ となる。

ここで $\hat{H}_1$ は波動関数 $\varphi_a(x_1)$ のみに作用して $\hat{H}_1\varphi_a(x_1) = E_1\varphi_a(x_1)$ という固有値方程式をつくる。同様に、$\hat{H}_2$ は $\varphi_b(x_2)$ のみに作用して $\hat{H}_2\varphi_b(x_2) = E_2\varphi_b(x_2)$ という固有値方程式をつくる。ここで

335

$$(\hat{H}_1 + \hat{H}_2)\,\varphi_a(x_1)\varphi_b(x_2) = \hat{H}_1\varphi_a(x_1)\varphi_b(x_2) + \hat{H}_2\varphi_a(x_1)\varphi_b(x_2)$$

$$= \{\hat{H}_1\varphi_a(x_1)\}\varphi_b(x_2) + \varphi_a(x_1)\{\hat{H}_2\varphi_b(x_2)\}$$

と変形すれば {} 内は、固有値方程式となり

$$\hat{H}\varphi(x_1,x_2) = E_1\varphi_a(x_1)\varphi_b(x_2) + \varphi_a(x_1)E_2\varphi_b(x_2)$$

$$= (E_1+E_2)\varphi_a(x_1)\varphi_b(x_2) = (E_1+E_2)\varphi(x_1,x_1)$$

となる。

　結局、相互作用のない 2 電子系のエネルギー固有値は E_1+E_2 となり、それぞれの電子のエネルギー固有値の和となる。相互作用がないのであるから、これは当たり前の結果であろう。

　さらに、同じ原子に所属する電子 1 および 2 に対するハミルトニアン

$$\hat{H}_1 = -\frac{\hbar^2}{2m}\frac{\partial^2}{\partial x_1^2} + V_1(x_1) \quad と \quad \hat{H}_2 = -\frac{\hbar^2}{2m}\frac{\partial^2}{\partial x_2^2} + V_2(x_2)$$

の場合は、ポテンシャルのかたちは同じはずである。よって $V_1 = V_2 = V$ となり

$$\hat{H}_1 = -\frac{\hbar^2}{2m}\frac{\partial^2}{\partial x_1^2} + V(x_1) \quad と \quad \hat{H}_2 = -\frac{\hbar^2}{2m}\frac{\partial^2}{\partial x_2^2} + V(x_2)$$

となる。よって、座標が異なるだけで

$$\hat{H}_1\varphi_a(x_1) = E_1\varphi_a(x_1) \quad と \quad \hat{H}_2\varphi_b(x_2) = E_2\varphi_b(x_2)$$

はまったく同じかたちをした微分方程式ということになる。

　ところで、いま電子に番号をつけて 1 と 2 というように区別しているが、量子力学においては、その波動性から、電子を区別することができないことが知られている。これを**不可弁別性** (non-discriminability) と呼んでいる。

　例えば、電子 1 と 2 を入れかえた波動関数

$$\varphi(x_2,x_1) = \varphi_a(x_2)\varphi_b(x_1)$$

を考える。この波動関数に 2 電子系のハミルトニアンを作用させてみよう。ここで、$\hat{H}_1$ は x_1 を含む波動関数に作用し、その固有値は E_1 となる。同様に、$\hat{H}_2$ は x_2 を含む波動関数に作用し、その固有値は E_2 となる。したがって

$$\hat{H}\,\varphi(x_2,x_1) = (\hat{H}_1 + \hat{H}_2)\,\varphi_a(x_2)\varphi_b(x_1) = \varphi_a(x_2)\hat{H}_1\varphi_b(x_1) + \hat{H}_2\varphi_a(x_2)\varphi_b(x_1)$$

$$= (E_1 + E_2)\varphi_a(x_2)\varphi_b(x_1) = (E_1 + E_2)\varphi(x_2, x_1)$$

となり、結局、同じエネルギー固有値がえられる。このように、電子を交換した波動関数の

$$\varphi(x_1, x_2) = \varphi_a(x_1)\varphi_b(x_2) \qquad と \qquad \varphi(x_2, x_1) = \varphi_a(x_2)\varphi_b(x_1)$$

は同じ量子状態を与えることになるのである。よって、ある定数を c として

$$\varphi(x_2, x_1) = c\varphi(x_1, x_2)$$

という関係が成り立つ。ここで、電子の入れ替えをもう一度行うと

$$\varphi(x_1, x_2) = c^2\varphi(x_1, x_2)$$

となる。したがって $c = \pm 1$ となる。ここで

$$\varphi(x_2, x_1) = \varphi(x_1, x_2)$$

のような $c = +1$ に対応した関数を**対称関数** (symmetric function) と呼ぶ。また

$$\varphi(x_2, x_1) = -\varphi(x_1, x_2)$$

のように $c = -1$ に対応した関数を**反対称関数** (asymmetric function) と呼んでいる。

　ここで、波動関数 $\varphi(x_1, x_2)$ と $\varphi(x_2, x_1)$ は、ハミルトニアン $\hat{H} = \hat{H}_1 + \hat{H}_2$ の固有関数であるから、その 1 次結合である

$$\Phi(x_1, x_2) = C_1\varphi_a(x_1)\varphi_b(x_2) + C_2\varphi_a(x_2)\varphi_b(x_1)$$

も同じエネルギー固有値をもつ波動関数である。規格化された波動関数は

$$\Phi(x_1, x_2) = \frac{1}{\sqrt{2}}\{\varphi_a(x_1)\varphi_b(x_2) + \varphi_a(x_2)\varphi_b(x_1)\}$$

$$\Phi(x_1, x_2) = \frac{1}{\sqrt{2}}\{\varphi_a(x_1)\varphi_b(x_2) - \varphi_a(x_2)\varphi_b(x_1)\}$$

の 2 個となる。

13.2. クーロン相互作用

　前節では、2 電子間に相互作用がないものとして解析してきたが、実際には、電子間にはつぎのクーロン反発力が働く。

$$F_q = \frac{e^2}{4\pi\varepsilon_0|x_1 - x_2|^2} = \frac{e^2}{4\pi\varepsilon_0 r^2}$$

よって、クーロンポテンシャルは

$$V(r) = \frac{e^2}{4\pi\varepsilon_0 r}$$

となる。ただし、r は電子 1 と電子 2 の距離 $r = |x_1 - x_2|$ となる。すると、電子間クーロン相互作用を考慮にいれた 2 電子系のハミルトニアンは

$$\hat{H} = -\frac{\hbar^2}{2m}\left(\frac{\partial^2}{\partial x_1^{\,2}} + \frac{\partial^2}{\partial x_2^{\,2}}\right) + V(x_1) + V(x_2) + \frac{e^2}{4\pi\varepsilon_0 r}$$

と与えられる。このハミルトニアンを $\hat{H} = \hat{H}_0 + \hat{H}_Q$ と書き

$$\hat{H}_0 = -\frac{\hbar^2}{2m}\left(\frac{\partial^2}{\partial x_1^{\,2}} + \frac{\partial^2}{\partial x_2^{\,2}}\right) + V(x_1) + V(x_2) \qquad \hat{H}_Q = \frac{e^2}{4\pi\varepsilon_0 r}$$

と置くと、前者が無摂動系のハミルトニアン、後者がクーロン相互作用に対応した摂動項となる。無摂動系のハミルトニアンは

$$\hat{H}_0 = \hat{H}_1 + \hat{H}_2 = -\frac{\hbar^2}{2m}\frac{\partial^2}{\partial x_1^{\,2}} + V(x_1) + -\frac{\hbar^2}{2m}\frac{\partial^2}{\partial x_2^{\,2}} + V(x_2)$$

のように、電子 1 に対応したハミルトニアンと電子 2 に対応したハミルトニアンの和となる。

　ハミルトニアン $\hat{H} = \hat{H}_0 + \hat{H}_Q$ に対する 2 電子系の波動関数

$$\Phi(x_1, x_2) = \frac{1}{\sqrt{2}}\{\varphi_a(x_1)\varphi_b(x_2) - \varphi_a(x_2)\varphi_b(x_1)\}$$

のエネルギー固有値の期待値を求めてみよう。その値は

$$\langle \Phi(x_1, x_2)|\hat{H}|\Phi(x_1, x_2)\rangle = \iint \Phi^*(x_1, x_2)\hat{H}\Phi(x_1, x_2)dx_1 dx_2$$

という積分によって与えられる。そして

$$\langle \Phi(x_1, x_2)|\hat{H}|\Phi(x_1, x_2)\rangle = \langle \Phi(x_1, x_2)|\hat{H}_0|\Phi(x_1, x_2)\rangle + \langle \Phi(x_1, x_2)|\hat{H}_Q|\Phi(x_1, x_2)\rangle$$

となるが、無摂動系では

$$\langle \Phi(x_1, x_2)|\hat{H}_0|\Phi(x_1, x_2)\rangle = E_1 + E_2$$

である。

338

第 13 章 強磁性

演習 13-2 摂動項に関する積分

$$\left\langle \Phi(x_1, x_2) \middle| \hat{H}_Q \middle| \Phi(x_1, x_2) \right\rangle = E_c - E_F \iint \Phi^*(x_1, x_2) \hat{H}_Q \Phi(x_1, x_2) dx_1 dx_2$$

を求めよ。ただし、$\Phi^*(x_1, x_2) = \dfrac{1}{\sqrt{2}} \{ \varphi_b^*(x_2)\varphi_a^*(x_1) - \varphi_b^*(x_1)\varphi_a^*(x_2) \}$ である。

解）

$$\left\langle \Phi(x_1, x_2) \middle| \hat{H}_Q \middle| \Phi(x_1, x_2) \right\rangle = \frac{1}{2} \iint \varphi_b^*(x_2)\varphi_a^*(x_1) \frac{e^2}{4\pi\varepsilon_0 r} \varphi_a(x_1)\varphi_b(x_2) dx_1 dx_2$$

$$- \frac{1}{2} \iint \varphi_b^*(x_2)\varphi_a^*(x_1) \frac{e^2}{4\pi\varepsilon_0 r} \varphi_a(x_2)\varphi_b(x_1) dx_1 dx_2$$

$$- \frac{1}{2} \iint \varphi_b^*(x_1)\varphi_a^*(x_2) \frac{e^2}{4\pi\varepsilon_0 r} \varphi_a(x_1)\varphi_b(x_2) dx_1 dx_2$$

$$+ \frac{1}{2} \iint \varphi_b^*(x_1)\varphi_a^*(x_2) \frac{e^2}{4\pi\varepsilon_0 r} \varphi_a(x_2)\varphi_b(x_1) dx_1 dx_2$$

となる。

　それでは、クーロン相互作用によって、新たに付加された積分項についてみてみよう。この相互作用の摂動による第 1 項は

$$\iint \varphi_b^*(x_2)\varphi_a^*(x_1) \frac{e^2}{4\pi\varepsilon_0 r} \varphi_a(x_1)\varphi_b(x_2) dx_1 dx_2$$

というかたちをしている。この項を変形すると

$$\iint \varphi_b^*(x_2)\varphi_a^*(x_1) \frac{e^2}{4\pi\varepsilon_0 r} \varphi_a(x_1)\varphi_b(x_2) dx_1 dx_2$$

$$= \iint \varphi_a^*(x_1)\varphi_a(x_1) \frac{e^2}{4\pi\varepsilon_0 r} \varphi_b^*(x_2)\varphi_b(x_2) dx_1 dx_2 = \iint \left| \varphi_a(x_1) \right|^2 \frac{e^2}{4\pi\varepsilon_0 r} \left| \varphi_b(x_2) \right|^2 dx_1 dx_2$$

となる。ここでは、まず電子 1 を固定して考えてみよう。すると

$$\frac{e^2}{4\pi\varepsilon_0 r} \left| \varphi_b(x_2) \right|^2 dx_2$$

は、x_2 から $x_2 + dx_2$ までの範囲に位置する電子 2 から受けるクーロンエネルギー成

339

分である。したがって

$$\int \frac{e^2}{4\pi\varepsilon_0 r}|\varphi_b(x_2)|^2 dx_2 = \int \frac{e^2}{4\pi\varepsilon_0 |x_2 - x_1|}|\varphi_b(x_2)|^2 dx_2$$

は、電子 1 が電子 2 から受けるクーロン相互作用エネルギーを全空間で平均化したものである。いまは、電子 1 を固定していると考えたが、実は、電子 1 にも分布がある。それを考慮すると

$$\iint |\varphi_a(x_1)|^2 \frac{e^2}{4\pi\varepsilon_0 r}|\varphi_b(x_2)|^2 dx_1 dx_2$$

となる。よって、この項は、2 電子間のクーロン相互作用エネルギーを全空間にわたって平均化したとみなすことができる。したがって、この積分を**クーロン積分** (Coulomb integral) と呼んで

$$Q_e = \iint |\varphi_a(x_1)|^2 \frac{e^2}{4\pi\varepsilon_0 r_{12}}|\varphi_b(x_2)|^2 dx_1 dx_2$$

と表記する。

演習 13-3　第 4 項の積分の

$$\iint \varphi_b{}^*(x_1)\varphi_a{}^*(x_2) \frac{e^2}{4\pi\varepsilon_0 r}\varphi_a(x_2)\varphi_b(x_1) dx_1 dx_2$$

がクーロン積分と等価となることを確かめよ。

解）　第 1 項と同様の変形を施すと

$$\iint \varphi_b{}^*(x_1)\varphi_a{}^*(x_2) \frac{e^2}{4\pi\varepsilon_0 r}\varphi_a(x_2)\varphi_b(x_1) dx_1 dx_2 = \iint |\varphi_a(x_2)|^2 \frac{e^2}{4\pi\varepsilon_0 r}|\varphi_b(x_1)|^2 dx_1 dx_2$$

となる。

これは、第 1 項のクーロン積分と電子 1 と 2 が入れかわった積分であるが、電子そのものは区別できないので、積分値として同じ値がえられる。よって

$$Q_e = \iint \varphi_b{}^*(x_1)\varphi_a{}^*(x_2) \frac{e^2}{4\pi\varepsilon_0 r}\varphi_a(x_2)\varphi_b(x_1) dx_1 dx_2$$

となり、こちらもクーロン積分である。

第 13 章 強磁性

したがって、クーロン相互作用による摂動項での第 1 項と第 4 項は

$$\frac{1}{2}\iint\varphi_b{}^*(x_2)\varphi_a{}^*(x_1)\frac{e^2}{4\pi\varepsilon_0 r}\varphi_a(x_1)\varphi_b(x_2)dx_1 dx_2$$

$$+\frac{1}{2}\iint\varphi_b{}^*(x_1)\varphi_a{}^*(x_2)\frac{e^2}{4\pi\varepsilon_0 r}\varphi_a(x_2)\varphi_b(x_1)dx_1 dx_2 = \frac{1}{2}Q_e + \frac{1}{2}Q_e = Q_e$$

となる。

12. 3. 交換積分

つぎに、クーロン相互作用の摂動による第 2 項と第 3 項は

$$-\frac{1}{2}\iint\varphi_b{}^*(x_2)\varphi_a{}^*(x_1)\frac{e^2}{4\pi\varepsilon_0 r}\varphi_a(x_2)\varphi_b(x_1)dx_1 dx_2$$

$$-\frac{1}{2}\iint\varphi_b{}^*(x_1)\varphi_a{}^*(x_2)\frac{e^2}{4\pi\varepsilon_0 r}\varphi_a(x_1)\varphi_b(x_2)dx_1 dx_2$$

となる。ここで、第 2 項を変形すると

$$\iint\varphi_b{}^*(x_2)\varphi_a{}^*(x_1)\frac{e^2}{4\pi\varepsilon_0 r}\varphi_a(x_2)\varphi_b(x_1)dx_1 dx_2$$

$$=\iint\varphi_b{}^*(x_2)\varphi_a(x_2)\varphi_a{}^*(x_1)\frac{e^2}{4\pi\varepsilon_0 r}\varphi_b(x_1)dx_1 dx_2$$

となる。ここで電子 1 に関する被積分関数は

$$\varphi_a{}^*(x_1)\frac{e^2}{4\pi\varepsilon_0 r_{12}}\varphi_b(x_1)dx_1$$

となっている。この成分は、あえて記述すれば、電子 1 がもともとの軌道 a から、電子 2 の軌道である軌道 b に移動したときのクーロン相互作用にともなうエネルギーと考えられる。

当然、同時に、電子 2 は軌道 b から軌道 a に移動しなければならないが、その項は $\varphi_b{}^*(x_2)\varphi_a(x_2)$ であって、被積分関数に含まれている。したがって

$$\iint\varphi_b{}^*(x_2)\varphi_a{}^*(x_1)\frac{e^2}{4\pi\varepsilon_0 r}\varphi_a(x_2)\varphi_b(x_1)dx_1 dx_2 = J_e$$

は電子の交換にともなってあらわれるエネルギー項であり、**交換積分** (exchange integral) と呼ばれている。

しかし、電子が位置を交換したからといって、電子の相対位置は変わらないのであるから、そこにエネルギーが発生するということは古典力学では説明ができない。

あえていえば、量子力学を数学的に表現したときのみ現れる項である。その背後に、明確な物理現象があるわけではない。ところが、この項の存在によって、Fe, Ni, Co にみられる強磁性が説明できるのである。

演習 13-4　第 3 項の積分

$$\iint \varphi_b{}^*(x_1)\varphi_a{}^*(x_2)\frac{e^2}{4\pi\varepsilon_0 r}\varphi_a(x_1)\varphi_b(x_2)dx_1 dx_2$$

が交換積分と等価であることを確かめよ。

解）　先ほどと同様に

$$\iint \varphi_b{}^*(x_1)\varphi_a{}^*(x_2)\frac{e^2}{4\pi\varepsilon_0 r}\varphi_a(x_1)\varphi_b(x_2)dx_1 dx_2 = \iint \varphi_b{}^*(x_1)\varphi_a(x_1)\varphi_a{}^*(x_2)\frac{e^2}{4\pi\varepsilon_0 r}\varphi_b(x_2)dx_1 dx_2$$

と変形してみよう。ここで、被積分関数にある $\varphi_a{}^*(x_2)\dfrac{e^2}{4\pi\varepsilon_0 r}\varphi_b(x_2)$ という項は電子 2 がもともとの軌道 b から、電子 1 の軌道である軌道 a に移動したときのクーロン相互作用にともなうエネルギーと考えられる。電子 1 は軌道 a から b に移動しなければならないが、それは、$\varphi_b{}^*(x_1)\varphi_a(x_1)$ というかたちで被積分関数に含まれている。電子の区別がつかないということを考えれば、全空間で積分した値は、先ほどの交換積分 J_e と一致する。

よって、第 2 項と第 3 項をあわせて

$$-\frac{1}{2}\iint \varphi_b{}^*(x_2)\varphi_a{}^*(x_1)\frac{e^2}{4\pi\varepsilon_0 r}\varphi_a(x_2)\varphi_b(x_1)dx_1 dx_2$$

$$-\frac{1}{2}\iint \varphi_b{}^*(x_1)\varphi_a{}^*(x_2)\frac{e^2}{4\pi\varepsilon_0 r}\varphi_a(x_1)\varphi_b(x_2)dx_1 dx_2 = -\frac{1}{2}J_e - \frac{1}{2}J_e = -J_e$$

となる。したがって

第 13 章 強磁性

$$\Phi(x_1, x_2) = \frac{1}{\sqrt{2}} \{\varphi_a(x_1)\varphi_b(x_2) - \varphi_a(x_2)\varphi_b(x_1)\}$$

という 2 電子波動関数の、クーロン相互作用を含めた全エネルギーは

$$E = E_1 + E_2 + Q_e - J_e$$

と与えられる。一方

$$\Phi'(x_1, x_2) = \frac{1}{\sqrt{2}} \{\varphi_a(x_1)\varphi_b(x_2) + \varphi_a(x_2)\varphi_b(x_1)\}$$

という 2 電子波動関数の、クーロン相互作用を含めた全エネルギーは

$$E = E_1 + E_2 + Q_e + J_e$$

と与えられる。

13.4. スピン相互作用

前節までの考察により、2 電子の波動関数の重なり方によってエネルギーが異なることが明らかとなった。

ここで、もし J_e が正の値をとるとすると、反対称の軌道関数は、基底状態（2 原子が相互作用せずに独立して存在している状態）よりも J_e だけエネルギーが低下し、対称の軌道関数は J_e だけエネルギーが上昇することになる。

ただし、以上の考察は、あくまでも軌道関数に関するものである。スピンに関しては、何の考察も行っていない。われわれが欲しいのは、スピンが平行の場合と反平行の場合にエネルギーがどうなるかであった。

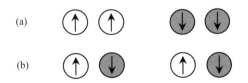

図 13-1　2 原子間のスピン配列：(a) 平行（3 重項状態）；
(b) 反平行（1 重項状態）

実は、波動関数にスピンの効果を取り入れると、スピンが平行にそろった 3 重項状態に対応した軌道関数は

$$\Phi(x_1, x_2) = \frac{1}{\sqrt{2}}\{\varphi_a(x_1)\varphi_b(x_2) - \varphi_a(x_2)\varphi_b(x_1)\}$$

のような反対称となり、スピンが反平行の 1 重項状態に対応した軌道関数は

$$\Phi(x_1, x_2) = \frac{1}{\sqrt{2}}\{\varphi_a(x_1)\varphi_b(x_2) + \varphi_a(x_2)\varphi_b(x_1)\}$$

のように対称となることがわかっている。(拙著『なるほど量子力学 III』(海鳴社) を参照) よって、交換積分 J_e がもし正ならば、2 原子のスピンがそろった 3 重項状態のほうがエネルギーが低下して安定するという奇妙な現象が生じるのである。これが強磁性の原因となる。

このように、スピンが平行か反平行かという状態そのものではなく、2 原子間のスピンが平行となる場合、それに伴う軌道関数が反対称でなければならないという要請によって、3 重項状態のエネルギーが低くなるという現象が生じ、強磁性発現の原因となっている。これは古典力学で説明できるものではなく、量子力学における粒子の交換という概念によって生じる項である。よって、交換相互作用と呼んでいる。

13.5. イジングモデル

いままでは、2 原子間の相互作用によってスピンが平行になる可能性を説明してきたが、実際に強磁性が生じるためには、ある領域にわたってスピンが同方向を向く必要がある。

そこで、本節では、スピン間の交換相互作用により強磁性が出現することを示すことのできるイジング模型について説明しよう。図 13-2 のような 2 次元格子を考える。それぞれの格子は、上向きあるいは下向きのスピンを有するものとする。さらに、スピンどうしの相互作用が生じるのは、隣接するスピンのみと仮定するのである。

ここで、格子点のスピン関数を σ_i としよう。スピン関数は、上向きのとき $\sigma_i = +1$ 下向きのとき $\sigma_i = -1$ とする。このとき、スピン相互作用にともなうエネルギーは

$$E_s = -J_e \sum_{(i,j)} \sigma_i \sigma_j$$

344

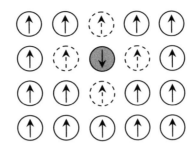

図 13-2 2次元イジング模型のスピン配列。1個のスピンが反転すると、隣接する4個の格子点との相互作用により $4J$ だけエネルギーが上昇する。

となる。ここで (i, j) は隣接する格子の和をとるという意味である。ここで、隣どうしのスピンがそろっている場合は、$\sigma_i = +1$, $\sigma_j = +1$ あるいは $\sigma_i = -1$, $\sigma_j = -1$ となるので $\sigma_i \sigma_j = +1$ となって、スピンによるエネルギーが対あたり $-J_e$ となり、安定となる。一方、スピンがそろっていない場合は $\sigma_i \sigma_j = -1$ となり、スピン対あたりのエネルギーは J_e だけ高くなる。

よって、スピン系の全エネルギーは

$$E = -J_e \sum_{(i,j)} \sigma_i \sigma_j - \mu_B H \sum_{i=1}^{N} \sigma_i$$

となる。ここで、第2項は、外部 H による磁化のエネルギーであり、磁場とスピンが平行ならば、エネルギーは $-\mu_B H$ となり、大きさ $\mu_B H$ だけ低下し、反平行ならば $\mu_B H$ だけ上昇することに対応している。

ここで、格子点のなかの1点である i サイトのスピンに注目し、そのエネルギーを考えよう。すると、局所的なエネルギーは

$$\varepsilon_i = -\frac{J_e}{2} \sum_{k=1}^{z} \sigma_k \sigma_i - \mu_B H \sigma_i$$

と与えられる。ただし、z は配位数であり、σ_k は i サイトに隣接する格子点のスピン関数である。最初の項において、J_e を2で除しているのは、全エネルギーを求める際に、つぎのような和

$$E = \sum_{i=1}^{N} \varepsilon_i$$

をとった際、隣接する格子点の交換相互作用のダブルカウントを防ぐためである。

つまり、J_e のままでは i サイトに対する k サイトの効果と、k サイトに対する i サイトの効果がダブルカウントされてしまうからである。

ここで、ε_i に関して、つぎのような置き換えをしてみる。

$$\varepsilon_i = -\mu_B H_{\mathrm{eff}} \sigma_i$$

このとき

$$H_{\mathrm{eff}} = H + \frac{J_e}{2\mu_B} \sum_{k=1}^{z} \sigma_k$$

という関係にある。これは、いわば**有効磁場** (effective magnetic field) であり、外部磁場 (external field) と格子点のまわりのスピンの影響による磁場（内部磁場：internal field）を合成したものと考えられる。つまり、i サイトにある格子点が感じる磁場となる。

ここで、この章の冒頭で紹介したスピン系の磁化を思い出してみよう。外部磁場 H が印加された場合、N 個からなる粒子系の磁化 M は

$$M = N\mu_B \tanh\left(\frac{\mu_B H}{k_B T}\right)$$

と与えられる。

よって、i サイトにある格子点の磁化 $\mu_B m$ は、上式の H に有効磁場 H_{eff} を代入して、さらに N で除した

$$\mu_B m = \frac{M}{N} = \mu_B \tanh\left(\frac{\mu_B H_{\mathrm{eff}}}{k_B T}\right) = \mu_B \tanh\left\{\frac{\mu_B}{k_B T}\left(H + \frac{J_e}{2\mu_B} \sum_{k=1}^{z} \sigma_k\right)\right\}$$

と与えられる。ここで、つぎのような仮定をする。それは

$$\mu_B m = \frac{\mu_B}{z} \sum_{k=1}^{z} \sigma_k \qquad m = \frac{1}{z} \sum_{k=1}^{z} \sigma_k$$

と考えるのである。これは、i サイトの磁化 $\mu_B m$ は、隣接する格子点の磁化（スピン）を足し合わせたものを格子点の数 z で割った平均値によってえられるというものである。これを**平均場近似** (mean field approximation) と呼んでいる。分子場近似と呼ぶ場合もある。このとき、m はスピンの平均値となる。それにボーア磁子の μ_B を乗じたものが磁化となる。

この結果

346

$$m = \tanh\left\{\frac{\mu_B}{k_B T}\left(H + \frac{zJ_e m}{2\mu_B}\right)\right\}$$

という方程式ができる。磁場がない場合は $H = 0$ であるから

$$m = \tanh\left(\frac{zJ_e m}{2k_B T}\right)$$

となる。このように、両辺に変数 m が入った方程式を**自己無撞着方程式** (self consistent equation) と呼んでいる。この式を解析的に解くことはできない場合が多いが、いまの場合は $y=m$ と $y = \tanh(zJ_e m / 2k_B T)$ のグラフを m-y 座標に描いて、その交点が磁化 m を与えることになる。図 13-3 にその様子を示す。

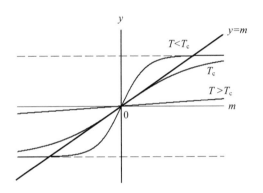

図 13-3　$y = \tanh(zJ_e m/2k_B T)$ と $y = m$ のグラフ

ここで、温度 T によってグラフの様子が異なることを確認してみよう。まず、両者は $m = 0$ に交点を有する。これは、自己無撞着方程式の自明解である。

T が高いと、なめらかな傾きを有し、交点は $m = 0$ のみである。これは系の平均磁化が 0 となることを示している。

しかし、温度 T が低下すると、グラフは明らかな変曲を示すようになり、ある温度（これを T_c と置く）を境に、有限の値の交点を持つようになる。磁化 m が 0 ではないということは、系が**自発磁化** (spontaneous magnetization) を有することを示している。この T_c が相転移温度 (phase transition temperature) であり、この温度を境に系は、常磁性状態 (paramagnetic state) から強磁性状態 (ferromagnetic state) に転移することを示している。さらに、$T \to 0$ の極限では $m =$

$\pm \mu_B$ となり、すべてのスピンが＋あるいは－の方向を向くことになる。

演習 13-6　常磁性から強磁性に転移する臨界温度 T_c を求めよ。

解）　臨界温度 T_c では、$y=m$ と $y = \tanh\left(\dfrac{zJ_e m}{2k_B T}\right)$ の傾きが $m = 0$ で一致する。$y=m$ の傾きは m に関係なく常に 1 である。一方、後者では

$$\frac{dy}{dm} = \frac{2k_B T}{zJ_e}\left\{\cosh\left(\frac{zJ_e m}{2k_B T}\right)\right\}^{-2}$$

となるので、$m=0$ における傾きは

$$\left.\frac{dy}{dm}\right|_{m=0} = \frac{2k_B T}{zJ_e}$$

となる。$T=T_c$ においては、これが 1 となるので

$$\frac{2k_B T_c}{zJ_e} = 1 \qquad \text{から} \qquad T_c = \frac{zJ_e}{2k_B}$$

となる。

よって、$T > \dfrac{zJ_e}{2k_B}$ のとき、$m = 0$ となり、磁化の大きさは 0 となり、常磁性となる。一方、$T < \dfrac{zJ_e}{2k_B}$ のときは、$m \neq 0$ の解が存在し、自発磁化、すなわち強磁性を示すこととなる。

以上のように、電子間の交換相互作用によって、スピンが平行の場合に J_e だけエネルギーが低下することを足がかりに、隣接する格子間にのみ相互作用が働くというイジングモデルによって、自発磁化すなわち強磁性が発現できることが明らかとなるのである。

第 14 章　誘電現象

　すべての物質は、負に帯電した電子と、正に帯電した原子核を有するため、外部から電場を印加すると、様々な応答を示す。まず、自由に動ける電子がある金属（導体）では、電子が電場と反対方向に移動する。この結果、定常的に電場が与えられれば電流が生ずる。

　一方、孤立した導体に電場を印加すると、電子が正の電場に引かれて、端部に移動する。この結果、端部が正と負に帯電する。この現象を**静電誘導** (static electric induction) と呼んでおり、コンデンサの蓄電などに利用されている。

　導体と異なり、**絶縁体** (insulator) の場合、自由電子（自由に動ける電荷）が存在しないので、電流が流れない。よって、電荷の移動がないため、電場の中に絶縁体を置いても、導体のような静電誘導は生じない。

　これでは、コンデンサなどの工業応用には適さないような気がするが、実は、そうではない。コンデンサの導体平板間に絶縁体を挿入すると、その電気容量が飛躍的に向上するのである。ファラデーの発見である。その功績のおかげで、電気容量の単位にファラッド (Farad; F) という名前が残っている。

　実は、絶縁体に電場を印加すると**誘電分極** (dielectric polarization) という現象が生じる。この現象のおかげで、コンデンサの電気容量が向上するのである。**電気分極** (electric polarization) あるいは、単に分極と呼ぶこともある。

　例えば、正に帯電した物体を絶縁体に近づけると、負の電荷が物体近傍の絶縁体表面に誘導される。これは、導体のように電荷が移動しているわけではなく、原子（あるいは分子）の中の電荷が分極することが原因である。

　このため、絶縁体のことを**誘電体** (dielectric) とも呼んでいる。誘電体はコンデンサの電気容量を増やすだけではなく、電気絶縁や、圧電素子、不揮発性メモリーなど広範囲な応用に供されており、誘電体の性質を研究する分野は、理工学では重要な領域となっている。そこで、本章では誘電体の性質について紹介する。

349

14.1. 分極

14.1.1. 電子分極
図 14-1(a) に示すように、原子は、中心に正に帯電した原子核があり、そのまわりを負に帯電した電子が周回している。

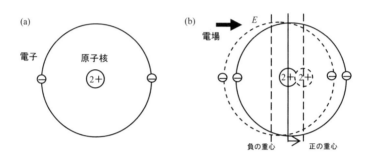

図 14-1 電気的に中性な原子に電場が印加されると、クーロン力によって、正の電荷と負の電荷の重心にずれが生じる。これが分極である。

原子では、正の電荷と負の電荷の数が等しいので、電気的に中性となっている。ところが、この原子に電場が印加されると、図 14-1(b)に示すように、正に帯電した原子核には、電場方向にクーロン力が働く。一方、負に帯電した電子には、電場とは逆方向にクーロン力が働く。この結果、電荷の中心がふたつに分かれて、正の電荷の重心は電場方向に、負の電荷の重心は電場とは逆方向にずれることになる。この現象が分極である。その結果、原子は+と-の電荷からなる一種の**電気双極子**（electric dipole）となる。この現象を電子分極と呼んでいる。

14.1.2. 原子分極
クーロン引力により結合しているイオン結晶でも分極が生じる。イオン結晶とは、正イオンと負イオンがクーロン引力によって結合したものである。その代表は NaCl であり、この結晶では、Na$^+$と Cl$^-$が電気力によって結合している。

よって、外部から電場が印加されれば、図 14-2 に示すように、正イオンは電場の方向に、負イオンは電場とは逆方向に力が加わるため、もとの位置から変位して、分極が生じることになる。この現象を原子分極という。

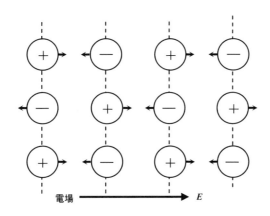

図 14-2　イオン結晶の分極

ただし、イオンの質量が大きいため、その変位は、それほど大きくないため、電子分極に比べて効果は小さい。一般的には、約 1/10 程度となる。

14.1.3. 配位分極

電子やイオン分極では、外部から電場が印加されないかぎり、分極は生じない。しかし、電場がない場合でも分極が生じる結晶がある。HCl 分子を例にとって考えてみよう。この物質は、共有結合によって分子構造が形成されている。しかし、Cl イオンの電気陰性度が高いため、電子が Cl 側に引き寄せられている。このため、図 14-3 に示したように、H は常に正に、Cl は常に負に帯電したような状態ができあがっているのである。つまり、外部電場がなくとも分極が生じている。このような分極を配位分極と呼んでいる。

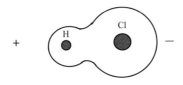

図 14-3　配位分極の例

外部の電場に関係なく、HCl 分子では分極しているため、**自発分極**

(spontaneous polarization) とも呼ぶ。HCl は常温近傍では気体となっており、自由に回転できるため、マクロな気体としてみた場合には、顕著な電気分極の効果をみることはできない。

14.1.4. マクロな分極

いままでは、ミクロレベルでの分極について説明してきた。それでは、分極が生じた固体においてはマクロには、どのような状態になっているのであろうか。

それを図 14-4 に示した。電子や原子分極が誘電体全体で生じると、図 14-4(a) のように正負の電荷が交互に並ぶことになる。したがって、誘電体内部では、正と負の電荷が互いに打ち消しあう。

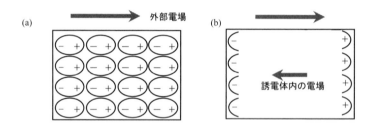

図 14-4 誘電体に電場を加えると、ミクロな原子レベルで分極が生じる。内部の正負の電荷は互いに打ち消しあうので、結局、誘電体の端部に正負の電荷が生じることになる。

結局、図 14-4(b)に示すように、誘電体の端部にのみ正負の電荷が現れることになる。これを静電分極と呼んでいる。

つまり、導体の場合も、絶縁体（誘電体）の場合も、電場の中に置かれると、端部に電荷が生じることになる。ただし、電荷が生じる機構は異なり、前者は、電荷（電子）の移動による静電誘導であり、後者は、原子（分子）内での電荷の偏りに起因した静電分極となる。

この分極の結果、わずかながら電荷が誘導されるので、絶縁体の内部にも電場が生じることになる。その方向は、外部の電場とは逆方向になるので、その結果、電場は弱められることになる。

第14章 誘電現象

14.2. 電気容量と誘電体

それでは、コンデンサの電極板の間に誘電体を挿入した場合に、どのような変化が生じるかを考えてみよう。

図 14-5(a)のように、真空に置かれた電気容量 C [F]のコンデンサがあるとする。図 14-5(b)のように、電極板間に誘電体を挿入した時、どのように電気容量が変化するかを考える。

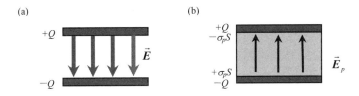

図 14-5 平行平板コンデンサに絶縁体を挿入したときに生じる逆電場 (E_p)

まず、図 14-5(a)の場合、コンデンサに、電圧 V [V]を印加して、正負の電極板に $+Q$ [C]と $-Q$ [C]の電荷が蓄えられているとする。このとき、コンデンサの電気容量を C [F]とすると

$$Q = CV \text{ [C]} \qquad |\vec{E}| = E = \frac{V}{d} \text{ [V/m]}$$

という関係にある。

つぎに、誘電体を挿入した際の変化を考える。分極誘導により、絶縁体に電場 $\vec{E}_p$ [V/m]が誘導されたとする。この電場の大きさは、(方向は逆であるが) 電場 $\vec{E}$ [V/m]の大きさ E [V/m]に比例すると考えられるので

$$E_p = \chi E \text{ [V/m]}$$

と置く[1]。ただし、χ は無次元の比例定数である。

すると、誘電体挿入後のコンデンサの新たな電場 $\vec{E}_1$ [V/m]の大きさ E_1[V/m]は

$$E_1 = E - E_p = E - \chi E = (1-\chi)E \text{ [V/m]}$$

---

[1] 多くの誘電体において、この比例関係が確認されている。ただし、一部の誘電体では比例関係が成立しないこともある。その場合には、2次より高次の項を導入することによって対処することができる。

となり、分極誘導によって生じた逆電場の影響で、コンデンサの電場は小さくなる。ここで、つぎのように置き換える。

$$E_1 = (1 - \chi)E = \frac{E}{\kappa} \quad [\text{V/m}]$$

このとき、κ は 1 より大きい無次元の定数となる。したがって、電場は、もとの値の $1/\kappa$ の大きさになる。つぎに、誘電体挿入後の電圧を $V_1[\text{V}]$とすると

$$E_1 = \frac{E}{\kappa} = \frac{V_1}{d} = \left(\frac{V}{\kappa}\right) \Big/ d \quad [\text{V/m}]$$

から $V_1 = \dfrac{V}{\kappa}$ [V]のように、電圧の大きさも $1/\kappa$ になることがわかる。

この場合でも、コンデンサの両極板に蓄えられている電荷は$+Q[\text{C}]$と$-Q[\text{C}]$のままであるので、結局、誘電体を挿入した後のコンデンサの電気容量を $C_1[\text{F}]$とすると

$$Q = C_1 V_1 \quad [\text{C}]$$

となり $C_1 = \dfrac{Q}{V_1} = \kappa \dfrac{Q}{V} = \kappa C$ [C] のように、電気容量はκ倍となる。すなわち、誘電体を挿入すると、コンデンサの電気容量は増えるのである。

ここで、比例定数κはギリシャ文字の kappa（カッパ）であり、**比誘電率** (relative permittivity) と呼ばれる**物質定数** (material's constant) である。

この式からわかるように、比誘電率の大きい誘電体を挿入すれば、コンデンサの容量は大きくなる。ところで、比誘電率は、その名前からもわかるように、誘電率の比である。実は、κ は誘電体と真空の誘電率の比のことで

$$\kappa = \frac{\varepsilon}{\varepsilon_0}$$

と与えられる。代表的な物質の比誘電率κを表 14-1 に示す。前にも紹介したが、大気の誘電率は、真空のものとほぼ等しい。また、多くの誘電体の比誘電率は、1 よりもはるかに大きい。

354

第 14 章　誘電現象

表 14-1　いろいろな物質の比誘電率

物質	κ
ガラス	5.4〜9.9
木材	2.5〜7.7
雲母	7.0
イオウ	3.6〜4.2
ゴム	2.0〜3.5
紙	2.0〜2.6
空気	1.00059

演習 14-1　真空中に置いた表面積 S で極板間距離 d の平行平板コンデンサの電気容量と、誘電率 ε の誘電体を平板間に挿入したときの電気容量を求め、どの程度容量が増えるかを求めよ。ただし、真空の誘電率を ε_0 とする。

解）　真空中のコンデンサの電気容量 C [F]は　$C = \dfrac{\varepsilon_0 S}{d}$ [F]となる。また誘電率 ε の誘電体を挿入した際の電気容量 C_1[F]は　$C_1 = \dfrac{\varepsilon S}{d}$ [F]と与えられる。したがって

$$\frac{C_1}{C} = \frac{\varepsilon}{\varepsilon_0}$$

より、誘電率 ε の誘電体を挿入すると、真空の場合に比べて、コンデンサの電気容量は $\varepsilon / \varepsilon_0$ 倍になる。

　ここで、電場が小さくなる原因を電荷という観点から再確認しておきたい。もともと、2 つの平板に蓄えられている電荷は $+Q$[C]と $-Q$[C]である。しかし、誘電体を平板間に挿入すると、誘導分極により逆方向の電場が発生する。ここで、誘電体の端部に $-\sigma_p$[C/m^2]と $+\sigma_p$[C/m^2]の電荷密度が発生するとする。

　平行平板コンデンサの面積を S [m$_2$]とすると、電荷密度は

355

$$\sigma = \frac{Q}{S} \quad [\text{C/m}^2]$$

となる。したがって、平板電極の電荷密度$\sigma [\text{C/m}^2]$と誘電体の電荷密度$-\sigma_p [\text{C/m}^2]$の合成により、誘電体が経験する実効的な電荷密度は

$$\sigma - \sigma_p \quad [\text{C/m}^2]$$

と低下する。したがって誘電体が経験する実効電場は

$$E_1 = \frac{\sigma - \sigma_p}{\varepsilon_0} \quad [\text{V/m}]$$

となり、真空中の電場 $E = \dfrac{\sigma}{\varepsilon_0}$ [V/m] よりも小さくなるのである。

　この際、重要なのは、コンデンサの平板に蓄えられている電荷は$Q(=\sigma S)$ [C]のままで、実効的な電場の大きさ（すなわちコンデンサに印加する電圧）だけが小さくなる点にある。このおかげで、コンデンサの電気容量が上昇するのである。あるいは、小さな電圧で、より大きな電荷を蓄えられるようになると表現してもよい。

　このように、誘電体をうまく利用することでコンデンサの容量を増大させるという実用上重要な効果がえられる。このとき、比誘電率κ（あるいは誘電率ε）が高いほど好都合ということになるが、εはどのように求めればよいのであろうか。実は、理論的にεを求めることは難しいのである。したがって、演習に示したように、実際にコンデンサに絶縁体を挿入して、電気容量の変化からεを実験的に求めているのである。

索引

あ行

運動量演算子　41
運動量空間　24, 61
X 線回折　117
エネルギーギャップ　207, 214, 284
エネルギーバンド　222
エバルト球　136
オイラーの公式　14
音響モード　155

か行

ガウス平面　17
拡張ゾーン形式　229
重なり積分　237
還元ゾーン形式　229
規格化条件　44, 268
基本平進ベクトル　94
逆格子　130
逆格子空間　133
逆格子ベクトル　137
逆質量テンソル　280
逆フーリエ変換　33
キュリーの法則　312
共鳴積分　241
許容帯　222
禁制帯　222
クーロン積分　340
クローニッヒ・ペニー模型　194
群速度　272
結合性軌道　239
結晶　91

結晶運動量　194
結晶波数　191
原子分極　350
光学モード　155
交換積分　341
交換相互作用　334
格子振動　142
格子定数　95
光速　267
コンデンサ　353

さ行

最稠密　103
最稠密構造　107
最密六方格子　111
シュレーディンガー方程式　39, 178
常磁性　309
状態密度　61, 69
スカラー3重積　128
正規直交化　243
正孔　293
積層構造　101
摂動項　210
素元波　120
素電荷　303

た行

第1ブリルアンゾーン　223
対称関数　49, 337
体心立方格子　95
タイトバインディングモデル　233

単位円　18
単位胞　94
単純立方格子　93
弾性散乱　123
調和振動子　157
デバイ比熱　173
デューロン・プチの法則　162
電子分極　350
伝導帯　287

は行

配位分極　351
パウリ常磁性　318
波数空間　24
波数ベクトル　23
波束　268
波動関数　181
ハミルトニアン　41
反結合性軌道　239
反磁性　299
反対称関数　49, 337
半導体　282
比誘電率　354
フーリエ級数展開　27
フーリエ変換　31, 141
フェルミエネルギー　54, 55, 59, 84
フェルミ温度　67
フェルミ球　60
フェルミ分布関数　52, 68, 285
フェルミ面　60
フェルミ粒子　50
不可弁別性　48
複素フーリエ級数　30
ブラッグの法則　117
プランク定数　22
ブリルアンゾーン　149

分配関数　158, 311
平均場近似　346
平面波　13, 25
ホイヘンスの原理　122
包絡面　123
ボーア磁子　308
ボーズ分布関数　57
ボーズ粒子　49
ポテンシャル障壁　199
ボルツマン因子　158
ボルツマン定数　158

ま行

無次元単位　16
面指数　107
面心立方格子　99, 104

や行

有効質量　275
有効磁場　346
有効状態密度　291
誘電体　349

ら行

ラーモア周波数　305
ラプラシアン　218
ランジュバン関数　316

著者：村上　雅人（むらかみ　まさと）

1955年，岩手県盛岡市生まれ．東京大学工学部金属材料工学科卒，同大学工学系大学院博士課程修了．工学博士．超電導工学研究所第一および第三研究部長を経て，2003年4月から芝浦工業大学教授．2008年4月同副学長，2011年4月より同学長．

1972年米国カリフォルニア州数学コンテスト準グランプリ，World Congress Superconductivity Award of Excellence，日経BP技術賞，岩手日報文化賞ほか多くの賞を受賞．

著書：『なるほど虚数』『なるほど微積分』『なるほど線形代数』『なるほど量子力学』など「なるほど」シリーズを十数冊のほか，『日本人英語で大丈夫』．編著書に『元素を知る事典』（以上，海鳴社），『はじめてナットク超伝導』（講談社，ブルーバックス），『高温超伝導の材料科学』（内田老鶴圃）など．

なるほど物性論
　2018年 6月 8日　第1刷発行
　2024年 9月26日　第2刷発行

発行所：㈱海鳴社　http://www.kaimeisha.com/
　〒101-0065　東京都千代田区西神田２－４－６
　Eメール：kaimei@d8.dion.ne.jp
　Tel.：03-3262-1967　Fax：03-3234-3643

発　行　人：辻　信行
組　　　版：小林　忍
印刷・製本：シナノ

JPCA

本書は日本出版著作権協会（JPCA）が委託管理する著作物です．本書の無断複写などは著作権法上での例外を除き禁じられています．複写（コピー）・複製，その他著作物の利用については事前に日本出版著作権協会（電話 03-3812-9424，e-mail:info@e-jpca.com）の許諾を得てください．

出版社コード：1097
ISBN 978-4-87525-340-2

© 2018 in Japan by Kaimeisha
落丁・乱丁本はお買い上げの書店でお取替えください

村上雅人の理工系独習書「なるほどシリーズ」

なるほど虚数——理工系数学入門	A5 判 180 頁、1800 円
なるほど微積分	A5 判 296 頁、2800 円
なるほど線形代数	A5 判 246 頁、2200 円
なるほどフーリエ解析	A5 判 248 頁、2400 円
なるほど複素関数	A5 判 310 頁、2800 円
なるほど統計学	A5 判 318 頁、2800 円
なるほど確率論	A5 判 310 頁、2800 円
なるほどベクトル解析	A5 判 318 頁、2800 円
なるほど回帰分析	A5 判 238 頁、2400 円
なるほど熱力学	A5 判 288 頁、2800 円
なるほど微分方程式	A5 判 334 頁、3000 円
なるほど量子力学 I ——行列力学入門	A5 判 328 頁、3000 円
なるほど量子力学 II ——波動力学入門	A5 判 328 頁、3000 円
なるほど量子力学 III ——磁性入門	A5 判 260 頁、2800 円
なるほど電磁気学	A5 判 352 頁、3000 円
なるほど整数論	A5 判 352 頁、3000 円
なるほど力学	A5 判 368 頁、3000 円
なるほど解析力学	A5 判 238 頁、2400 円
なるほど統計力学	A5 判 270 頁、2800 円
なるほど物性論	A5 判 360 頁、3000 円

（本体価格）